奠定男人一生成功的必备读本

男人
成功密码

做人做事做事业的 *12* 项修炼

中 石◎编著

当代世界出版社

图书在版编目（CIP）数据

男人成功密码／中石编著.—北京：当代世界出版社，2010.1

ISBN 978 - 7 - 5090 - 0571 - 2

Ⅰ. 男… Ⅱ. 中… Ⅲ. 男性—成功心理学—通俗读物 Ⅳ. B848.4 - 49

中国版本图书馆 CIP 数据核字（2009）第 196890 号

编　　著：中　石
责任编辑：张　勇
出版发行：当代世界出版社
地　　址：北京市复兴路 4 号（100860）
网　　址：http://www.worldpress.com.cn
编务电话：(010) 83908400
发行电话：(010) 83908410 （传真）
　　　　　(010) 83908408
　　　　　(010) 83908409
经　　销：全国新华书店
印　　刷：北京市兆成印刷有限责任公司
开　　本：710×1020 毫米　1/16
印　　张：18
字　　数：285 千字
版　　次：2010 年 1 月第 1 版
印　　次：2010 年 1 月第 1 次
书　　号：ISBN 978 - 7 - 5090 - 0571 - 2
定　　价：29.80 元

奠定男人一生成功的必备读本

男人成功密码

做人做事做事业的 *12* 项修炼

中 石◎编著

当代世界出版社

图书在版编目（CIP）数据

男人成功密码／中石编著．—北京：当代世界出版社，
2010.1
ISBN 978 – 7 – 5090 – 0571 – 2

Ⅰ. 男… Ⅱ. 中… Ⅲ. 男性—成功心理学—通俗读物
Ⅳ. B848.4 – 49

中国版本图书馆 CIP 数据核字（2009）第 196890 号

编　　著：中　石
责任编辑：张　勇
出版发行：当代世界出版社
地　　址：北京市复兴路 4 号（100860）
网　　址：http：//www.worldpress.com.cn
编务电话：(010) 83908400
发行电话：(010) 83908410（传真）
　　　　　(010) 83908408
　　　　　(010) 83908409
经　　销：全国新华书店
印　　刷：北京市兆成印刷有限责任公司
开　　本：710 × 1020 毫米　1/16
印　　张：18
字　　数：285 千字
版　　次：2010 年 1 月第 1 版
印　　次：2010 年 1 月第 1 次
书　　号：ISBN 978 – 7 – 5090 – 0571 – 2
定　　价：29.80 元

前　言
FOREWORD

　　男人在社会上肩负着重大的责任。男人们之所以能挑起大梁，与其自身独特的优势是分不开的，其中的阳刚之气相当重要。高瞻远瞩的见识，海洋般宽阔的胸怀，大刀阔斧式的开拓精神。这叫阳刚；富贵不能淫，贫贱不能移，威武不能屈，胸中激荡着浩然之气，这叫阳刚；战必胜，攻必克，守必固，这叫阳刚。男人的阳刚之气，是男人打拼世界、笑傲江湖的本钱。

　　但是，光有阳刚之气还不够。男人若想成大事、创大业，还必须具有更丰厚的资本：他必须怀抱雄心和梦想，对成功充满欲望；他必须足智多谋，富于聪明智慧；他必须广交有用的朋友，积聚足够的人气；他要有百折不挠的闯劲、狠劲、韧劲……这一切是男人应当具备的本领，也是优秀男人纵横天下、百战百胜的王牌。

　　一流的男人绝不接受二流的表现。要成为卓越不凡的男人，就要不断地认识自己的优势，不断地积累事业的资本，把自己的强项发挥到极致。这正如活到老学到老一样，是永无止境的。

　　对于男人而言，生活处处都是竞技场。虽然获得成功者总是极少数，但是为成功而苦苦拼搏的却总是大多数。竞争也许是残忍的，但对社会来说却是绝对必须的。只有在残酷的竞争面前，最杰出的男人才会脱颖而出。

　　当今社会充满了变化，放眼看去，四周到处充满了机遇！好花不常开，好景不常在。机遇是珍贵的、稀缺的、稍纵即逝的。机会来了，勇敢地投入一次。如果你能比别人更主动、更积极、更富于勇气和魄力、更善于调动自已的聪明才智，机遇就更容易被你掌握。

　　本书介绍了男人的天赋潜能和生存优势，告诉你什么样的男人将赢得成功。怀抱成功梦想的男人们，要想实现你的雄心，不能不格外留意一下自身的强项，开发利用它们，多给自己一点刺激，多一点信心和干劲，多一分胆略和毅力，让这些优势在通向成功的道路上助你一臂之力。

目　录
CONTENTS

Chapter 3

敬业，成就男人一生

Chapter 4

赚钱是男人的天职

Chapter 5

头脑清醒才能成功

Chapter 6

能屈能伸的处世谋略

Chapter 1

保持你的闯劲、狠劲和韧劲

⇨ 全力打造自己的招牌
⇨ 磨炼钢铁般的意志
⇨ 一要坚定，二要忍耐
⇨ 锐意追求，绝不退缩
⇨ 你能改变自己的运气
⇨ 碰到低潮时自己拍拍肩膀
⇨ 坚持下去，就有盼头
⇨ 增强承受挫折的能力
⇨ 失败了，可以从头再来
⇨ 做个高情商的男人
⇨ 在逆境中奋起的东方之子

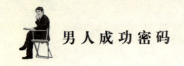

全力打造自己的招牌

做为一名男人，你是否想过什么是妨碍你成功的最大敌人？可能你不会想到，人的一生妨碍自己成功的最大敌人便是自我贬低——自己瞧不起自己。自我贬低的表现多种多样，比如说，你在报纸上看到一则招工广告，那可能是你朝思暮想的职位，但是，你却不敢去应聘，因为你想："我不够格干这事，为何要去自寻烦恼？"或者你想追求某个出众的女孩儿，却不敢向她表白，因为你老是觉得自己配不上对方，自然就不可能将她追到手。由此可见，自我贬低极大地妨碍了自己长处的发挥，也就为你想要获得的成功大大地打了折扣。

做为一名男人如果你对于某项工作确实不能胜任，不妨交给下属去做，切忌自己把自己看低。在竞争中，如果你连敢试一下的勇气都没有，未战先降，就是妄自菲薄的典型表现。患上妄自菲薄病症的人，一定要设法脱离苦海，尽量以一颗平常心看待自己和他人。

自古以来，哲学家们便已经给了我们一个极重要的忠告：了解你自己。但是许多人却把这一忠告理解成是仅仅了解消极的自我，他们过多地看到了自己的缺点、短处和无能。

知道自己的先天不足是一件好事，毕竟任何人都有缺陷。但是，如果仅仅知道自己消极的一面，那情况就很糟了，这就会使你觉得，自己生活的价值不大。其实，每个人都会有自己的特长，也会有自己的缺点。长期传统的封闭教育，使中国人大多以谦虚为美德，而锋芒太露则会遭人妒忌。所以，对自己的长处，人人都会下意识地加以隐藏，即使人家称赞自己，也往往会觉得不好意思。

凡是不可太过，谦虚固然是一种美德，但是如果谦虚过度，以为自己真的一无是处，或者说自己看不起自己，就会陷入妄自菲薄的境地。

下面是一个帮助你打造个人招牌的办法：

首先，了解你的几个主要方面的长处。请几个朋友来客观地帮你寻找优点，也许是你的妻子、你的上司或者你的一位老师。总之，找一些聪明的人，他们会给予你真实客观的看法。

其次，在每个优点之下，写下一个成功者的名字，而这些人都是你认识的、已取得极大成功的人。但在另外几个方面，他们却不比你做得好。

当你结束这一练习时，你会发现你超越了许多成功者，至少在某个方面超越了他们。这样你会得出一个结论，你比你想像中的自我要伟大得多。为此，让你的思想跟上真正的你，再不要瞧不起你自己！

世界著名拳王阿里在赛前总要自我吹嘘。他告诉新闻界："我将在五秒钟之内把对手打倒，他将会招架不住。"他说这句话究竟有何目的呢？其实只是为了先发制人，最大限度地利用自己的长处，在心理上抑制对手长处的发挥，仅此而已。事实也是如此，他的对手听到这话，自信心就开始动摇，不敢肯定自己。比赛前当裁判解说规则时，阿里便瞪着他的对手，像是告诉他，"哼，你不行，我将给你颜色瞧瞧！"这些做法都帮助他在比赛中把自己的长处发挥得淋漓尽致。

还有一个同样的事例，在国际乒坛上横扫千军万马、常胜不败的邓亚萍，之所以令所有对手望而生畏，据说是因为她有一个秘密武器——那双锐利、凶狠的眼睛。凡是与邓亚萍打过比赛的人都有这样一个体会，即不敢看她的眼睛。在比赛中谁要是不小心看到她的眼睛，心里准发毛，战术水平也很难正常发挥出来。而此时的邓亚萍则可以充分发挥自己的特长。此长彼短，比赛焉能不胜。

在人的一生中，将会有各种对手、各类障碍。你的每一天都好像是在竞赛，你可能是胜利者，也可能被打败，那么为何不争取成为胜利者呢？这将会是更刺激、更兴奋的美妙时刻。

其实你完全不必告诉你的对手，你将给他们颜色瞧，你只要积极地告诉自己，你是最伟大的，你肯定行就可以了。马上去做吧！现在立刻把视线从书本移开，大声地说："我是最伟大的！"假如你现在是一个人独处，那么就大喊它三次，使整个墙壁都震动起来。相信那声音听起来一定很过瘾，不是吗？

任何时候你都要记得，你的长处远远没有发挥出来。科学家告诉我们，我们平时表现出的能力充其量也只有人类能力的十分之一。这话可能有点笼统，但有一点却是可以肯定的，如果你有较强自信心的话，那么你的表现肯定会比现在更好。

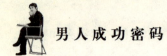

所有成功的人士，固然有多种不同的方式，但总结起来却只有一句话：全力打造自己的招牌，使它们得到最大限度的发挥。这样，你将会发现自己很了不起。

磨炼钢铁般的意志

钢在还没炼成以前是铁，生铁这东西，又松又脆又钝，没有多大的承载能力，也没有多大的用处，虽然不是没有用的废物，但与废物只不过有些程度上的差别而已。但是这种近于废物的生铁，经过若干次熔炉的熔炼，火里来火里去的百般锻铸，每每在被烧得火热殷红的时候，还要遭到巨大的打击。幸而生铁是冥顽不灵毫无知觉的东西，所以任凭人类怎么摆布也始终不会叫苦，也不曾喊痛。不然的话，它也许要哀号悲泣，希望得到人类怜悯，终止对它的打击，把烈火熄了，让生铁保持本来的面目。那样的话，哪里还能锻炼出密度高、硬度强的钢？人类一切物质的进步可全依赖这种物质的帮助。从又松又脆又钝的生铁，经过了这样的千锤百炼，终于成为人类物质进步的一大利器。如果生铁有灵，应当不会怨天尤人，而且应该万分感激人类对它屡施无情的打击，使它能够成为有用之物并作出贡献。

社会是一只熔炉，其火力的强烈，要高出炼钢的熔炉万倍，社会既然是人类生活的场所，人类当然逃避不了一切磨难，而社会各方面所给人类的磨难，也非人们所能预料的。如果你了解了生铁成钢的必经过程，就应该准备忍受社会对你的任何磨难，也应该乐于接受社会对你的各种磨难：冷嘲也好，热讽也好，明攻也好，暗算也好，排挤也好，压抑也好，饥寒也好，贫困也好，你的心里先要存有积极的信念。不但是肯忍受，而且还要乐于接受，忍受是有限度的，乐于接受才是无限度的。这种心境必须根植于信念，矫揉造作是无济于事的。但是这种信念的建立，也不是玄之又玄的理想，而是发自心底的自我认识，认识自己的潜能与能力。潜力生于潜能，每一个细胞中都充满了潜能。人身上有数不清的细胞，也就有不可胜数的潜能，每一个潜能，只要有磨难来加以撞击，撞破了包住它的外壳，潜能一旦放射出来，便可以产生强大的潜力，而且只要撞开了极少部分的潜能，所产生的潜力，就有

"无坚不摧，无攻不克"的效果了。所以，你在没有遭到磨难以前，也许也像生铁一样又松又脆又钝，然而当磨难撞开了潜能以后，也许你就会比钢更密更硬更坚实了。

其实身体的锻炼还在其次，意志的锻炼才是更主要的要项。锻炼出一副钢铁般的身体，未必能发挥你的潜能和潜力，只有钢铁般的意志才能发挥你的潜能和潜力，"精诚所至，金石为开"。所谓精诚，就是钢铁般的意志，开的金石就是发挥你潜能潜力的结果。每一个人的成就有大有小，这种分别与其说是因为才能有高下，不如说是意志有强弱之差。能够多发挥自己的潜能潜力的，叫做才能高，所发挥的潜能潜力较少的，叫做才能低。要发挥潜能潜力，只能靠钢铁般的意志，而要将意志锻炼成钢的手段，就是社会给你的一切磨难，而你对磨难能否忍受，能否乐于接受，完全看心理素质状况如何。所谓"德慧术智，恒存乎灾疾"。灾疾就是磨难，德慧术智就是潜能潜力的表现，孟子的话，只说明了磨难最后的结果，并没有说出这结果是由钢铁般的意志所促成的。

社会熔炉的火焰在今天燃烧得更加猛烈，意志薄弱的人，自不免望而生畏，初入社会总是朝气蓬勃，像是一只初生的牛犊，什么都不怕。但一旦尝到了磨难，便又觉得自己弱不能胜强、寡不能敌众，而自甘雌伏。他根本不知道意志还必须经过磨难的锻炼，只要心理素质健全，磨难只会增强意志，而绝不会摧毁意志的。多遭磨难应该感到庆贺，多遭磨难可以锻炼成钢铁般的意志，发挥你无限的潜能与潜力，而干出超过常人万倍的事业。"英雄字典中无难字"，成功最终是属于你的。

一要坚定，二要忍耐

挑战自己是成功环节中不可缺少的。我们知道：成功有两个重要的条件：一是坚定，二是忍耐。通常人们最信任的人就是那些意志坚定的人。意志坚定的人也会遇到困难，碰到障碍，遭受挫折，但即使他失败，也不会败得一塌糊涂、败得一蹶不振。我们经常听到别人问这样的话："那个人还在奋斗吗？"这也就是说："那个人对前途还没有绝望吧？"惟有坚韧不拔之志才能

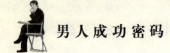

战胜任何困难。一个意志坚强的人，任何人都会相信他，会对他付以全部的信任；一个有坚强意志的人，到处都会获得别人的帮助。那种做事三心二意、没有干劲和毅力的人，没人愿意信任他或支持他，因为大家都知道他做事不可靠，随时都会面临失败。

许多人最终没有成功，不是因为他们没有能力、没有诚心或者是对成功缺乏热望，而是缺乏坚韧不拔之志。这种人做事往往是虎头蛇尾、有始无终，做起事来东拼西凑、草草了事。他们总是怀疑自己目前所做的事情是否能成功，永远都在考虑到底要做哪一种事，有时他们认定某种职业有绝对成功的把握，但做到一半他们又觉得还是另一个职业比较妥当。他们时而对现状心满意足，时而又非常不满。这种人最终是以失败作为结局，对于这种人所做的事情，别人肯定不敢担保，就连他自己也常常毫无把握。

在事业的路途上，你只要充分地发掘天赋的潜能，就能在无形中找到一条迈向成功的大路，否则，你永远不会有成功的一天。一个人有了钢铁一般的决心，无形中就能给他人一种信用的保证，暗示着他做事一定会负责，不远处就有成功的希望。举例来说，一位建筑师画好图纸后，如能完全依照图样，一步一步去施工，一座理想的大厦不久就会拔地而起。但倘若这位建筑师一面施工，一面不停地改动图纸，东改一下，西动一下，那么这所大厦还能盖好吗？从这里我们也可以看出，在做任何事情之前，应该考虑周详，制定出完整的行动计划，正如建筑师的图纸，一旦主意打定后，就不能动摇，坚决按照拟定的计划，踏踏实实地去做，一步一个脚印，不达目的誓不罢休。

世界上没有一个遇事迟疑、优柔寡断的人能够成功。成功者的特征是：他决不因任何困难而沮丧，他只知咬定青山不放松，认定目标勇往直前。

只要有坚定的意志力，即使才能平平的人也会有成功的一天；否则，即使是一个才识超群、能力非凡的人，也会遭到失败的命运。

一家全球闻名的保险公司总经理说过，在工作中，他所遇到的最大难题就是选择可靠的工作人员。这位总经理说，每次招聘在经过严格的考试后，难得有一两位候选人是合格的。

原来他的考试方法很特殊，其目的在于测试应试者是不是一个有坚定意志力、不屈不挠的人。当他对应试者进行面试时，就用种种消极的话语来测试应试者的意志，告诉他们保险业潜在的危机和实际工作中的巨大阻力，以此来试探他们。

很多人听了他的话之后，就会觉得前途一片黯淡，因而打消了要去保险公司的念头。而只有极少数人在听了这位总经理对前景的种种惨淡描述后，仍然不为所动，意志坚决；同时言谈举止中能够做到处处谨慎大方，并能显出忠诚可靠、富有勇气的个性，这样的人才是这家大保险公司所需要的。

坚定、勇敢、富有忍耐力，这是公司对所有合格应试者要求的条件，如果不具备这些条件，无论他才识如何渊博，也无法得到公司的认同。

那位总经理还说："我们所亟需的人才，是意志坚定、工作起来全力以赴、有奋斗进取精神的人。现在我们的员工大都很有成就，他们如今的能力也在一般人之上。但我发现，其中最能干的大体是那些天资一般、没有受过高深教育的人，但他们拥有'全力以赴'的做事态度和'永远进取'的工作精神。'全力以赴'的人获得成功的希望大约占到九成，剩下一成的成功者靠的是'天资过人'。"

如今的求职者最应具备的品格，除了"忠诚"以外还应加上"勇气"。具有勇气的人做事时经得起挫折，所以很容易获得他人的信任和欢迎。"决心"固然宝贵，但有时会因力量不足、能力有限而受阻，而惟有借助"勇气"，我们方能长驱直入，直达目标。

永不屈服、百折不回的精神是获得成功的基础。美国加州大学库伊雷博士说过："许多人的失败都可以归咎于恒心的缺乏。"的确，大多数青年颇有才学，也具备成就事业的基本条件，但他们的致命点是缺乏恒心、没有忍耐力，所以，终其一生，只能从事一些平庸安稳的工作。他们往往一遭遇微不足道的困难与阻力，就立刻往后退缩，裹足不前，这样的人怎么可能成功呢？如果你想要获得成功，就必须为自己赢得意志坚强、不畏困难的美誉，让你周围的人都知道：一件事到了你的手里，就一定能把它做成。

一旦你树立了意志坚定、富有忍耐力、头脑机智、做事敏捷的良好名声后，无论在哪里，都能找到一个适合你的好职位。与之相反，如果你连自己都看不起自己，只知糊里糊涂地生活，一味依赖别人，那么迟早有一天会被人踢到一边。

决心称得上是一个人挑战自己最有价值的美德，只要凭着决心，就能使一个人的全部力量发挥得淋漓尽致，并取得挑战的成功。

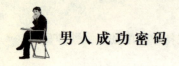

锐意追求，绝不退缩

有人提倡向麻雀学习一味追求的精神，他就是日本著名的经营大师松下幸之助，他在一本自传里说，仔细观察一下鸟类的生态，会得到很大的教益。比如生活在庭院的麻雀，它们真是争分夺秒飞飞跳跳，一味儿地寻觅食物。它们始终处于无任何思考余地，只能拼命地无休止地为生存而努力的活动之中。如不这样，麻雀就生存不下去，稍有偷懒就会因缺乏营养而存亡。

回过头来看看我们人类，是否也付出了这样的努力呢？这种说法也许很苛刻，但只有做到了这一点，才显示出人们为生存与发展的信心和力量。

摆在人们面前的生活本来就是很严峻的。如不了解到这一点，而是轻易地说，"我们没有信心干好啊"之类的话，这种姿态其实是不负责任的。

退缩的念头，会在一个人表现不佳的时候探出头来。退缩的典型精神标语除了上面那句话外，还有："不要没事找事"、"不要惹事生非，兴风作浪"、"不要自不量力"。退缩会磨蚀一个人的潜力，大大减低其能力与勇气。

由于退缩而导致的不良后果实在不少。首先，它会养成一个人懦弱、消极的习惯。刚开始只怕一件事，接下来就是第二件、第三件，一直到成为不可自抑的习惯性反应。一旦演变为一种习惯定式，那么个人发挥的空间将愈来愈狭隘，而成功的机会愈来愈渺茫。于是，你会轻视自己，逐渐失去对生命的热爱，向前看去只觉得前途无"亮"，其实是自己的退缩心理在作怪。

其次，退缩是一种恐惧心理，具有传染性，当一个人因为某方面的事而退缩，同时也会影响到他全部的生活，生活好像一架机器，退缩仿佛是机器的某个零件松动了，在一件事上退缩，暂时影响不大，但从长远来讲，一个零件松垮，可能引起其他部件出问题，整个机器将会运转不良甚至报废。所以要小心旋紧每一颗螺丝钉！从不退缩，总是追求。

第三，退缩使自我失去平稳。不同的事情，却无法以相同的信心和态度来面对时，非常容易导致自我的失衡，以致无法在事后重新肯定自己。一再的退缩，会使你感到：一切徒劳无功，不再有爱，人生乏味，而生命力也逐渐枯竭。谁愿意看到这样的结果？恐怕没有。唯一可行的就是绝不退缩。

怎样坚持进取而不退缩？要有一颗自信心。许多人之所以退缩，多半是因为小看了自己。有时也因为缺乏危机感，如果像麻雀一样，不争食将饿死，恐怕没有人坐以待毙。而且，说实在的，多给自己一些信心，是梦想也好，幻想也罢，又于己何损呢？给自己一分钟，描绘理想中的自己对这个世界的贡献，打算凭己之力去成就事情。建立自信心之前，要让自己相信：世界因"我"的存在而变得更好。排除对自己的成见，从这一刻起，抛开自己的无为感，信心十足地参与到新生活中去。

总而言之，只要改掉退缩的坏习惯，积极地去追求、去奋斗，你出色的表现会让自己都吃惊，"现实的我"将更趋近个人心中"理想的我"。只要能够不畏惧、不退缩，你会对自己刮目相看。只要把理想与生活结合为一体，就能实践自我，充实自我，完善自我。

你能改变自己的运气

人生自有一套游戏规则，技艺纯熟的玩家当然比技艺生涩的人占优势。成功的人多半实至名归，而失败者往往也是咎由自取。相信运气远不如相信你自己。

如果一个年轻人相信运气会从天而降，他就会不断地拒绝各种机会，因为那些机会都不够好，他所要的是大名、厚利、高职位，他不屑从基层起步。我们可以想像，不久人们便懒得给他任何机会了。一味相信运气，使这个年轻人丧失了许多机会。而他一生很可能就这样耗费掉了。

真正想成功的人，会把运气撇在一边，不放过任何可能让他成功的机会，抓紧不放。他不会等待运气护送他走向成功，而会努力换取更多成功的机会。他可能会因为经验不足、判断失误而犯错，但是只要肯从错误中学习，等他逐渐成熟后，就会成功。

真正想成功的人，不会只是坐下来怨天尤人，埋怨运气不佳。他会检讨自己，再接再厉。

人们多半对运气都采取宁可信其有的态度，不是有人具有第六感吗？不是有人未卜先知吗？他们可以预测股市的涨跌，可以断定一个人的福祸，这些人也许可以告诉你是否会成功，或者如何成功。别相信他们，这样的人没有一个是成功者，他们之所以如此说，不过是掌握人们希望获得成功的心理罢了。

从商的人往往奇招百出，让人目不暇接，然而他们私底下费了多少工夫，一般人并不了解。一项新产品的问世，事前需要经过极周密的市场调查，它的成功绝非偶然。

很多人预测成功时，总是谦逊地说："运气真好。"但我们应该知道，经验与判断力才是他们的利器。坐待运气的人，往往以空虚或灾难临头收场。他们也许会在因缘际会中暴起，但这种繁华很容易变成过眼云烟。大起大落的人，通常是最相信运气的人。许多人庸庸碌碌，默默受穷而终，是因为他们认为人生自有天定，从没想到可以创造人生。事实是人生存在世上，那是天定；好好地把握自己的生活，使它朝着自己的计划和目标奋进，这就是人生。

坚定刻苦的人成功的原因最少有三个因素。

第一是想像力。伟大的人生从憧憬开始，憧憬自己要做什么或要成为什么。南丁格尔的梦想是要做护士。爱迪生的梦想是做发明家。这些人都为自己想像出明确的前途，把它作为奋斗目标，勇往直前。

以19世纪的英国诗人济慈为例。他幼年就成为孤儿，一生贫乏，备受文艺批评家抨击，恋爱失败，身染痨病，26岁即去世。济慈一生虽然潦倒不堪，却不受环境的支配。他在少年时代读到斯宾塞的《仙后》之后，就肯定自己也注定要成为诗人。济慈一生致力于这个目标，使他成为一位名垂青史的诗人。有一次他说："我想我死后可以跻身于英国诗人之列。"

你心目中要是高悬这样的远景，就会勇猛、奋进。如果自己心里认定会失败，就永远不会成功。你自信能够成功，成功的可能性就大为增加。没有自信，没有目的，你就会俯仰由人，一事无成。

第二是常识。圆凿而方柄是绝对行不通的。事实上，许多人东试西试，最后才找到自己真正的方向。美国画家惠斯勒最初想做军人。后来因为他化学不及格，从军官学校退学。司各特原想做诗人，但他的诗比不上拜伦，于是他就改写小说。

在想像你的目标时应该多用点心思，要善于检讨自己，不要妄想。

第三是勇气。一个人真有性格，有信心，就会有勇气。大音乐家华格纳虽然遭受同时代人的批评攻击，但他对自己的作品有信心，终于战胜世人。

黄热病流传许多世纪，死的人无法计算，但是一小队医药人员相信可以征服它，在古巴埋头研究，终告胜利。达尔文在一个英国小园中工作 20 年，有时成功，有时失败，但他锲而不舍，因为他自信已经找到线索，结果终得成功。

目标、常识、勇气，即使是稍微运用，亦会产生很可观的结果。如果一个人一心想发财，他可能会遭受无情痛击；如果他一心想享乐，他可能会自讨苦吃。但是如果他所想的是有所建树，他就可以利用人生的一切机遇。

爱默生说："只有肤浅的人相信运气。坚强的人相信凡事有果必有因，一切事物皆有规则。"要想怎么收获先想怎么栽，这比坐待好运从天而降可靠多了。

碰到低潮时自己拍拍肩膀

如果你经常观看体育比赛，就经常可以看到类似的镜头。

赛场上，运动员发挥不佳，成绩不大理想，这时教练会走过去，拍拍他的肩膀，轻声地安慰几句，鼓励他稳住情绪，好好发挥水平。

教练这么做是为了稳定运动员的心情，也鼓舞他的斗志，在这种情况下，一句安慰与鼓励胜似千金。

我们可以想想，当自己碰到低潮时，谁来拍拍我们的肩膀，谁给我们打气呢？

说实话，当你碰到低潮时，有些人也许在看你的好戏，真正能为你打气的人不多！看不得别人比自己好，这是人的一种劣性，因此你也不必对人性的这种现象过于感慨。或许你的老师、朋友和长辈会为你打气，但他们也没法子天天拍你肩膀。父母兄弟呢？他们是最有可能不断为你打气的人，但很多父母看到陷入低潮的子女，不但没有鼓舞，反而责骂，兄弟也是如此。如果你的低潮也间接拖累他们，那你恐怕得不到他们的原谅，当然，也有一些亲人能不断鼓舞你，那真是你的幸运。

既然人性如此，那我们还不如在碰到低潮时学会一点：自己鼓励自己！

当然，我们并不否定别人鼓励的作用，事实上，得到他人的鼓励会让你没有孤单的感觉，于是会产生一股奋起的力量，但是有几点要注意的是：

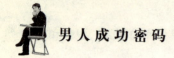

千万别乞求、冀望别人来鼓励你,这样会让你像个可怜虫!而这种鼓励也带有怜悯的意味。

千万别依赖别人的鼓励来产生勇气和力量,因为你未来的路还会有许多坎坷,可不一定每一次你低潮的时候,就会有人来鼓励你!当然,在你陷入低潮时,如果有人拍你肩膀,给你鼓劲,这当然是最好的了。但你不能对之产生一种依赖。

所以,要自己鼓励自己,让勇气和力量自己在心中产生,好比自己钻了一眼泉孔,泉水源源涌出!任何时候,任何状况,你都可以自己取用!

不过,人在低潮时,情绪低落,如果打击太重,有的人还会失去活下去的勇气,怎么可能鼓励自己呢?

因此,遇到低潮时,你要有活下去的决心,这是自己鼓励自己的先决条件。

同时你要告诉你自己:我一定要走过这个低潮,我要做给别人看,向所有人证明我的坚韧与毅力!换句话说,你要为自己争一口气,不要被别人看轻!

有了这样坚定的信念,接下来就是付诸行动了,这当中还会有挫折、沮丧,也不知何日才能出头,而且你还有可能再度被打倒!

那到底该如何激励自己呢?

有的人在墙上贴满励志标语,每天在固定的时间默念;有的人找个僻静的地方,痛快地流泪;也有人拼命看成功人物的传记,还有人借运动来强化意志,忘掉内心的沮丧……。

其实具体的方法很多,不一定每个人都适用,每个人都可以找到自己鼓励自己的方法。你不靠自己又要靠谁呢?

能自己鼓励自己的人就算不是一个成功者,但绝对不会是一个失败者,你还趁早练练这种"功夫"吧!

坚持下去,就有盼头

在困境中坚持不懈是战胜逆境的精华所在。

这种坚持的力量是一种即使面临失败、挫折仍然继续努力的能力。我们常常能够观察到，正确对待逆境的销售人员、军人、学生和运动员能从失败中恢复并继续坚持前进，而当遇到逆境时不能正确对待的人则常常会轻易放弃。

有一位推销员，为一家公司推销日常用品。一天，他走进一家小商店里，看到店主正忙着扫地，他便热情的伸出手，向店主介绍和展示公司的产品，但是对方却毫无反应，很冷漠地对着他。这位推销员一点也不气馁，他又主动打开所有的样本向店主推销。他认为，凭自己的努力和推销技巧一定会说服店主购买他的产品。但是，出乎意料的是，那个店主却暴跳如雷起来，用扫帚把他赶出店门，并扬言："如果再见你来，就打断你的腿。"

面对这种情形，推销员并没有愤怒和感情用事，他决心查出这个人如此恨他的原因。于是，他多方打听才明白了事情的真相，原来，在他以前另一位推销员推销的产品卖不出去，造成产品积压，占用了许多资金。店主正发愁不知如何处置呢。

了解了这些情况后，这个推销员就疏通了各种渠道，重新做了安排，使一位大客户以成本价格买下店主的存货。不用说，他受到了店主的热烈欢迎。

这个推销员面对被扫地出门的处境，依然充分发挥自己的坚持精神，同时不断寻找突破逆境的途径，这正是他获得成功的表现。

克尔曾经是一家报社的职员。他刚到报社当广告业务员时，对自己充满了信心。他甚至向经理提出不要薪水，只按广告费抽取佣金。经理答应了他的请求。

开始工作后，他列出一份名单，准备去拜访一些特别而重要的客户，公司其他业务员都认为想要争取这些客户简直是天方夜谭。在拜访这些客户前，克尔把自己关在屋里，站在镜子前，把名单上的客户念了 10 遍，然后对自己说："在本月之前，你们将向我购买广告版面。"

之后，他怀着坚定的信心去拜访客户。第一天，他以自己的努力和智慧与 20 个"不可能的"客户中的 3 个谈成了交易；在第一个月的其余几天，他又成交了两笔交易；到第一个月的月底，20 个客户只有一个还不买他的广告。

尽管取得了令人意想不到的成绩，但克尔依然锲而不舍，坚持要把最后一个客户也争取过来。第二月，克尔没有去发掘新客户，每天早晨，那个拒绝买他广告的客户的商店一开门，他就进去劝说这个商人做广告。而每天早晨，这位商人都回答说："不!"每一次克尔都假装没听到，然后继续前去拜访。到那个月的最后一天，对克尔已经连着说了数天"不"的商人口气缓和了些："你已经浪费了一个月的时间来请求我买你的广告了，我现在想知道的是，你为何要坚持这样做。"

克尔说："我并没浪费时间，我在上学，而你就是我的老师，我一直在训练自己在逆境中的坚持精神。"那位商人点点头，接着克尔的话说："我也要向你承认，我也等于在上学，而你就是我的老师。你已经教会了我坚持到底这一课，对我来说，这比金钱更有价值，为了向你表示我的感激，我要买你的一个广告版面，当作我付给你的学费。"

克尔完全凭着自己在挫折中的坚持精神达到了目标。在生活和事业中，我们往往因为缺少这种精神而和成功失之交臂。

在半梦半醒之间，常常隐约觉得自己被压迫得快要喘不过气来了。你没办法翻身，也动弹不得。但是在你的潜意识中，必须控制自己的肌肉筋骨才能摆脱困境。借助意志力的不懈努力，终于可以挪动一个手指了。之后，如果继续挪动你的手腕，就可以控制整个手臂肌肉并把手抬起来了。然后你用同样的方法控制了另一支手臂。另一条腿的肌肉，逐渐延展到全身。于是，意志力重新让你回到了对肌肉系统的控制，使你从梦中迅速恢复过来。

我们很容易从梦境中挣扎出来，但是却无法一下子从人生的困境中解脱出来。实际上，让自己从软弱无力的精神状态中慢慢起步，渐渐加速，直到完全控制自己的意志，与梦醒的过程极其相似。

意志力坚强的人懂得培养自己的恒心和毅力，并将它变成一种习惯，无论遭受多少挫折，仍坚持朝成功的顶端迈进，直至抵达为止。

经得起考验的人常常以其恒心耐力获酬甚丰。作为吃苦耐劳坚韧不拔的补偿，不论他们所追求的是什么目的，都能如愿以偿。他们还将得到比物质报酬更重要的经验："每一次失败都伴随着一颗同等利益的成功种子。"

当我们对众多成功人士进行考察时，发现那些大公司经理、政府高级官员以及每一行业的知名人士大都来自清贫的家庭、破碎的家庭、偏僻的乡村甚至于贫民窟。他们之所以能成为社会知名人士和领导人物，与他们都经历过艰难困苦，具有很强的挫折承受能力分不开的。正如俗话所说："吃得苦中苦，方为人上人。"

将成功者和失败者进行比较，他们的年龄、能力、社会背景、国籍等种种方面都很可能相同，但是有一个例外，那就是对遭遇挫折的反应不同。失败者跌倒时，往往无法爬起来，他们甚至会跪在地上，以免再次遭受打击；而成功的人的反应则完全不同，他们被打倒时，会立即反弹起来，并充分吸取失败的经验，继续往前冲刺。失败者的忧虑及失败感使精神难以集中，绝望的心情也可能会使他们放弃及逃避奋斗，不能在奋斗中体验满足，所以缺乏克服困难的持久力。成功者却能从面对挑战中获得满足感，所以更能自发持久地面对困难。

最伟大的发明家托马斯·爱迪生，对于人生中的挫折抱着罕见的不放弃精神，使他创造了非凡的成就。在电灯发明的过程中，其他人因为失败而感到心灰意冷时，他却将每一次失败视为又一个不可行方法的减少，而确信自己向成功又迈进一步。

生命里程中永远存在着障碍，不会因为你的忽视而消失，当你因为某件事而受到挫折时，不妨想想爱迪生在给整个世界带来光明前，那一万次的失败。爱迪生的坚韧不拔在于他知道有价值的事物是不会轻易取得的，如果真的那么简单，那么人人皆可做到。正是因为他能坚持到一般人认为早该放弃的时候，才会发明出许多当时的科学家想都不敢想的东西。

英国首相丘吉尔不仅是一名杰出的政治家，而且是一个著名的演讲家，十分推崇面对逆境坚持不懈的精神。他生命中的最后一次演讲是在一所大学的结业典礼上，演讲的全过程大概持续了20分钟，但是在那20分钟内，他只讲了两句话，而且都是相同的：坚持到底，永不放弃！坚持到底，永不放弃！

这场演讲是成功学演讲史上的经典之作。丘吉尔用他一生的成功经验告诉人们：成功根本没有什么秘诀可言，如果真是有的话，就是两个：第一个就是坚持到底，永不放弃；第二个就是当你想放弃的时候，回过头来看看第一个秘诀：坚持到底，永不放弃。

敏锐的观察力、果断的行动和坚持的毅力是成功的必备要素。你可能用敏锐的目光去发现了机遇，同时也能用果断的行动去抓住机遇，但是最后还是需要用你坚持的毅力才能把机遇变成真正的成功。

人生有两杯必喝之水，一杯是苦水，一杯是甜水，没有人能回避得了。区别不过是不同的人喝甜水和喝苦水的顺序不同，成功的人往往先喝苦水，再喝甜水，而一般人都是先喝甜水，再喝苦水。在成功过程中坚持的毅力非

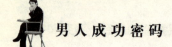

常重要，面对挫折时，要告诉自己：坚持，再来一次。因为这一次失败已经过去，下次才是成功的开始。人生的过程都是一样的，跌倒了，爬起来。只是成功者跌倒的次数比爬起来的次数要少一次，平庸者跌倒的次数比爬起来的次数多了一次而已。最后一次爬起来的人称之为成功的人，最后一次爬不起来或者不愿爬起来，丧失坚持的毅力的人，就叫失败者。

缺乏恒心是大多数人最后失败的根源，一切领域中的重大成就无不与坚韧的品质有关。成功更多依赖的是一个人在逆境中的恒心与忍耐力，而不是天赋与才华。布尔沃说："恒心与忍耐力是征服者的灵魂，它是人类反抗命运、个人反抗世界、灵魂反抗物质的最有力支持。"

增强承受挫折的能力

许多年前，一位聪明的老国王召集大臣，让他们编一本《古今智慧录》，留传给子孙。这些大臣工作很长时间，完成了一套12卷的巨作。国王说太厚，需要浓缩。这些大臣又经过长期的努力，变成了一卷书。然而，国王还嫌太长。于是，这些人把一本书浓缩为一章，然后缩为一页，再变为一段，最后变成一句。聪明的国王看到这句话，显得很得意。他说："这是古今智慧的结晶。全国各地的人一旦知道这个真理，我们大部分的问题就可以解决了。"这句话是："挫折是一笔可贵的财富。"

有责任感的人都会同意"挫折是一笔可贵的财富"，没有人会不劳而获，在走向成功的道路上，你要付出汗水，还要勇敢面对挫折与失败。从挫折中汲取教训，是迈向成功的踏脚石。当我们观察成功人士时，会发现他们的背景虽各不相同。但他们却有一个共同点，这就是他们都经历过艰难困苦的阶段。

把每一个"失败"先生拿来跟"平凡"先生以及"成功"先生相比，你会发现，他们各方面（包括年龄、能力、社会背景、国籍以及任何一方面）都很可能相同，只有一个例外，就是对遭遇挫折的反应大小不同。

当"失败"先生跌倒时，就无法爬起来了。他只会躺在地上骂个没完。"平凡"先生会跪在地上，准备伺机逃跑，以免再次受到打击。但是，"成功"先生的反应跟他们不同。他被打倒时，会立即反弹起来，同时会汲取这个宝贵的经验，继续往前冲刺。

哈佛大学的一位教授讲过一件这样的事：

几年前，他把毕业班的一个学生的成绩打了个不及格，这件事对那个学生打击很大。因为他早已做好毕业后的各种计划，现在不得不取消，真的很难堪。他只有两条路可走：第一是重修，下年度毕业时才拿到学位。第二是不要学位，一走了之。

在知道自己不及格时，他非常失望，并找这位教授要求通融一下。在知道不能更改后，他大发脾气，向教授发泄了一气。这位教授等待他平静下来后，对他说："你说的大部分都很对，确实有许多知名人物几乎不知道这一科的内容。你将来很可能不用这门知识就获得成功，你也可能一辈子都用不到这门课程里的知识，但是你对这门课的态度却对你大有影响。"

"你是什么意思？"这个学生问道。

教授回答说："我能不能给你一个建议呢？我知道你相当失望，我了解你的感觉，我也不会怪你。但是请你用积极的态度来面对这件事吧。这一课非常非常重要，如果不认真培养积极的心态，根本做不成任何事情。请你记住这个教训，五年以后就会知道，它是使你收获最大的一个教训。"

后来这个学生又重修了这门功课，而且成绩非常优异。不久，他特地向这位教授致谢，并非常感激那场争论。

"这次不及格真的使我受益无穷。"他说，"看起来可能有点奇怪，我甚至庆幸那次没有通过。因为我经历了挫折，并尝到了成功的滋味。"

我们都可以化失败为胜利。从挫折中汲取教训，好好利用，就可以对失败泰然处之。

千万不要把失败的责任推给你的命运，要仔细研究失败的实例。如果你失败了，那么继续学习吧！这可能是你的修养或火候还不够好的缘故。世界上有无数人，一辈子浑浑噩噩，碌碌无为，他们对自己一直平庸的解释不外是"运气不好"、"命运坎坷"、"好运未到"，这些人仍然像小孩那样幼稚与不成熟；他们只想得到别人的同情，简直没有一点主见。由于他们一直想不通这一点，才一直找不到使他们变得更伟大，更坚强的机会。

马上停止诅咒命运吧！因为诅咒命运的人永远得不到他想要的任何东西。

不管是暂时的挫折还是逆境，只要这个人把它当做是一种教训，那么它

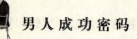

就不会在一个人的意识中成为失败。事实上，在每一种逆境、每一个挫折中都存在着一个持久性的大教训。而且，通常说来，这种教训是无法以挫折以外的其他方式获得的。

挫折通常以一种"哑语"向我们说话，而这种语言却是我们所不了解的。如果这种说法不对的话，我们也就不会把同样的错误犯一遍又一遍，而且又不知从这些错误中吸取教训。

成功学大师卡耐基说，"挫折"是大自然的计划，它经由这些"挫折"来考验人类，使他们能够获得充分的准备，以便进行他们的工作；"挫折"是大自然对人类的严格考验，它借此烧掉人们心中的残渣，使人类这块"金属"因此而变得纯净，并可以经得起严格使用。

每个人、每个企业都会遇到困难、挫折，但挫折不等于失败，只有放弃才会失败。只要把从挫折中获得的教训善加利用，就会走向成功。对于事业上的挫折，决不要忧心忡忡。那样只会促使你走向失败，所以要抛开忧虑。

卡耐基有一段时间曾对自己所受到的挫折非常吃惊，有好一阵子，他担忧得简直没有办法睡觉。最后，凭着常识他想到忧虑并不能够解决问题，于是想出了一个不需要忧虑就可以解决问题的办法。这个应付挫折的办法非常简单，任何人都可以使用，其中共有三个步骤：

第一步：先毫不害怕而且诚恳地分析整个情况，然后找出万一失败可能发生的最坏的情况是什么。

第二步：找出可能发生的最坏情况之后，就让自己在必要的时候能够接受它。

第三步：从这以后，平静地把时间和精力拿来试着改善在心理上已经接受的那种最坏情况。

卡耐基经过几次实验，发现这个办法非常有效。所以，面对挫折要勇敢，抛开忧愁，不放弃努力，就会从挫折中提炼出成功。

失败了，可以从头再来

在普通情形下，失败一词是消极的，但对于成功者而言，失败和成功并非泾渭分明，失败是成功之母，成功是失败之子。看似是失败的，也许是成功的；看似是成功的，也许是失败的；失败之中也许蕴含着成功，成功之中也许蕴含着失败。

何谓失败？

说得通俗一点，失败就是：一个策划的方案，由于种种原因没有付诸实施；一个预期的目的，因为时间的耽搁而没有达到；一种分解的试验，在具体操作过程中发生了错误，使之无法进行下去；一项紧张的比赛，被对手战胜。这几个例子，都可以称为失败。

不用多说，失败使人沮丧，使人丧失勇气，严重者一蹶不振。这是从消极方面说。积极方面，失败会催人奋起，会激起人更大的决心和能耐，从而实现更加辉煌的成就。

关于失败，我们要有正确的认知方式和强大的心理、肉体承受力量。

很小的时候，我们很少听说过失败是向成功跨近的一步。我们的父母很少懂得，失败是成功过程的组成部分，挫折是成功当中不可缺少的成分。

有关失败的话题，应该让孩子在小时就去认识它，老师和家长告诉他们，失败是生活的一个组成部分。当孩子失败时，去爱护他（她），这样做是对他（她）真正的爱。基于这种爱，孩子在将来，才会成为男子汉或女中豪杰。由于早先正确认识了失败；因此，不论遇到什么样的挫折和困难，都不能击垮他们。

家庭、社会，许多事许多人，常常不尽人意。不凑巧的事、倒霉的事、煞风景的事，构成了生活画面中不调和的经纬线，组合成生活中不和谐的音符。一个人只有一个心胸，只有一个思想，这些板块、音响、光色，不想看到也得看，不想理它也得理。忧愁也好，快乐也好，无可奈何、听之任之也好，置之不理、耿耿于怀也好，它们都在你的眼前，在你的生活中，在你一生的点点滴滴中。

现代人生活在紧张的竞争氛围中，生活在复杂的环境里，应首先学会超脱，学会自寻快乐，才能保持良好的心态，轻松愉快地生活。这样做，首先得排解一切挥之不去的阴影，才能走出怨叹的怪圈。哀叹命运的不公，怨叹自己天生命不好，在摇首叹息之际，也就将命运交给了别人，怪谁呢？

古人在经历了人生的坎坷之后，得出了"生死有命，富贵在天"的结论。但应当知道，一个人命运的好坏，并非天生注定，也不能被别人操纵。

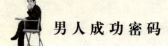

一个人一生不可能永远幸运，也不可能永远被厄运纠缠。要相信，命运由我们自己创造，命运掌握在我们每个人手中。

人生的旅途上，如果你奋斗了，努力了，拼搏了，但你依然屡遭挫折，连栽跟头，也不用抱怨命运的不公，而是要理智地接受和承认现实，并进一步找出分析遭到挫折和失败的原因，进而改变现状，改变命运，这才是成功的选择。

当我们动手去做一件事情，如果认为自己永远不会失误的话，这是不切实际的。我们至少在某个方面一定要有失败之处，毕竟，失败是进取过程中的一个重要组成部分。在尝试一件新事物的时候，一定要咬紧牙关，坚持下来，请不要忘记下面这个取得成功的组合式：

失败——再做一些努力；

失败——坚持下去，对自己宽厚些；

失败——继续干，直到成功。

成功者能成功，就主要在于他把失败当做朋友。失败可以告诉你，这样做是错误的，下一次需要换一种思路。失败能提供有价值的信息，它是对你很有帮助的向导，而不是要你退缩的警示。成功者充分认识到，成功之路有如文火炖猪头，只能慢慢成熟，而且要以多次错误为背景，踩着错误的肩膀向上爬。他们明白，犯错误是生活当中的正常因子，在犯错误时，不能垂头丧气。相反，他们从教训中学到所能汲取的经验，坚持下去，更加努力地尝试。

而失败者不然。

失败者把失败看成洪水猛兽，鬼魅魑魅。他们在犯了错误，陷入困境的时候，就会完全心灰意冷。他们认为，一旦他走错了一步，有一次失了手，那他一切都玩儿完，于是很快放弃了再努力。同时，他们认为，如果自己从前所做的不是完美的，那么，无疑地，他就是一个失败者。

失败者在面对失败时，还有一个典型特征，就是呻吟啜泣，顿足捶胸，责骂自己是笨蛋，蠢猪，觉得自己一无是处，陷入失望之中。失败者常揪着自己的头发，自问，为什么我不小心一点、为什么我犯那么多的错误、为什么我轻易相信别人？等等。他责骂自己时，就像过于严厉的父母训斥一个无处求援的孩子，其结果是：每这样自责一次，自信心就受到一次伤害，萎缩和消沉就增加一分。

失败的时候，失败者愈责骂自己，便愈觉得自己无能；愈觉得自己无能，失误也就愈多；愈是失误多，又愈觉得自己不行；愈觉得自己不行，又愈责骂自己，如此便形成恶性循环。由于担心再犯错误，便导致失败者产生极大的忧虑，陷入一种保持性的停滞状态。这种状态使得在旁人看来；失败懒惰，或是消沉。

人，一旦遭到失败就心灰意冷，无所事事，这样虽然他免除了再犯错误的恐惧，他的担忧也随之减少，再也没有挫折、失误、失败，然而，不幸的是，他再也不能与成功牵手。

长期致力于研究成功课题的人士指出，失败实际上只不过是暂时的挫折。暂时性的挫折是一种幸福，因为它会使我们振作起来，调整我们的努力方向，使我们向着不同，但更美好的方向前进。

暂时性的挫折，在致力于成功的人士意识中，都不会成为永久的失败，只要你把它当作是一种教训。事实上，在挫折中，都存在着一个持久性的教训，这种教训是无法凭挫折以外的其他方式获得的。

只有把暂时性的挫折当作永久性的失败来加以接受时，挫折才会成为一种破坏性的力量。

失败者常常感叹命运的不济，现实也确实如此。竞争机制的引入，优胜劣汰，必然要求更好的心理素质。现实中常有这样的事，一个人颇具实力，却不能在竞争中取胜，甚至一败涂地。究其原因，就是对竞争的心理准备不足造成的。进一步而言，就是害怕失败，缺乏信心。

我们深信，失败是大自然来考验那些成功者的，使他们能够获得充分的准备，以便进行他们的工作。失败，能焚烧成功者心中的垃圾，使他们经受得住严肃挑战。

生命年轮在不断地旋转着。如果它今天带给我们的是悲哀，明天它将为我们带来喜悦。

做个高情商的男人

人的情绪智能又叫情感商数，简称情商（EQ），是指不直接参与认知过程的心理因素，即除智商（IQ）外，影响人的认知过程的其他心理因素，如意志、兴趣、情绪、控制能力和承受挫折的乐观态度等。与生俱来的智商（IQ）一直被视为是衡量聪明才智与事业成功的标准。然而根据研究显示，情绪智能（FQ）的掌握控制得当，才能走以创造和谐成功的人生。

心理学的最新研究表明：IQ 高不一定会带来成功，而人的 EQ 却能影响人的一生。一个人能否成功，IQ 只有20%的决定作用，这里所说的成功，仅仅是指工作成就，并不代表成功的人生；而 EQ 占80%。大量事实证明，许多学业成绩不良的学生并非是 IQ 低的原因，而是由于性格的缺陷所致。只有帮助他们培养和发展 EQ，养成优良品质，克服不良习气，才能使其潜在的素质得到最大限度地开发，这也是素质教育的要求。

美国的一本名叫《情绪智能》的著作出乎意料地登上了畅销书排行榜的榜首。书中列出了高情绪智能的 5 个基本要素：

（1）认识自身的情绪；

（2）对他人的情绪也以有深刻体验，感同身受；

（3）能妥善管理情绪；

（4）遇到挫折能保持不气馁及乐观的态度；

（5）人际关系的管理。

传统上我们从来都认为 IQ 的高低是决定人的聪明与否的标准。然而为什么有些 IQ 高的学生，走上工作岗位后却业绩平平？为什么有些聪明人却做出许多蠢事？答案并非是 IQ 的高低，而是由于 EQ 的影响。生活中很少事情的处理是靠 IQ 高低来决定，大部分事情的处理取决于 EQ。最有说服力的一项研究是美国纽泽西贝尔实验室，在从事类端仪器的 150 位员工里推出的 15 位杰出人才中，发现他们与其他人在 IQ、学校成绩上没有差异，都是一群高 IQ 的人，惟一的差异则是 EQ 不同。例如管理技能，就是一项 EQ 的显示。而一个人营销业绩的出群，婚姻生活的幸福，是否能成为好父母、好公民，统统都取决于 EQ 的高低，和 IQ 大不相干。

在职业上 EQ 的影响更大。许多企业界人士被提拔是看重他们专业技能的卓越，然而他们失败的原因却往往是因为不善于处理人的问题，不能适时地批评部下，对人乱发脾气，做出许多未经深思熟虑的事情，导致人心涣散，士气低落。

许多用人单位总是把 IQ 的分数作为用人的先决条件。有些人在大学的成绩优秀，工作时却常常受挫，往往是因为情绪的因素而无法成功。他们无法不断激励自己，对事情很容易放弃。他们的情绪很容易左右理性思考，对自己的情绪很难控制住，也不善于处理人际关系。

培养和发展情感商数，要切实做好以下几点：

1. 培养学习兴趣

兴趣是最好的老师，是调动人的积极性的能源，是事业成功的秘诀之一。达尔文在自述中说道："对我后来发生影响的是，我的强烈的多方面的兴趣，迷恋自己感兴趣的东西并沉醉其中。"可见，兴趣的力量有多大。当人们对所学知识或工作产生浓厚兴趣，就会产生无限的热爱，迸发出惊人的热情，达到全力以赴，废寝忘食，甚至创造出奇迹的地步。

2. 掌握自己的情绪

情绪是一种由客观事物与人的需要相互作用而产生的包合体验、生理和表情的整合性心理过程。人们要了解各种情绪引起的相应反映，以及应该采取的措施。

管理自己的情绪，可以试着从以下几个方面出发：当情绪陷入低潮，即出现消极情绪时，要避免过多地去探讨那些恼人的事，那只会越来越无法解脱，而应当从另外的角度去看待问题，以激起积极的情绪，如快乐、热爱、欢喜、骄傲等，从而伴随着一种愉悦的主观体验，获得某种需要的满足。也可以进行某项运动，让自己忘记心烦的事，或将自己融合到某个集体中，在集体中获得新的情感体验，从而改变自己的不良情绪。当与其他人之间出现对立情绪时，要学会克制自己，以一种平和的心态去处理问题，或来一种"换位思想"，设身处地地从他人的角度看待问题。掌握好激情状态，如暴怒、狂喜等。激情具有像发性，强度极大，并伴有剧烈的外显行为，但持续时间比较短暂。处于激情状态，一般会出现认识范围缩小、分析能力低下、自我控制减弱的现象。因此，消极的激情需要控制，以防止做出不理智或将来后悔的事情。

3. 增强毅力

坚强的毅力是人才成长、事业成功的重要心理品质，是一种百折不回的精神。它具有自觉性、坚韧性。孟子为了使学生成为一个"富贵不能淫，贫贱不能移，威武不能屈"的人，主张"苦其心智，劳其筋骨，饿其体肤，空乏其身"。增强毅力，首先要培养做事先认清目的的习惯，增强其自觉性。

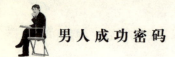

如果行为缺乏明确的目标，就谈不上坚持了，更谈不上做好事情，反而有可能会出现好心做成坏事的现象。其次，要通过工作和力所能及的劳动等活动来培养坚韧性。在反复克服困难的过程中，可以产生一种非凡的抗冲击力，长期磨练可以使人的神经系统、内分泌系统极端地活跃，耐挫力会更强。

4. 建立和谐的人际关系

和谐的人际关系主要包括同事之间、亲戚之间、朋友之间的人际关系。同事之间的友好相处是工作愉悦的不可或缺的条件，因为只有良好的人际关系形成的人与人之间的氛围才能给心情带来轻松和开心，而放松的情绪下的工作才能是卓有成效的。亲情是可贵的，就可贵在它通过血脉相连，任何东西也无法阻隔，所以家人、亲戚也是最能影响一个人的人。"一个篱笆三个桩，一个好汉三个帮。"这就是说，朋友的真情是支持一个人走过欢笑与泪水最诚挚的情感。和谐的人际关系就像一个和睦的大家庭，将人带入一个崭新的天地。

当然，发展 EQ，不仅仅限于这几个方面的培养，还需要培养其他方面的素质、能力和品质。然而，有一点是值得庆幸的：虽然 IQ 多少是与生俱来的、固定不变的，但并不表示我们的 EQ 也是固定不变的。所有构成 EQ 的条件，都是可以通过终身学习而获得的，而且任何时候都可以改善其中任何一项能力。我们所有的人都应当致力于情感商数的发展，使潜在的素质最大限度地开发出来。

在逆境中奋起的东方之子

假如真有上帝，天下会像天堂一样，人间会处处洒满阳光。然而，这个世界上苦难太多，我们的生活中压力太大。谁来拯救自己？奇迹该怎样发生？无数的人有无数的困惑，无数的追求有无数个答案。而成功者选择了这样的道路：从灾难中爬起，从废墟中新生。只要点燃了自己那熊熊的生命之火，辉煌的成功大门就一定会为你打开。

1982 年，香港船王董浩云去世，作为长子的董建华理所当然地成了董氏家族的掌门人。但是，落在董建华肩上的却不是荣誉和掌声，而是灾难与空前的压力。

受第二次石油危机的影响，到 1982 年，美国和欧洲有 3500 万人失业，汽车、钢铁、纺织三大传统工业陷于停顿，西方对亚非拉的产品需求枯竭。整个欧洲、美洲经济接近萧条状况。

世界航运业的衰败也于 1982 年彻底表面化，巨大的灾难降临到刚刚接管东方海外集团不久的董建华头上。

最让今天的人们扼腕叹息的，就是叱咤风云的船王董浩云当时并没能预见到这一点，反而去大规模扩充船队，从而使董建华身上的债务不堪重负，几至折戟沉沙。

首先是船价大跌。这使董建华名下的财富大幅度"缩水"，其资产净值在 1982 年为 25.1 亿元港币，到 1984 年则只有 18 亿港元。虽然采取了多数挽救措施，董氏企业的负债仍高达 90 多亿港元。

公司的业绩同时也一落千丈，在船只吨位严重过剩的状况下，想卖船也不是容易的事，没有人肯在这种背景下买船，把负担往自己身上压。

然而，这仅仅是个开始。

1982 年，尽管董建华用尽一切办法进行补救，但财务危机之漩涡还是将董氏家族卷入了海底。这个时候，他不仅欠银行的钱还欠股东的钱，欠日本造船厂的钱。据说，包玉刚的大女婿苏海文曾谈到，董家所欠的钱和奥地利的国债一样多。当时汇丰银行是董家最大的债主，仅此一家，董建华名下的债务就高达百亿港元。这意味着每年 5 亿元的利息。最高时，有人统计，董建华欠债达 28 亿美元，也就是说 250 亿港元。想想吧，背负这么重的负担，怎能不感到巨大的精神压力！

一天，董建华把妹妹董建平叫到办公室，告诉她说，公司遇到了一场惊人的大灾难，说着说着，兄妹二人相对而泣。

试想一下，150 多个债权人接连不断上门的状况是何等苦楚；在东京、纽约、伦敦之间穿梭飞行，说服债权人和银行不要冻结资产，让他有个翻身机会，该需要多大的勇气，该忍受多少的白眼和冷面孔；有时连续和债主开会，打 20 多个小时的电话处理纷乱的事务，又该是多么艰辛。何况那是在业绩低落的情况下，东方海外集团还要面对美国轮船公司低价抢货的挑战。内忧外患一齐涌来。

让董建华倍感凄楚的还有世态炎凉。当董建华随着事业处于巅峰的董浩

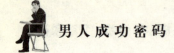

云周游世界时，所受的待遇是何等荣耀，然而，当他身处逆境时，无情的商场给董建华尚存的天真上了毫不容情的一课。

债台高筑，债主盈门，尽管董建华用尽浑身解数，游说各方财团，想尽一切措施，如出租轮船，减少船舶数量甚至变卖分公司，但东方海外集团的财务始终没有起色。1985年9月，伤痕满身的董建华无奈宣布：东方海外集团在香港证券交易所停牌，待债务重整后再行复牌。

董氏家族被拖进了漩涡之底，董建华成为"超级穷人"。

正在此时，日本的东绵承造商社对摇摇欲坠的董氏大厦进行了最后的打击：货柜船必须要按时交货。

这一下打击是致命的：若不及时付款接船，董氏家族将被迫清盘。

董氏大厦自身已难支撑，平衡已被打破。若无强援，必将倾覆。

1985年，董建华的事业似已走到穷途末路。虽然采取了降低成本、降低压力的多种手段，但对于奄奄一息的东方海外集团来讲却收效甚微。如同病入膏肓的病人一样，其自身免疫系统根本应付不了凶猛的病情，一般的医生也束手无策，只有等待扁鹊、华佗之类的神医了。

汇丰银行是董家最大的债权人，据说，董家的欠货高达100亿港币之巨。看到董建华苦苦奋斗，却周身是债，自救乏力，汇丰银行决定冒一次险。1985年9月，汇丰银行在会同中国银行向董建华贷出1亿美元的备用贷款，解救他被人起诉的燃眉之急后，决定再以新船为抵押，帮助董建华度过日本人这道难关。

就像失血过多的病人得到了血液补给一样，东方海外集团算是躲过了清盘厄运，然而大病未愈，积重难返。若想有所作为，非得再有带造血功能的"营养"补充才行。然而，有谁会再帮助董建华呢？

董建华真正到了山重水复，无路可行的地步。

然而，董建华恐怕连做梦也不敢想，还会有人对他施以援手，使他柳暗花明。

1986年3月，与董浩云私交甚笃的大富豪霍英东伸出援助之手，他宣布将注资1.2亿美元于董建华的新船上。1.2亿美元，这对董建华来说，无异是久旱逢甘霖，无异于雪中送炭。

霍英东这笔救人于危难的注资，给东方海外集团带来生机。5月17日，董建华宣布，重整公司债务。

董建华拿出了全部家产，全部注入重新组合的董氏集团。

董建华首先要做的，是说服 150 多个债权人同意他的重组方案。为此他不惜将全部资本投入重新组合的公司，而把对公司的实际控制权交到债权人手中，自己实际上成为公司的高级"打工仔"。董建华的决定以及其行动时的坚定，征服了所有债权人，他们同意了董建华的决定。从 1985 年开始的公司债务调整，直到 1986 年 5 月 17 日这天，董建华宣布设立一家新公司——"东方海外国际有限公司"，这家公司持有东方海外集团 65% 的股票，余者为霍英东名下的公司所持有。

这次重组工作进行得很慢，直到 1987 年才结束。这两年是董家最难挨的一段时光。股票被迫停牌，公司控制权落入他人之手，公司欠债达 26.8 亿美元，预计要到 2002 年，公司才有可能夺回控制权。不过，希望也在增加。1987 年，东方海外股票恢复上市买卖，公司业绩不再下滑。

天道酬勤。20 世纪 80 年代末，世界航运业开始复苏。随着世界经济的逐步繁荣，航运业、造船业再度繁荣。东方海外集团挟重组之威势，抓住时机，度过了难关。到 1990 年，公司的亏损额度已由 26 亿美元下降到 600 万多美元。1994 年 9 月，东方海外集团的股东们在 9 年之后首次获得股息，董氏家族也完全取得企业控制权，控股比例超过 50%，董氏家族这才真正重见天日。

1995 年 12 月 13 日，香港港口热闹非凡。当时世界上最大的货柜船"东方海外香港"号举行下水典礼。李嘉诚、陈方安生参加剪彩仪式。笑容满面的董建华以新船王的形象出现在人们眼前。

东方海外集团，已经极其壮大，蔚为奇观，其资金逾百亿港元，经营 24 艘货柜船，办事处遍布 145 个国家和地区，1995 年底营业额达到 16.7 亿美元，雇员达 3000 人。

东方海外集团的业务也在不断地发展。1996 年，它与美国总统航运、日本大阪三井、马来西亚国航运、英国渣华邮船联手，开辟亚洲至西北欧航班轮运。和总统航运、大阪三井开辟东亚、南亚至美国西海岸航运，与太平洋船务合作开辟南亚至澳大利亚航运。同时，董建华吸取父亲的教训，开展了多样化经营，在房地产、酒店业、食品业、货包业等方面投资，于分散投资风险中求多样化共同发展。

董建华重新树立起了他的船王地位。1997 年，香港回归祖国，董建华又被推选担任了香港特别行政区首任行政长官，从而书写了他人生最辉煌的华章。

　　董建华成功的事例说明，一个成功的男人，在遭遇严重困难、挫折的情况下，不是意志消沉，束手无策，听任命运的摆布，而是咬紧牙关，顶住压力，以坚强的毅力，顽强的意志与困难、挫折去抗争、去奋斗，只有如此，才能柳暗花明、转危为安，最终走出困境，获得成功。

•••••• **Chapter 2**

没有雄心干不成大事

好男人志存高远

"命里有时终须有，命里无时莫强求。"这两句不思进取，坐享其成的话，是典型的阿Q式自我安慰，它极大地阻碍了青年男子汉们的上进心，使更多有成功潜能的青年才俊甘于平庸。

秦始皇出巡时，其威仪使当时围观的两个青年发出了慨叹"彼可取而代之！""大丈夫当如是也！"，他们一个就是日后的"西楚霸王"项羽，一个是最终成就霸业的汉高祖刘邦。

男子汉可不做大官，但一定要立大志！

作为男子汉，尤其是青年男子汉，是不能没有远大志向的，古往今来的志士仁人、成大事立大业者，无不是从青年乃至少年时就立下雄心壮志并为之奋斗不已的。三国时期的诸葛亮曾经说过要"志存高远"，这一充满激情的千古名言激励着无数的有志青年奋发向上，锐意进取。

相对于古代生产力落后的农业社会来说，今天青年成才的路比古人有了更多的选择。变的是成才的方向和方式，不变的是成大事、立大业的远大志向。清代小说家蒲松龄家境清贫，小有大志，自小苦读诸子百家，并在青年时就崭露头角。然而参加了多次科举考试之后，屡试不中的他对考场开始心灰意冷，决心写一本留传后世的书。为表明自己的志向，他写了一副自勉的对联"有志者，事竟成，破釜沉舟，百二秦关终属楚；苦心人，天不负，卧薪尝胆，三千越甲可吞吴"。为着这个远大的志向，蒲松龄在自家门前摆了个茶摊，免费向过往行人提供茶水和歇聊的地方，但要讲一个与鬼神有关的故事。他正是通过这种方式收集了创作的第一手材料，几经删改，终于创作出《聊斋志异》这部奇书，为人类留下了一笔丰厚的遗产。

伟大的革命先行者孙中山先生，少年时由哥哥接到海外读书，中外社会鲜明的对比和现实差距给他留下了深刻的印象。年少的孙中山产生了"改良祖国、拯救同胞"的愿望。在以后的岁月中，孙中山在海外边学习边探索救国救民的道路。1894年，他在檀香山创立了中国最早的资产阶级革命团体兴中会，点燃了推翻腐朽的满清政府的第一把火，为着"改良祖国、拯救同胞"这伟大的理想，孙中山领导资产阶级政党同盟会一次次地同封建腐朽的清王朝进行不懈的斗争，最终创立了中华民国。孙中山以此特殊的贡献，成为20世纪中国三位巨人之一。

以前从一本杂志上看到这样一个故事：一青年大学毕业后到一个很小的单位做一个普通的职员，他异常苦闷地在那呆了3年。终于，他觉得再不能这样无所作为下去了，便去请教以前的一位老师，把自己想读研究生的打算告诉老师，末了，他又说："如果考上了去读的话，3年后我是不是变得年纪大了，差不多30岁了！您看？"他的老师回答说："你不去读的话，3年后你不也一样会变老！"老师的一番话使这位青年顿时醒悟，明白了再不能碌碌无为过下去。经过苦读，他考上了一所重点大学热门专业的研究生，毕业后，先在政府部门任职，后下海经商，现在他的公司业务已发展到国外，拥有超过亿元的资产，他也成为一名成功的企业家。

要做就做一流人物

在一群得过且过、懈怠懒惰、愚蠢懦弱者的眼里，仿佛世界上一切好职位、一切有出息的事业，都已人满为患。的确，像他们这样懒散成性的人，无论走到哪里，都不会有他们的立足之地，没有人会需要他们。社会的各行各业都急切需要的是那些肯负责任、肯努力奋斗、有主张见地的人。一个富有思想和判断力、具有创造力、能够吃苦耐劳的人，随处都可以立足，在哪里都有希望。而另外一些人只会埋怨机会太少，或怀才不遇，这种人是一辈子都不会有出息的。

只有懦弱无能者才会一天到晚埋怨找不到事做，而那些对自己的能力有把握，自信能获得好职位的人，从来不会到别人面前去诉苦，他们知道，埋头苦干才是惟一的出路。

有些年轻人常常在心里这样想："我不准备做个一流人物，只要做个二流人物就满足了。我也不妄想获得一个一流的高薪职位，只要有一个二流职位就很称心了。"这种人的见识其实并不高明，要做二流人物非常容易，只要故意不显出一流人物的才能就可以了。但实际上抱有这种心理的人大都是

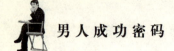

无法跻身于一流人物行列的人。

当然，如果你无法获得一个一流的职位，就只好找一个差一些的职位将就一下。但是，在你的经济条件允许的范围内，你当然希望穿最好的衣服，吃最好的食物。即使你舍不得花费很多钱用于高级的穿戴和饮食，但至少你的内心是喜欢高级的，这是人之常情。

二流的人物正如二流的商品一样，除非用人者找不到一流人物，才会将就着用二流人物。可是，用人者却都希望找到一流人物为自己的机构服务。

如果从各方面去观察，我们就可以看出一个无法跻身于一流人物的人是什么样的。他们中的许多人常常习惯于浪费时间、空耗精力，他们的理解力也很差，言谈举止也显得很迟钝，这种人似乎不会有什么发展的余地。他们甚至还不配做一个二流人物，只算得上三流人物。另外有一种人也很糟糕，他们一有闲暇时间，就放纵自己，尽情享乐，过着花天酒地、醉生梦死的生活，拼命糟蹋自己的精力、体力和脑力，结果弄得自己人不人鬼不鬼的。这种人只配称为行尸走肉。除了疯子，谁会说他们是出色的人物呢？

无法跻身一流人物行列的人自然就成了社会生存竞争中的落伍者，其中的原因是多方面的。有的是因为从小生活在不良的环境中，不知不觉染上了不良的习气，结果就陷入了失败的深渊；有的是由于没有受到良好的教育，或没有受过完善的为人处世的训练，以致也被挤出一流人物的行列。

一个人惟有靠自己的奋斗，竭尽自己的心智，克服无数的艰辛，才能取得成就，才算得上真正的成功，才能获得其他人的信任和尊重。如果你现在的职位和成绩并非因为自己的苦干，而是通过其他方式谋到的，那么你做起事来感觉一定不会太好。如果你谋得好的职位是由于父亲的面子，或是其他亲友的提携，你可以思考一下：如果没有这些外力的介入，你要再花费多少精力，经过多长时间，做出多少业绩，才能达到这样的地位呢？在现在的职位上，你一定会觉得事情非常地生疏难做，因而常常不容易有大的兴趣。因为这个职位不是你一步一步逐渐谋得的，而任何重要的职位决非浅陋的学识、低劣的才干能做得了的，所以，当你做事时必将到处碰壁。那时，你仍愿意在那里干下去吗？

我们经常可以看到这样的情节：一位富商把自己的子女安置在自己开设或自己担任股东的公司里，尽管他的子女毫无本领，但职位却高人一等。在他子女手下做事的普通员工，差不多都比他的子女努力，而且经验也要丰富得多。试问，如果他的子女稍有些见识，他会怎么想呢？他一定会感到羞愧难当。其实，他自己心里也必定很明白，他自己的职位其实应该由一位在商界工作多年、富有经验、精明能干的人来担当，但现在他仅仅因为父亲的关系，就占据着高位，几乎是不劳而获。假如他领悟到这个问题，假如他还有一些自尊的话，就无法堂而皇之地昂首挺胸地做人。

请牢记：当你对自己的双手和头脑有十足的信心，确信自己已经具备所想要的职位的条件，并且你确信自己一旦谋到那位置肯定能够愉快地胜任，能有所建树时，你不要再灰心丧气，不要再怕吃苦，不要再急躁不安，不要再埋怨升迁太慢了。你应该一步一个脚印地去做，你应该像裁判要求参赛者一样严格要求自己，把自己训练培养成一个适合你所期望的职位的人。你必须懂得，如果职位不是靠自己的埋头苦干，不是基于自己过去的业绩，那么即使获得了那样的职位，也毫无价值可言。

保持适度的雄心

拿破仑曾经说过一句名言："不想当将军的士兵，不是好士兵"，这是对雄心的最好说明。初听起来，雄心一词好像过于高傲，但是你要知道世上成大事者都是因为自己有一颗"要想当将军"的雄心而最后如愿以偿的。

所谓雄心是以获得好成绩的诱惑来鞭策人。从心理学的角度来看，成绩有提升自我评价、增强自信心的作用，所以，强大的雄心或许是靠成绩隐藏自卑感的心理反映。

有时雄心在生活中没有多大用处，尤其是在你不想以特别的成绩得到特殊评价时。但缺乏争取好成绩的冲劲，这对工作会产生不利影响。如果你对工作缺乏雄心，将很难获得成大事者的机会。

争取好成绩的动机并非与生俱来，而是教育、熏陶所形成。这个社会以成绩评定一切为取向，老师和家长均以教导子女有雄心壮志为目标。

很少有人警觉到不切实际的雄心会对成绩产生的负作用。美国科学家 R·C·史奈特，曾经进行一项有趣的实验，证实太大的雄心妨碍成绩的结果。

这一实验是依不同的动机赋予，将被实验者分成三组，各组按照指示解

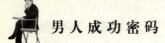

决相同问题。第一组只要自己解决完问题就没事了。这项指示引发不起任何雄心。

第二组，答对了就有 100 元奖金。这项宣布使想夺取奖金的雄心开始蠢蠢欲动。

第三组，为了刷新解答所需时间的记录，越快答完越好，除此之外还有 2000 元奖金。这明显引发强烈要获得奖金的雄心。

由实验结果得知，雄心以符合实际的情况最好。伴随过大雄心的过度精神兴奋，产生对完成能力的反作用。

太大雄心不仅对成绩带来负面影响，也损害人际关系。雄心太大的人在达成自我目标时，有忽略他人的自私倾向。因为他集中精神在目标上，毫不关心他人。所以，一个人拥有适度的雄心是有益的，一旦过度，则极有可能走向人生原则的反面，是不可取的。

你听说过保尔·德塞纳维尔其人吗？十有八九你没听说过。保尔何许人也？据他自己说，是个干什么都不行的庸才。但是，他却有点石成金的本领和适度的雄心。有一天，他脑子里飘起一段曲调，他便自己将它大致哼出来，并用录音机录了下来，请人写成乐谱，名为《阿德丽娜叙事曲》。阿德丽娜正是他的大女儿。曲子谱好后，就在罗曼维尔市找了一个游艺场的钢琴演奏员为之录音。这个演奏员不名分文，穷酸得很。德塞纳维尔给他取了个艺名，叫理查德·克莱德曼……往后的事，不说你也知道了吧！唱片在世界上一下子卖了 2600 万张，德塞纳维尔轻而易举地发了财。他说："本人不学无术，对音乐一窍不通，不会玩任何乐器，也不识乐谱，更不懂和声。不过我喜欢瞎哼哼，哼出些简单的、大众爱听的调儿。"

德塞纳维尔只作曲，不写歌，他的曲子已有数百首，并且流行全球。20 年来，德塞纳维尔靠收取巨额版税，腰缠万贯。

对于德塞纳维尔的成大事，他自己解释为适度的心理带来的连续的好运。做任何事情他都想成大事。1978 年，他花了 28 万法郎买了一匹马，几个月之后赢得了美洲奖，净得奖金 200 万法郎。1992 年，因为走错了门，他在一间录音室里无意中遇上了一个吹长笛的阿根廷人，名叫迪戈·莫德纳。他看见莫德纳的脖子上挂着一个鸭蛋形的小乐器，挺奇特的。这种小乐器名叫"陶笛"，德塞纳维尔从未见过，也未听过，于是他让莫德纳表演一下。他当机立断，将莫德纳聘用。结果在乐队伴奏下的大提琴与陶笛协奏灌制的唱片

《陶笛之声》共卖出 110 万张（其中普通唱片 40 万张，激光唱片 70 万张）。唱片中的 12 首曲子全部都出自德塞纳维尔之手。不管你服气不服气，他确实是取得了巨大成功的成大事者。

那如何才能使自己拥有适度的雄心呢？下面十条建议或许对你有所帮助。

（1）不要对成大事抱太大的期望。设定可能达成的实际目标。

（2）没有强烈动机反能完成更多事，由此可知，雄心应符合自己的个性，不必强求。

（3）周围的人对自己的期望不太满意时，往往会失去自信，偶尔会有更大的追求。因此，首先要检讨对自己的要求是否"合乎实际"，如果超过实际，必须立刻改进。

（4）过大的雄心会影响健康。目标订得太高，被不可能实现的强烈野心侵蚀，结果容易患肠胃溃疡等疾病。

（5）现实地设定能够获得成大事的目标，而且尽量以得到显著成果为主。

（6）成为成大事者的同时，不要输给"胜利效应"，也就是不要在胜利的荣誉中沉溺太久。

（7）付出极大努力换来的成大事者并无妨，但是不要持续为取得好成绩而给自己施加太大的压力。

（8）偶尔要找个时间放松一下，"跳出努力的圈圈"。惟有这么做才能把能力发挥到最高点，没有人能够永远维持能力处于高峰状态。

（9）勿采用消耗过多能力的方法，否则只会得到"拼命三郎"的称号。

（10）通常成大事者会加速下一次的成果出现，但只有保持平常心才能保证不退步且维持好成绩。

适度的雄心是成大事者的动力。

要有强烈追求卓越的心态

不知你有没有和成功人士做过比较，不成功人士与成功人士的最大区别，在于不成功人士没有成功者的心态。成功人士心里几乎是没有"不可能"这

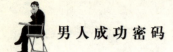

一词的，而不成功人士似乎只有平平庸庸才是正常的，可能的。

"人类的一个主要弱点就是人们普遍熟悉'不可能'一词，这个词显示出一切规则都不起作用，任何事都干不成。"这个世界上"不可能"的事太多了，"我不可能在一夜之间成为总统"、"我永远不可能拥有一百万"。人们常常被这种消极心态支配着，才导致大部分人一生半红不黑，既不太穷，亦不发达。而实际的情况是怎么回事呢？

成功总是伴随那些有自我成功意识的人！

失败总是伴随那些在乎自我失败意识的人！

人们要学会在头脑中将失败意识转变为成功意识。

只要充分发挥自己的潜力，敢于做别人认为不能做，不可能做的事，你就一定能成功。

一个10岁的男孩子看着他父亲修理汽车，突然千斤顶滑脱，父亲的手被压在车轮底下，此时男孩毫不犹豫地将汽车抬起，让父亲的手缩了回来。

这是人类巨大潜能的一个真实例子。在通常情况下，那个男孩最多只能举起汽车十分之一的重量，在他料想不到的时候潜能发挥了作用。人的潜能是多方面的：包括体能、智能、宗教经验、情绪反应等，其中最重要的是人的意识，因为财富开始于一种思想状态，它不能离开意识力量的参与。然而，由于各种原因的限制，人通常只能发挥其潜能的1/10。

詹姆士在《人的能量》一书中，描述了贝尔德·史密斯上校1875年在德里被围困六个星期的生活，当时史密斯上校身患败血病，双脚严重感染，双臂严重扭伤，不断腹泻，周围到处是感染疟疾死亡的人。在那段时期内，他大半靠白兰地维持生命，那时候的酒没有造成任何醉酒的效果。据他后来报告"没有一个人抗拒得了巨大的生存挑战。我确信在我的一生当中，没有一刻像那时明智、坚强。"

请一定记住：凡认为自己有创造力的人，最终必定表现出非凡的创造力来；而以为自己无创造力的人，其创造力终将消退。千万别让你的心态毁了你的天赋。

不能充分利用自己的潜能是对自己的最大的浪费，以消极的心态扼制了自己的天分则无异于是一种对自己的犯罪。

为什么有的人钱多得数不过来，而有些人天天却在对着那些该死的账单咒骂？运气当然是一个因素。但是，通常人们由于表现出消极的态度和行为，而常使自己陷入困境，给自己带来厄运。有人曾探求失败人士的八大错误，其中之一就是无视创造。他们不明白这样一个基本的事实：即人们所以能够获得高报酬，是因为他们明白自己从事某些使价值大量增值的事而能够获得很高的报酬。

如果你的目标是在钱财上获得成功，你就必须实实在在地去生产与创造别人想要的东西，而不应仅仅停留在你的梦想之中。

成功是相对的，永远是属于少数人的，从心态开始，你必须摆脱大众意识的牵制。

发展是"硬道理"

我们不难想像，一个没有什么动力的人，他将会是一个什么样子。当你将一块砖头放在显微镜下仔细观察，你会注意到它不会有任何变化。然而，如果你观察一个珊瑚虫，就会发现珊瑚虫在慢慢地生长变化。其中的道理很简单：珊瑚虫是活的，砖头是死的。生命的惟一标志是生长发展。这一标志也同样适用于人的精神世界。如果一个人在发展，他就具有了生命力；如果停止发展，他就失去了生命力。

伟大的改革开放总设计师邓小平的"发展才是硬道理"的格言，对于每一位中国人来说都不陌生。但是，如何发展、怎样才是发展、为什么发展才是硬道理，这不是人人皆懂、人人皆知的。

其实，发展就是一个"硬"字，硬在有力量，有实力；硬在手中东西多，力量大！作为自然人来说，人的发展就是长大，长到身体的一切器官都成熟起来。身体上的一切器官，没有不能用的，没有不具备实用功能的。

作为一个人来讲，如果长不大，那也就没有发展；没有发展，力量就不成长，即使他们思想再伟大，吼声再高，也没有人理睬。

除了人的自然长大以外，再所谓的"发展"就是看你在"别人面前"怎么样。比如有两个小孩子，他们住在一个村子里，一个人上完中学上大学，上了大学出国留学；一个一直在读小学，就是毕不了业，那就不行。同理，如果一个小孩子不长大，那么，那个不长大的小孩子就成了"侏儒"，在力

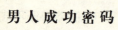

量上没有"分量"，不管社会怎么在道德法律上保护，人们在内心世界上的"特殊看法"还是存在的。归根结底，他做人是失败了。

一个大人，一个成功的人，一个有本领的人，一个在社会上受到别人尊敬的人，他是否发展，就是以他在这个社会上所占有的精神财富与物质财富的多少而言。他有资产，那就是人生的发展，是发展的成果与标志；有学问，就是发展，也就是人生的成果；有地位，做了好大的官，在社会上影响卓著，这也是发展，也是人生成就的表现；"众里寻她千百度，蓦然回首，那人却在灯火阑珊处"——在茫茫人海中找到了自己人生的另一半，结成良缘，这也是人生的发展与成功！人生社会职业360行，做出成绩影响了他人的都是成功。

人类文化的发展，都是根据社会的需要而来的。天地间没有不变的事情，万事万物随时而变，随地而变，随社会的发展而变，随人的生理、情感、观念而变。时时在变，处处在变，人人在变，没有不变的道理。

南怀瑾先生经常说："历史上的伟人，第一等智慧的领导者，晓得下一步是怎么变，便领导人家跟着变，永远站在变的前头；第二等人是应变，你变我也变，跟着变；第三等人是人家变了以后，他还站在原地不动。人家走过去了他在后边骂：'你变得太快了，我还没有准备你就先变了！'三字经六字经都出口啦，像搭公共汽车一样，骂了半天，公共汽车已经开到中途啦，他还在骂。这一类的人到处都是，竞选失败了，做生意失败了，都是这样，一直在骂别人。所以大家都要做第一等人。知道怎么变，等它变到了，你已经在那里等着了。"

做人就是这样，你必须想着法子变出新花样，想出新的东西，创造出新的玩艺，也就是说，人生如果不能创造和创新，就没有发展。不发展，别人进步了，就意味着你落后，意味着你被社会淘汰，意味着被人超过去，甚至意味着被人家"取而代之"！俗话说："不进则退"，就是这个道理。

做人不创新、不前进、不长大、不进步，只有"死路一条"！

远离没有抱负的日子

生活中有许多人没有确定的目标和抱负，没有规划良好的人生计划，而只是一天天地得过且过，持有这种人生态度的人，不要说取得全面的成功，即便是想取得某一领域的成功也是不可能的。在生活的海洋中，我们随处都可以看到这样一些年轻人，他们只是毫无目标地随波逐流，既没有固定的方向，也不知道停靠在何方，他们在浑浑噩噩中虚度了多少宝贵的光阴，荒废了多少青春的岁月。他们在做任何事时都不知道其意义的所在，他们只是被挟裹在拥挤的人流中被动前进。如果你问他们中的一个人打算做什么，他的抱负是什么，他会告诉你，他自己也不知道到底要去做什么。他只是在那儿漫无目的地等待机会，希望以此来改变生活。

怎么可能指望一个在生活中没有目标的人到达某个目的地呢？怎么可能指望这样的人不处在混沌和迷惘中呢？

从来没有听说过有什么懒惰闲散、好逸恶劳的人曾经取得多大的成就。只有那些在达到目标的过程中面对阻碍全力拼搏的人，才可能达到全面成功的颠峰，才有可能走到时代的前列。对于那些从来不尝试着接受新的挑战，那些无法迫使自己去从事那些对自己最有利的却显得艰辛繁重的工作的人来说，他们是永远不可能有太大成就的。

任何人都应该对自己有严格的要求。不能一有机会就无所事事地打发时光；他不能够放任自己清晨赖在床上，直到想起来为止；他也不能只在感到有工作的心情时才去工作。而必须学会控制和调节自己的情绪，不管是处于什么样的心境，都应当强迫自己去工作。

绝大多数胸无大志的人之所以失败，是因为他们太懒惰了，因而根本不可能取得成功。他们不愿意从事含辛茹苦的工作，不愿意付出代价，不愿意作出必要的努力。他们所希望的只是过一种安逸的生活，尽情地享受现有的一切。在他们看来，为什么要去拼命地奋斗、不断地流血流汗呢？何不享受生活并安于现状呢？

身体上的懒惰懈怠、精神上的彷徨冷漠、对一切都放任自流的倾向、总想回避挑战而过一种一劳永逸的生活的心理——所有这一切便是那么多人默默无闻、无所成就的重要原因。

对那些不甘于平庸的人来说，养成时刻检视自己抱负的习惯，并永远保持高昂的斗志，是完全必要的，要知道，一切都取决于我们的抱负。一旦它变得苍白无力，所有的生活标准都会随之降低。我们必须让理想的灯塔永远

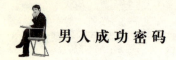

点燃，并使之闪烁出熠熠的光芒。

如果一个人胸无大志，游戏人生，那是非常危险的。

当一个人服用了过量的吗啡时，医生知道这时候睡眠对他来说就意味着死亡，因而会想方设法让他保持清醒。有的时候，为了达到这个目的而必须采用一些非常残忍的手段，比如使劲地捏、掐病人，或者是对他进行重击，总之，必须用一切可能的手段来驱逐睡魔。在这种情况下，一个人的意志力就起着决定性的作用，一旦他意志消沉，陷入睡眠，那么他很可能就再也不会醒过来了。

我们到处都可以见到这样一些人，他们有着最良好的装备，具备一切最理想的条件，而且也似乎是正在整装待发，然而，他们行动的脚步却迟迟不能挪动，他们并没有抓住最好的时机。造成这一现象的原因就在于，在他们身上没有前进的动力，没有远大的抱负。

一块手表可能有着最精致的指针，可能镶嵌了最昂贵的宝石，然而，如果它缺少发条的话，它仍然一无用处。同样，人也是如此，不管一个年轻人受过多么高深的教育，也不管他的身体是多么地健壮，如果缺乏远大志向的话，那么他所有其他的条件无论是多么优秀，都没有任何意义。

有这样一些颇具才干的人，尽管年逾30，但仍然没有选择好一生的职业。他们说并不知道自己适合做什么。对于这样的人来说，即便是再怎么才华横溢，也会在漫无目的的东碰西撞中磨蚀了身上的锐气。

雄心抱负通常在我们很小的时候就初露锋芒。如果我们不注意仔细倾听它的声音，如果它在我们身上潜伏很多年之后一直没有得到任何鼓励，那么，它就会逐渐地停止萌动。原因很简单，就跟许多其他没被使用的品质或功能一样，当它们被弃置不用时，它们也就不可避免地趋于退化或消失了。

这是自然界的一条定律，只有那些被经常使用的东西，才能长久地焕发生命力。一旦我们停止使用我们的肌肉、大脑或某种能力，退化就自然而然地发生了，而我们原先所具有的能量也就在不知不觉中离开了我们。

如果你没有去注意倾听心灵深处"努力向上"的呼声，如果你不给自己的抱负时时鞭策加油，如果你不通过精力充沛的实践有效地对其进行强化，那么它很快就会萎缩死亡。

没有得到及时支持和强化的抱负就像是一个拖延的决议。随着愿望和激情一次次地被否定，它要求被认同的呼声也越来越微弱，最终的结果就是理想和抱负的彻底消亡。

在我们周围的人群中，这种最后抱负消亡、理想灭失的人数不胜数。尽管他们的外表看来与常人无异，但实际上曾经一度在他们的心灵深处燃烧的热情之火现在已经熄灭了，取而代之的是无边无际的黑暗。他们在这块大地上行走，却仿佛只是没有灵魂的行尸走肉。他们的生活也变得毫无意义。不管是对他们自己还是对这个世界，他们的存在都变得毫无价值。

如果说在这个世界上存在着一些可怜卑微的人的话，那么毫无疑问，那些抱负消亡的人是属于其中的一类——他们一再地否定和压制内心深处要求前进和奋发的呐喊，由于缺乏足够的燃料，他们身上的理想之火已经熄灭了。

对于任何人来说，不管他现在的处境是多么恶劣，或者先天的条件是多么糟糕，只要他保持了高昂的斗志，热情之火仍然在熊熊燃烧，那么他就是大有希望的；但是，如果他颓废消极，心如死灰，那么人生的锋芒和锐气也就消失殆尽了。

在我们的生活中，最大的挑战之一就是如何保持对生活的激情，远离盲无目的的生活，坚定明确的奋斗目标，永远让炽热的火焰燃烧，并且保持这种高昂的境界。

有许多人往往以这种想法从心理上欺骗自己、麻醉自己——只要自己有乐观向上、期盼着实现自己的理想和抱负的想法，他们实际上就已经是达到了目标。但是，这种光说不做，或者做起事来拖泥带水的人，实际上只是在内心里担心成功的幻想被拿到现实中去检验。他们的等待一方面是打算多享受一会儿"可能成功"的幻想，另一方面是想有可能天降大运，自然功成。然而，天上只下过雪雨冰雹，从来没掉过馅饼和大运。

理想和抱负是需要由众多的不同种类的养料来进行滋养的，这样才能使之蓬勃常新。空虚的、不切实际的抱负没有任何意义。只有在坚强的意志力、坚韧不拔的决心、充沛的体力，以及顽强的忍耐力的支撑下，我们的理想和抱负才会变得切实有效。

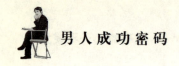

天降大任于男人

在中学时代，我们就从课本上学过孟子的下面这篇文章，古人的此番教诲确实深刻，可惜当时我们没有太多的人生经历，也根本无从体会孟子的苦口婆心。现在，既然我们已经踏入社会，再回头细加品读，也许"犹未晚矣"！

舜发于畎亩之中，傅说举于版筑之间，胶鬲举于鱼盐之中，管夷吾举于士，孙叔敖举于海，百里奚举于市。故天将降大任于是人也，必先苦其心志，劳其筋骨，饿其体肤，空乏其身，行拂乱其所为；所以动心忍性，增益其所不能。人恒过，然后能改，困于心，衡于虑，而后作；征于色，发于声，而后喻。入则无法家拂士，出则无敌国外患者，国恒亡；然后知生于忧患，而死于安乐也。

这段话的意思大致是这样的：

舜是从田野间出生成长，而后当上天子；傅说原是一位筑墙工人，后被举用为相；胶鬲原是贩卖鱼盐的商贩，后来被人举用；管夷吾从狱官手里获得释放，后被举用；孙叔敖是在海边被举用的，百里奚是在市场上被举用的。

所以，当上天要把重任交给一个人时，必定会先困苦他的心志，劳累他的筋骨，饥饿他的躯体，穷乏他的身家，扰乱他，使他的所作所为都不顺遂，以此激发他的心志，坚忍他的性情，增加他所缺乏的能力。一个人只有发生错误后才能改正，人因困顿不畅，思虑拥塞不通，然后才奋发；察看人家的脸色，发掘人家的声音，才能通晓别人的真伪。

国内没有守法的世臣和辅助贤士的诤谏，国外没有敌对的国家和外来的忧患，这个国家常常会灭亡，然后我们知道：在忧患的环境中才能生存，在安乐的环境中便会灭亡。

这段话既讲出了治国的大理，也说明了做人的准则，值得我们谨记在心里，至少我们可以从中悟出以下几个道理：

1. 王侯将相本无种，英雄不怕出身低

不管是在古代还是在现代社会，很多贤人智士能够有所作为，他们都出

自于贫寒低微的家庭，由此可见，成功并不一定非得出生于一个显赫的家世！尤其在现代社会，每个人都得靠自己的能力与本事而生存，可谓条条大路通罗马，只要努力，你就能有出头之日！

2. 人穷不能志短

困苦与逆境并非完全不利，许多成就大业者都成长于一个贫穷困苦的环境之中，然而他们最终还是克服和改变了自己的处境，最终获得了成功。无数事实说明，逆境有时正隐含着更大的成功因素，只要你用自己的毅力和精神加以克服，不利的因素就能转化为成功的种子。如果你精心培育，就会随之开花结果。但在现实生活中，有些人一旦陷入贫穷，或遇到困境，他们要么哀叹命运不公，消沉懈怠；要么羡慕他人、嫉妒他人；要么自怜自悲、缺乏自信，在他人面前抬不起头，说不出话。俗话说，穷不灭志，富不颠狂。这句话应该作为现代人——不管是穷人还是富人——做人的道理。

3. 贫穷困苦能够磨练一个人的心志和能力

当然，有的人生来贫穷，其实这并不是"上天"的意思，我们自己也无法选择，但有一点可以相信：凡是在困苦的环境中没被击倒，并且更加奋发自强者，都能有百折不挠的韧性和坚持到底的毅力。恶劣环境的一再磨练，也提升和强化了他的能力与见识。这正是一个人担负重大责任时的必要条件！所以一个人只要从困苦中走出，他就能承担大任，这就是成功的本钱！相反，一个生来富贵优越者是很难体验到这些的，如此看来，穷困也许还是你成就大业的一种资本呢！而这种资本并非人人都有。

4. 过于安逸舒适可能使人缺乏斗志

也许有人会反驳，难道安逸舒适不是我们每个人所追求的生活目标吗？这又有什么不好。对于这一观点，应该辩证去看。当然，日子过得舒服不是坏事，我们也应该力争让自己生活得更好。但是，自古以来人们就懂得一个"居安思危"的道理，一个人如果缺乏危机意识，就很容易退步，赶不上时代的脚步，经不起环境的变动。大至一个国家的灭亡，小至一个公司的破产、某个人被人迎头赶上、家道中落等等，大都因为如此！所以，当你获得成功，当你拥有财富时，切不可忘乎所以，过度奢华，甚至丧失做人的根本。

因此，行走于人性丛林中的每个人都应该记住：

如果你正在遭受困苦，这并不完全是件坏事，因为老天要把重任交给你，正在磨练和考验你！

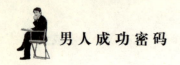

一次只专心做好一件事

成事之道常体现在一个人是否"专心致志"上，为什么这样讲呢？因为一个人的精力是有限的，把精力分散在好几件事情上，不是明智的选择，而是不切实际的考虑。在这里，我们提出"一件事原则"，即专心地做好一件事，就能有所收益，能突破人生困境。这样做的好处是不致于因为一下想做太多的事，反而一件事都做不好，结果两手空空。

专注是把意识集中在某个特定的欲望上的行为，并要一直集中精力，坚持找到了实现这个欲望的方法，直到成功地将它付诸实施为止。专注是一种不可小视的力量，它会在你实现成功的过程中，起到不可估量的作用。

想成就大事的人不能把精力同时集中于几件事上，只能关注其中之一。也就是说，我们不能因为从事分外工作而分散了我们的精力。

有一位朋友，是一位胸怀大志的人，他在大学期间就立下了志愿：要熟练掌握5门外语，为了实现这一目标，他每天利用大量的时间来学习英、法、德、意、日语，每天不断地背诵，结果10年过去了，他所学的几门外语都还是初级水平。从这位朋友的身上，我们看到，四处出击、平均消耗注意力的恶果，假如他在10年的时间里，集中精力钻研一门外语，相信他一定能达到理想的效果。

中国古代的铸剑师为了铸成一把好剑，必须在深山中潜心打造十几年。有道是："十年磨一剑"，专注能够保证工作效率的最大的发挥，为了专心做好一件事，必须远离那些使你分散注意力的事情，集中精力选准主攻目标，专心致志地从事你的事业，这样才可能取得成功。

如果大多数人集中精力专注于一项工作，他们都能把这项工作做得很好。

在对一百多位在其本行业获得杰出成就的男女人士的商业哲学观点进行分析之后，卡耐基发现了这个事实：他们每个人都具有专心致志和明确果断的优点。

做事有明确的目标，不仅会帮助你培养出能够迅速作出决定的习惯，还会帮助你把全部的注意力集中在一项工作上，直到你完成了这项工作为止。

最成功的商人都是能够迅速而果断作出决定的人，他们总是首先确定一个明确的目标，并集中精力，专心致志地朝这个目标努力。

伍尔沃斯的目标是要在全国各地设立一连串的"廉价连锁商店"，于是他把全部精力花在这件工作上，最后终于完成了此项目标，而这项目标也使他获得了巨大成功。

林肯专心致力于解放黑奴，并因此使自己成为美国最伟大的总统。

李斯特在听过一次演说后，内心充满了成为一名伟大律师的欲望，他把一切心力专注于这项目标，结果成为美国最有名望的律师之一。

伊斯特曼致力于生产柯达相机，这为他赚进了数不清的金钱，也为全球数百万人带来无比的乐趣。

海伦·凯勒专注于学习说话，因此，尽管她又聋、又哑，而且又瞎，但她还是实现了她的明确目标。

可以看出，所有成大事的人，都把某种明确而特殊的目标当作他们努力的主要推动力。

自信心和欲望是构成成功的"专心"行为的主要因素。没有这些因素，专心致志的神奇力量将毫无用处。为什么只有很少数的人能够拥有这种神奇的力量，其主要原因是大多数人缺乏自信心，而且没有什么特别的欲望。

对于任何东西，你都可以渴望得到，而且，只要你的需求合乎理性，并且十分热烈，那么，"专心"这种力量将会帮助你得到它。

假设你准备成为一个著名作家，或是一位杰出的演说家，或是一位成大事者的商界主管，或是一位能力高超的金融家。那么你最好在每天就寝前及起床后，花上 10 分钟，把你的思想集中在这个愿望上，以决定应该如何进行，才有可能把它变成事实。

当你要专心致志地集中你的思想时，就应该把你的眼光望向 1 年、3 年、5 年甚至 10 年后，幻想你自己是这个时代最有力量的演说家；假设你拥有相当不错的收入；假想你利用演说的金钱报酬购买了自己的房子；幻想你在银行里有一笔数目可观的存款，准备将来退休养老之用；想象你自己是位极有影响的人物，假想你自己正从事一项永远不用害怕失去地位的工作……唯有专注于这些想象，才有可能付出努力，美梦成真。

一次只专心地做一件事，全身心地投入并积极地希望它成功，这样你的心里就不会感到精疲力尽。不要让你的思维转到别的事情、别的需要或

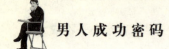

别的想法上去。专心于你已经决定去做的那个重要项目，放弃其他所有的事。

把你需要做的事想象成是一大排抽屉中的一个小抽屉。你的工作只是一次拉开一个抽屉，令人满意地完成抽屉内的工作，然后将抽屉推回去。不要总想着所有的抽屉，而要将精力集中于你已经打开的那个抽屉。一旦你把一个抽屉推回去了，就不要再去想它。

了解你在每次任务中所需担负的责任，了解你的极限。如果你把自己弄得精疲力尽和失去控制，那你就是在浪费你的效率、健康和快乐。选择最重要的事先做，把其他的事放在一边。做得少一点，做得好一点，才能在工作中得到更多的快乐。

可以看出，专心的力量是多么神奇！在激烈的竞争中，如果你能向一个目标集中注意力，成大事的机会将大大增加。

锁定生命的坐标

一个人要是没有目标，就无法成功。你过去或现在的情况并不重要，将来想要获得什么、取得什么样的成果最重要。如果你对未来缺乏理想，你就很难做出什么大事来。

目标是一个人对于未来期望成就事业的真正决心。目标比幻想更贴近现实，因为它似乎易于实现。没有目标，就不可能发生任何事情，也不可能采取任何步骤。如果一个人没有目标，就只能在人生的旅途上徘徊，永远到不了任何目的地，后悔也就在所难免。

正如空气对于生命一样，目标对于一个高效能人士也有绝对的必要。如果没有空气，一个人就无法生存；如果没有目标，没有任何人能成功；没有成功的人生，当然是一个失败的，没有效率的人生。所以对你想去的地方先要有个清楚的认识。

一个力求奋进的企业或组织都应有 10 至 15 年的长期目标。高效的经理人员时常反问自己："我们希望公司在 10 年后是什么样呢？"然后再根据这个来规划和努力。新的工厂并不是为了适合今天的需求，而是满足 5

年、10 年以后的需求，各研究部门也是针对 10 年或 10 年以后的产品进行研究。

人人都可从企业经营中学到一课，那就是：我们也应该计划 10 年以后的事。如果你希望 10 年以后变成怎样，现在就必须变成怎样，这是一种重要的想法。就像没有计划的生意将会变质（如果还能存在的话），没有生活目标的人也会变成另一个人。因为没有了目标，我们根本无法成长，只能在碌碌无为中度过。

你想想这种情况吧！你想想那些人终生无日的地漂泊，胸怀不满，但是并没有一个非常明确的目标。你是否现在就能说说你想在生活中得到什么？确定你的目标可能是不容易的，它甚至会包含一些痛苦的自我考验。但无论要花费什么样的努力，它都是值得的。

第一个巨大的好处就是你的潜意识开始遵循一条普遍的规律进行工作。这条普遍的规律就是："一个人能设想和相信什么，他就能用积极的心态去完成什么。"如果你预想出你的目的地，你的潜意识就会受到这种自我暗示的影响，它就会进行工作，帮助你到达那儿。

如果你知道自己需要什么，你就会有一种倾向：试图走上正确的轨道，奔向正确的方向。于是你就开始行动了。

现在，你的工作变得有乐趣了：你因受到激励而愿意付出代价；你能够预算好时间和金钱了；你愿意研究、思考和设计你的目标；你对你的目标思考得愈多，你就会对你的目标更加热情，你的愿望就越发变成热烈的愿望。

你对一些机会变得很敏锐了，这些机会将帮助你实现目标。由于你有了明确的目标，你知道你想要什么，你就很容易察觉到这些机会，不会轻易把机会错过。

在现实中，你的目标是什么呢？

我们所有的人都会有自己的目标。问题在于，它们是否都是适宜的——不会因为我们奢望过高，缺乏实现这一目标所必要的素质和知识条件，从而使我们得到的机会成为"失去了的机会"。我们的目标是具体的，十分明确的，还是不清楚的？遗憾的是一些人对此并不清楚。

请相信，除非你有计划地去实现自己的目标，否则将会一无所获。有一句德国谚语："想要喝牛奶的人，不应坐在草原上梦想牛会自然走来"。

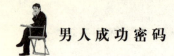

你应播下许多目标的种子，一个目标的种子有时会发芽开花，有时却不会有什么结果。你应根据情况灵活地改变自己的选择。如果你不能实现你的目标，不要过于丧气，放弃它，种上另一颗目标的种子，不要急躁，不要期望立见成效。

那么，如何制定好自己的目标呢？

现在你也许不会怀疑设定明确目标对成为高效能人士的重要性了——然而，多数人都没有真正地牢记自己的目标去生活，也没有认真地将自己的目标具体地写下来。

有人曾这么说："我并不需要将目标写出来，因为我知道什么是我该做的。"这意思像是说，将目标写出来，对实际的工作和生活并没有多大帮助。

事实上，这些人只是不愿花时间树立目标。若是有一种目标值得你去实现，这工作就值得好好地计划和行动，做起来也无怨无悔。

把想达成的目标记录在纸上，这就好比你在旅游时一定先要决定好目的地的道理一样。

机会光顾这样的男人

现代社会中，成功的机会是无限的。每个行业、每个领域都有无数的机会等着你。但是，每个机会都是稍纵即逝的，除非你紧紧地抓住它，并且加以利用。

成功有时需要冒险，你必须花费你的时间和金钱为它冒险。如果你不敢放手一搏，机会是不会光临的。只有当你乐于付出时间、金钱去承担风险之时，机会才会出现在你面前。

成功需要果断。当机会来临时，必须快速地作出决断，并采取行动。"机不可失，失不再来。"优柔寡断可能丧失时机，机会也永远不会光顾你了。

成功属于勤勉的人。机会不会光顾那些浪费时间、偷懒又闲散的人。机会更多地留意那些忙忙碌碌的人。他们为了自己的理想和渴望而拼命工作，而他们的努力使他们离成功更近了。

成功属于那些善于把握时间的人。在现实生活中，机会是属于那些善于运用时间，追求目标，并且以踏实的工作实践每一天的人。那些浪费时间的人，过着悠闲懒惰的日子，还能妄想走向成功吗？

成功者是那些持之以恒、坚韧不拔的人。当你的目标一旦确定，你就以持续的动力去追击目标，直到成功为止。机会不会降临到我们经常说的"三天打鱼，两天晒网"的人。

成功属于那些意志坚强的人。通往成功的路径，处处是荆棘，杂草丛生，充满了艰巨与辛酸。很多人往往因为成功之路太艰辛，牺牲太大而放弃了。但决心获得成功的人，必须付出这巨大的代价。坚毅的人，绝不轻言退却。竞争只会刺激他们，阻力与困难只能坚定他们成功的信念。你如果没有到达人生的最高目标，是因为你对眼前的成功满足了。

要想达到成功的顶点，踏实做好眼前的工作，对于每一项工作都竭尽所能全力以赴。你的工作就是你成功的基石。充满热情、友善地对待它，那么你就无需再为生活而担扰了。从工作中走向成功是最有效的一种途径。

机会也属于在失败和逆境中苦苦挣扎、不懈奋斗的人。在面对逆境时，我们的思维变得更为敏锐，我们的行动变得更加果敢，我们义无反顾，勇往直前。这样一来，我们发现失败在渐渐地离开我们，我们摆脱了困境，已向成功之路走去。机会永远不会光顾那些在困境面前不知所措，只有抱怨而没有行动的人。

要想获得成功，千万不要忽略了小细节。如果能把小事办好，大事自然也会顺利地发展。要知道，每一项工作都是由许多细小的事情构成的。事情的一小部分被忽略了，都会带来今后的大问题。前不久，闻名世界的东芝笔记本电脑瑕疵问题，差一点断送了这个日本著名公司的命运。正是由于设计时的小小的瑕疵被老板认为是无关紧要的，才爆发了东芝笔记本的信誉问题和众多消费者的指责，它为美国消费者赔付了数以亿计的美元。

研究一下那些成功者，我们就会发现他们并不是处在事业的顶峰，他们一生都在顶峰与谷底之间徘徊着，但他们在一直努力，而伴随着这种努力的是他们的能力。如果没有这种能力很难想像靠着美好的品格，他们会走向成功。你的能力永远属于你，任何人都无法剥夺，这种能力能帮你攀登胜利的顶峰。

如果你在等待成功的机会，那你错了。它只能带给你失望与懊恼。如果你渴望成功，那么去主动寻找机会吧，因为机会永远不会光顾那些等它上门的人。

　　成功和机会往往就在你的眼前，去努力吧！抓住机会，抓住成功，只要你努力了，那么成功的一天早晚会降临到你的头上。

Chapter 3

敬业，成就男人一生

⇨ 职业是人的使命所在
⇨ 勤奋是你人生游戏的常胜筹码
⇨ 吃得苦中苦，方为人上人
⇨ 超越平庸，选择完美
⇨ 干一行就要专一行
⇨ 确定自己的事业目标
⇨ 工作上不做"末等人"
⇨ 热忱是开发潜能的原动力
⇨ 不入虎穴，焉得虎子
⇨ 把工作变成娱乐

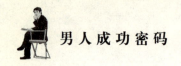

职业是人的使命所在

职业是人的使命所在，是人类共同拥有和崇尚的一种精神。从世俗的角度来说，敬业就是敬重自己的工作，将工作当成自己的事，其具体表现为忠于职守、尽职尽责、认真负责、一丝不苟、善始善终等职业道德，其中揉合了一种使命感和道德责任感。这种道德感在当今社会得以发扬光大，使敬业精神成为一种最基本的做人之道，也是成就事业的重要条件。

任何一家想竞争取胜的公司必须设法使每个员工敬业。没有敬业的员工就无法给顾客提供高质量的服务，就难以生产出高质量的产品。推而广之，一个国家如果想立于世界之林，也必须使其人民敬业。警察应该尽职尽责为民众服务；行政官员应该勤奋思考并制订和执行政策；议员代表应该勤于问政……只有每个人做一行爱一行，才能被称为敬业的社会。

然而，无论我们从事什么行业，无论到什么地方，我们总是能发现许多投机取巧、寻找借口逃避责任之人，他们不仅缺乏一种神圣使命感，而且缺乏对敬业精神世俗意义的理解。

敬业表面上看起来是有益于公司，有益于老板，但最终的受益者却是自己。

当我们将敬业变成一种习惯时，就能从中学到更多的知识，积累更多的经验，就能从全身心投入工作的过程中找到快乐。这种习惯或许不会有立竿见影的效果，但可以肯定的是，当"不敬业"成为一种习惯时，其结果可想而知。工作上投机取巧也许只给你的老板带来一点点的经济损失，但是却可以毁掉你的一生。

成败往往取决于个人人格。一个勤奋敬业的人也许并不能获得上司的赏识，但至少可以获得他人的尊重。那些投机取巧之人即使利用某种手段爬到一个高位，但往往被人视为人格低下，无形中给自己的成功之路设置了障碍。不劳而获也许非常有诱惑力，但很快就会付出代价，他们会失去最宝贵的资产——名誉。诚实及敬业的名声是人生最大的财富。

一个年轻人颇有才华，但是却工作散漫，缺乏敬业精神。一次报社急着要发稿，他却搂着稿件回家睡大觉去了，影响整个报纸的出版时间。这种人永远得不到尊重，职位也不会提升。人们往往会尊敬那些能力中等但尽职尽责的人，而不会尊敬一个能力一等但不负责任的人。

受人尊重会获得更多的自尊心和自信心。不论你的工资多么低，不论你的老板多么不器重你，只要你能忠于职守，毫不吝惜地投入自己的精力和热情，渐渐地你会为自己的工作感到骄傲和自豪，会赢得他人的尊重。以主人和胜利者的心态去对待工作，工作自然而然就能做得更好。

一个对工作不负责任的人，往往是一个缺乏自信的人，也是一个无法体会快乐真谛的人。要知道，当你将工作推给他人时，实际上也是将自己的快乐和信心转移给了他人。

有人问一位成功学家："你觉得大学教育对于年轻人的将来是必要的吗？"这位成功学家的回答发人深省。他这样说：

"单单对经商而言不是必须的。商业更需要的是敬业精神。事实上，对于许多年轻人来说，大学教育意味着在他们应当培养全力以赴的工作精神时，被父母送进了校园。进了大学就意味着开始了他一生中最惬意最快活的时光。当他走出校园时，年轻人正值生命的黄金时期，但此时此刻他们往往很难将自己的身心集中到工作上，结果眼睁睁地看着成功的机会从身边溜走，真是很可惜啊。"

勤奋是你人生游戏的常胜筹码

古语历来有"勤能补拙"的良训，在此提及，不要以为是老生常谈而忽视它的重要性。勤奋，乃终身受用不竭的财产，更是奠定成功的基石。当然也是成事之道。

不管什么人做什么事，有什么样条件，身处什么样的环境，只要专心致志，勤奋刻苦，好学多问，坚持不懈，脚踏实地做下去，自然会有功成名就的一天，所以说，勤奋是成就事业的关键，做生意更是如此。只要你肯下苦功做别人不肯做、不愿做的事；就能做别人做不成、做不来的事，稳当当地赚钱。

华人传奇人物王永庆，15岁小学毕业后被迫辍学，只身背井离乡，来到台湾南部一家米店当小工。聪明伶俐的王永庆虽然年纪小，却不满足于当学徒，除了完成送米工作外，还悄悄观察老板怎样经营米店，学习做生意的本领。因为他总想：假如我也能有一家米店……

第二年，王永庆请父亲帮他借了200元台币，以此做本钱，在自己的家乡嘉义开了家小米店。开始经营时困难重重，因为附近的居民都有固定的米店供应。王永庆只好一家家登门送货，好不容易才争取到几家住户同意用他的米。他知道，如果服务质量比不上别人，自己的米店就要关门。于是，他特别在"勤"字上下功夫。他趴在地上把米中杂物一粒粒拣干净。有时为了多争取一个用户，多一分钱的利润，宁愿深夜冒雨把米送到用户家中。他的服务态度很快赢得了一部分用户，主动替他宣传，使业务逐渐开展起来。不久，王永庆又开设了一个小碾米厂。由于他处处留心，经营艺术日渐高超，再加上他勤快能干，每天工作十六七个小时，克勤克俭，业务范围逐渐拓宽。此后又开办了一家制砖厂。

王永庆现在发迹成为了台湾传奇式的人物，成功的原因之一，正是王永庆本人常常提及的"一勤天下无难事"的道理。王永庆有一次在美国华盛顿企业学院演讲时，谈到了他一生的坎坷经历。他说："先天环境的好坏，并不足为奇，成功的关键完全在于一己之努力。"

王永庆在"勤"的业绩上写着如下记录：

——做米店学徒时，他工作之余，经常暗中观察，了解老板的经营之术。

——初开米店时，他趴在地上拣米中的砂子；冒雨给用户送米上门；每天工作十六七个小时。

——创办台塑时，他事必躬亲，艰苦备至，奋斗不懈。一步也不放松，一点也不偷懒，对事业兢兢业业。

一勤天下无难事，人们在年轻时，就培养成"勤勉努力"的习性，并且在生活中永远保持，不减勤勉且更努力，这种无形的财产和力量将会成为终生受用的法宝。

日本著名的松下幸之助，在当学徒的7年当中，在老板教导之下，勤勉从事学艺，不知不觉地养成了勤勉的习性。正是因为这一习性的养成，在他人视之为辛苦困难的工作，而松下却反而觉得快乐，在他的一生中，始终一贯地勤勉努力，他把这一习性称之为终身不会脱离的财产。

一时勤快不难做到，但要一生任劳任怨却不容易。勤奋使平凡变得伟大，使庸人变成豪杰。成功者的人生，无一不是勤奋创造、顽强进取的过程。

勤奋不仅是一种人生态度，也是一种成功的进取精神。实实在在付出心血，才会换来真正的享受。

一生之计在于勤，而一个成功人生的关键，更在于及时努力，在有限的时间里努力做点什么。

说勤奋，是说人生每日都应当做点什么，不断地有所行动。而进取精神则是讲为人在世，应当不断地发展自己，不断地丰富自己。在眼界上，努力求取新的知识，思考新的问题；在事业上，努力争取年年有所变化。用现在的说法是：不断否定自己，不断超越自己，不断给自己树立新的目标。

吃得苦中苦，方为人上人

心理学家富兰克林，是研究人文心理的学者。他认为只有不怕苦，有能力解决问题的人，才是成长的、幸福的。如果一直逃避痛苦，就不会成长，精神生活贫乏，人生不快乐。所以他主张要成为健康的人，就要懂得吃苦，懂得吃苦的人，精神生活一定是快乐的。

人的生活，生命本质是苦的，要接纳它、面对它，要能解决问题。如果只想逃避它，一味地想用"拖"字诀，以为时间拖过去了，问题就会消失，痛苦就能解决，那就大错特错了。德国的哲学家包尔森说："幸福、成功、走运，对品性是一种危险，最后，对幸福本身也是一种危险。"他引用《浮士德》中的话说，享受使人退化。在他看来，"逆境、失败和受苦使人得到训导、加强和纯洁的效果。不幸锻炼了意志，能忍受困苦的意志在压力下变得坚韧和强健起来。它也给了我们以忍受不可避免的痛苦的耐心，训练了我们考验和测试自己及自己各种力量的能力，使我们节制我们的要求"。

包尔森讲的这一番道理，它重视艰难痛苦对人的心灵的训导、纯洁作用。虽然痛苦对于一个人来说并不是什么好事情，但是凡事都有两面性。痛苦可以使人头脑清醒，使人正确认识自己，使人总结经验教训；痛苦可以使人认识到在平常状态下，尤其是在处于幸福状态下无法认识到的问题。

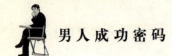

在中国人的俗话中，有这么一句话，没有吃不了的苦，却有享不了的福。其意思是说：人们忍受苦难的能力，是非常大的。不论有多么大的困苦，都可以千方百计去克服。就一个企业的经营来说，也是一样的。企业要成功，要步上康庄大道，就要克服困难，懂得吃苦耐劳。要消除痛苦就需要刻苦耐劳的光明性。

尽管人们极力追求成功，追求幸福，同时人们极力躲避痛苦，但是成功少不了痛苦，它是无论如何也躲避不了的事。人们能够做到的，只是如何缩短痛苦，减少、避免那些由于自身的原因所造成的痛苦。而在遇到痛苦之后，则力求化解痛苦，争取幸福。

从情感上讲，痛苦是人人所厌恶的。肉体上的痛苦，或者使人疼痛难忍，或者给人的生活带来诸多不便。有一些肉体上的痛苦，还会给人带来心灵上的创伤。灵魂中的痛苦，较之肉体上的痛苦，对于人来说，是更加难以忍受的。它或者是自我的谴责，无尽的悔恨，痛不欲生；或者是感到成功的艰难，怀疑成功的意义和价值；或者是处于一种难堪的境地，进退不得，左右为难；或者是受到外来的压力，使人感到没有任何前途；或者是心中不平，使人倍感不公。诸如此类的痛苦，是任何人都极力想要避免的。

从理性上看，痛苦并不尽是成功的仇敌，不要把它视为绝对的恶。应该看到，那些必然的、不可避免的痛苦，是有双重品格的，它既是获取成功时难以完全避免的，也是人在争取幸福的过程中，不可缺少的一种动力。

一个人要活得健康、幸福，就要吃苦耐劳。对功成名就的人，一般人只知道羡慕其成功，却很少去理会他成功以前，究竟尽了多大的努力以及吃了多少难以言状的苦头。有些人甚至出于嫉妒心理，而认为他只是时来运转，交了好运罢了。古埃及数学家欧几里得，接受当时国王普托勒迈欧斯一世的邀请，为国王讲解几何学。国王见几何学内容庞大、深奥，顿觉厌顿，于是问道，学习几何学，有没有更快的方法呢？欧几里得是这样回答的："在几何里，是没有捷径的。"

人生也是如此，要想获得成功，绝没有捷径可言。历史上被誉为天才的人没有一个是走捷径而来的。爱迪生说过："所谓天才，乃是指百分之一的灵感与百分之九十九的汗水而言"；俄国作家契诃夫说过："天才就是努力之意"。

不论做什么事、经营什么事业或在任何工作岗位上，都要懂得努力吃苦。

惟有能面对问题、解决问题，遇到错误立刻改正，才是成功之"道"。佛祖释迦牟尼宣讲佛法时说，人不只是要养成一种真正吃苦的习惯，还要把它做是一种修行，吃苦耐劳是精神生活的核心，这是佛教教义的基础。至于中国儒家的精神，也是大力提倡勤奋，要有自强不息的进取态度！

从心理学的观点来看，感受痛苦是一种心智能力，是生活适应所不可或缺的精神力量。

怎样使辛苦成为成功的变奏曲呢？可以从以下两点体现出来。

要有苦干实干的精神。一个肯吃苦的人，才能享有福气。在中国的传统中，勤俭是一种美德；苦干实干，才能体会成长的喜悦。爱默生在他的文集中提到，人的才能就像土壤，要不断的耕耘，才能成长茁壮，才有丰收和长进。在一些成功的事例中，无论是事业上、学术上、工作上成功的人，都是建立在愿意苦干、实干之上。

从积极想像着手。积极的人能看到人生的光明面，做事就不会畏缩，能朝着正面的观点去努力。你充满着干劲、朝气，能勤奋地朝向目标努力，而且目标本身也会鼓励着你向前迈进。

压抑会产行厌倦、懒惰的行为。越是懒于动手做事的人，越容易发生心理危机。为了与懒惰作斗争，不防列出一个工作、学习、生活日程表，包括早练、读书、写作、交友、上街、娱乐等。不论大小事情都列入其中，并认真、专心地去做。假如没有心情编计划，只要先行动起来就够了。你不必等到想做事的时候才开始，因为你没有做事的欲望，可能永远也懒得动。但你成功地完成了一项工作，心里就会踏实得多。

达亦不足贵，苦亦不足悲。前进的道路并非尽是坦途，只有经过一番痛苦的磨练才会真正有所收获。

超越平庸，选择完美

很久很久以前，一位有钱人要出门远行，临行前他把仆人们叫到一起并把财产委托他们保管。依据他们每个人的能力，他给了第一个仆人 10 两银子，第二个仆人 5 两银子，第三个仆人 2 两银子。拿到 10 两银子的仆人把它

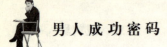

用于经商并且赚到了 10 两银子。同样，拿到 5 两银子的仆人也赚到了 5 两银子。但是拿到 2 两银子的仆人却把它埋在了土里。

过去了很长一段时间，他们的主人回来与他们结算。拿到 10 两银子的仆人带着另外 10 两银子来了。主人说："做得好！你是一个对很多事情充满自信的人。我会让你掌管更多的事情。现在就去享受你的奖赏吧。"

同样，拿到 5 两银子的仆人带着他另外的 5 两银子来了。主人说："做得好！你是一个对一些事情充满自信的人。我会让你掌管很多事情。现在就去享受你的奖赏吧。"

最后，拿到 2 两银子的仆人来了，他说："主人，我知道你想成为一个强人，收获没有播种的土地，收割没有撒种的土地。我很害怕，于是把钱埋在了地下。"主人回答道："又懒又缺德的人，你既然知道我想收获没有播种的土地，收割没有撒种的土地，那么你就应该把钱存到银行家那里，以便我回来时能拿到我的那份利息，然后再把它给有 10 两银子的人。我要给那些已经拥有很多的人，使他们变得更富有；而对于那些一无所有的人，甚至他们有的也会被剥夺。"

这个仆人原以为自己会得到主人的赞赏，因为他没丢失主人给的那 2 两银子。在他看来，虽然没有使金钱增值，但也没丢失，就算是完成主人交待的任务了。然而他的主人却不这么认为。他不想让自己的仆人顺其自然，而是希望他们能主动些，变得更杰出些。

不要满足于尚可的工作表现，要做最好的，你才能成为不可或缺的人物。人类永远不能做到完美无缺，但是在我们不断增强自己的力量、不断提升自己的时候，我们对自己要求的标准会越来越高。这是人类精神的永恒本性。

对于我们来说，顺其自然是平庸无奇的。平庸是你我的最后一条路。为什么可以选择更好时我们总是选择平庸呢？如果你可以在一年之外弄出一天，那为什么不利用这 365 天呢？为什么我们只能做别人正在做的事情？为什么我们不可以超越平庸？

如果一个人顺其自然的话，那么他也不会赢得奥林匹克竞赛。把金牌带回家的运动员必须超越已有的记录。哈伯德曾说过如此一段话：

"不要总说别人对你的期望值比你对自己的期望值高。如果哪个人在你所做的工作中找到失误，那么你就不是完美的，你也不需要去找借口。承认这并不是你的最佳程度。千万不要挺身而出去捍卫自己。当我们可以选择完美时，却为何偏偏选择平庸呢？我讨厌人们说那是因为天性使他们要求不太高。他们可能会说："我的个性不同于你，我并没有你那么强的上进心，那不是我的天性。"

超越平庸，选择完美。这是一句值得我们每个人一生追求的格言。有无数人因为养成了轻视工作、马马虎虎的习惯，以及对手头工作敷衍了事的态度，终其一生处于社会底层，不能出人头地。

在某大型机构一座雄伟的建筑物上，有句很让人感动的格言。那句格言是："在此，一切都追求尽善尽美。""追求尽善尽美"值得作我们每个人一生的格言，如果每个人都能重视这一格言，实践这一格言，决心无论做任何事情，都要竭尽全力，以求得尽善尽美的结果，那么人类的福利不知要增进多少。

人类的历史，充满着由于疏忽、畏难、敷衍、偷懒、轻率而造成的可怕惨剧。在宾夕法尼亚的奥斯汀镇，因为筑堤工程没有照着设计去筑石基，结果堤岸溃决，全镇都被淹没，无数人死于非命。像这种因工作疏忽而引起悲剧的事实，在我们这片辽阔的土地上，随时都有可能发生。无论什么地方，都有人犯疏忽、敷衍、偷懒的错误。如果每个人都凭着良心做事，并且不怕困难、不半途而废，那么非但可以减少不少的惨祸，而且可使每个人都具有高尚的人格。

养成了敷衍了事的恶习后，做起事来往往就会不诚实。这样，人们最终必定会轻视他的工作，从而轻视他的人品。粗劣的工作，就会造成粗劣的生活。工作是人们生活的一部分，做着粗劣的工作，不但使工作的效能降低，而且还会使人丧失做事的才能。所以，粗劣的工作，实在是摧毁理想、堕落生活、阻碍前进的仇敌。

要实现成功的惟一方法，就是在做事的时候，要抱着非做成不可的决心，要抱着追求尽善尽美的态度。而世界上为人类创立新理想、新标准，扛着进步的大旗，为人类创造幸福的人，就是具有这样素质的人。无论做什么事，如果只是以做到"尚佳"为满意，或是做到半途便停止，那他绝不会成功。

有人曾经说过："轻率和疏忽所造成的祸患不相上下。"许多年轻人之所以失败，就是败在做事轻率这一点上。这些人对于自己所做的工作从来不会做到尽善尽美。

大部分青年，好像不知道职位的晋升，是建立在忠实履行日常工作职责

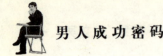

的基础上的。只有尽职尽责地做好目前所做的工作，才能使他们渐渐地获得价值的提升。

相反，许多人在寻找自我发展机会时，常常这样问自己："做这种平凡乏味的工作，有什么希望呢？"可是，就是在极其平凡的职业中、极其低微的位置上，往往蕴藏着巨大的机会。只要把自己的工作做得比别人更完美、更迅速、更正确、更专注，调动自己全部的智力，从旧事中找出新方法来，才能引起别人的注意，使自己有发挥本领的机会，满足心中的愿望。

做完一件工作以后，应该这样说："我愿意做那份工作，我已竭尽全力、尽我所能来做那份工作，我更愿意听取人家对我的批评。"

成功者和失败者的分水岭在于：成功者无论做什么，都力求达到最佳境地，丝毫不会放松；成功者无论做什么职业，都不会轻率疏忽。

你工作的质量往往会决定你生活的质量。在工作中你应该严格要求自己，能做到最好，就不能允许自己只做到次好；能完成百分之百，就不能只完成百分之九十九。不论你的工资是高还是低，你都应该保持这种良好的工作作风。每个人都应该把自己看成是一名杰出的艺术家，而不是一个平庸的工匠，应该永远带着热情和信心去工作。

干一行就要专一行

我们每个人都希望引人注目，拥有自己的一席之地。那如何才能做到这一点呢？

其实只有两个办法：第一个是你赚了很多钱。只要你有钱，保证人人把你当成"大哥"。可是年轻人不大可能一踏入社会就赚大钱，绝大多数都要做好多年事，到了一定的年龄，才慢慢打下基础，因此要靠"赚很多钱"来受到他人的注意、占有一定地位是需要很长时间的。第二个方法就是——尽快成为你那一行的专家！人能不能赚大钱和本事固然有关系，但也要机运来配合，换句话说，虽然你想赚大钱，但却不一定赚得到。但"成为专家"这件事的机遇性很小，只要你肯下功夫，就有可能办得到，并且真正受人注意与尊重，这样自然在你那一行中占有一席之地。

　　因此，我们可以将以上两点归结为两个字"财"与"才"。没有财运，那就培养自己的才气。

　　这里我们强调"尽快"，并没有一定的时间限制，只是说要越早越好。二年不算短，五年也不能说长，完全看你个人的资质和客观环境。但如果拖到四五十岁才成为专家，也不能说晚，但总是慢了些！因为到了这个年龄，很多人也磨成专家了，那你还有什么优势。因此"尽快"二个字的意思是——走上社会后入了行，就要毫不懈怠，竭尽全力地把你那一行弄清楚，并成为其中的佼佼者！如果你能这么做，你很快就可以超越其他人！

　　一般来讲，刚走入社会的年轻人心情还不是十分稳定，有的忙于玩乐，有的忙于谈情说爱，真正把心事放在工作上的不是很多，很多人只是靠工作来维持生计，有心想成为"专家"的则更少了。别人在玩乐、悠闲，这不正是你的好时机吗？苦熬几年下来，你积累了自己的实力，超乎众人，他们再也追不上来，而这也就是一个人事业成就高低的关键！

　　那么怎样才能"尽快"在本行中成为"专家"呢？以下几点你可以参考：

　　选定你的行业——你可以根据所学来选，如你没有机会"学以致用"、"学非所用"也没有关系，很多有成就的人所取得的成就与其在学校学的并没太大关系。不过，与其根据学业来选，不如根据兴趣来定。而不管根据什么来选，甚至随缘也好，一旦选定了这个行业，最好不要轻易转行，因为这样会让你中断学习，减低效果。每一行都有其苦和乐，因此你不必想得太多，关键的是要把精力放在你的工作之上！

　　勤奋苦学——行业选定之后，接下来要像海绵一样，广泛摄取、拼命吸收这一行业中的各种知识。你可以向同事、主管、前辈请教，加班不算钱也没关系，这也是一种学习。另外可以吸收各种报章、杂志的信息，此外，专业进修班、讲座、研讨会也都可参加。也就是说，要在你所干的这一行业中全方位地深度发展。

　　订定目标——你可以把自己的学习分成好几个阶段，并限定在一定的时间内完成学习。这是一种压迫式的学习方法，可逼迫自己向前进步，也可改变自己的习性，训练自己的意志，效果相当好！然后，你可以开始展示自己学习的成果，你不必急于"功成名就"，但一段时间之后，假若你学有所成，并在自己的工作中表现出来，你必然会受到他人的注意！当你成为专家后，

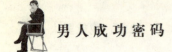

你的身价必会水涨船高，也用不着你去自抬身价，而这也是你"赚大钱"的基本条件。因为你不一定能当老板，但有"专家"的条件，人人都会看重，怎么说过个日子总是不成问题的！

不过，成了"专家"之后，你还必须注意时代发展的潮流，并不断与时俱进，更新知识，提高自我，否则，你又会像他人一样原地踏步，你的"专家"之色也会褪化了。

还是俗话说得好，活到老，学到老！

确定自己的事业目标

走上社会，你想干什么，一方面是你自己必须有一个理想抱负，另一方面还要看社会给你提供的机遇。你的事业就是在这两方面影响下逐渐明朗化并最终确定下来的。

福勒制刷公司首要创办人阿尔弗德·福勒，出身于贫苦的农家，住在加拿大东南的新斯科夏半岛。福勒向往着能过上好日子，但是他却连基本的生计都难以维持，先后从事了三种工作，但是，都没有干多久就失去了。

整整两年时间他一直想找到一种自己喜欢干的工作，他试图销售刷子，在此他受到了启迪，他的生活发生了根本性的变化，他开始认识到原来的工作之所以干不下去就是因为他不喜欢，他喜欢的是现在这种工作。以前那些工作不是自然而然来到他身边的，而现在的销售工作是自然而然来到他的身边的，他明白：他会把销售工作做得很出色。

福勒立刻集中精力从事世界上最好的销售工作，很快，他成了一名成功的销售员。

他在攀登成功的阶梯时，又立下一个目标：创办自己的公司。这成为他要为之奋斗终生的目标，因为这是适合他的个性的事业。

阿尔弗德·福勒停止了为别人销售刷子。这时他比过去任何时候都更为兴高采烈，他在晚上制造自己的刷子，第二天就出售。销售额开始上升时，他就在一所旧棚屋里租下一块地方，雇佣一名帮手，为他制造刷子。他本人则集中精力于销售。那个最初失去了三种工作的孩子取得什么样的成果呢？

现在福勒制刷公司拥有几千名售货员和数百万美元的年收入。

所以，确定自己的事业，首先就应该是自己喜欢的事业，这种事业有时候是在生活中不经意发现的，好像自然而然的上天生下你就是来做这个事业的。

你喜欢某项工作实际上就是你的内心里有着某种渴望，当这个工作没有出现时，你的这种愿望是模糊的，不具体的，但是你一直在渴望，当它突然出现的时候，你在心里就会对自己说，就是它。于是，你的事业就明确了，你的一生的方向也就确定了。

如果没有这种内心的渴望，你就永远无法确定你的事业，你就会糊里糊涂地走过你的人生之路。

所以，你的事业是存在于你的内心的，当机遇到来的时候，你就能够抓住他，就像在大街上一样，你远远地就会发现你的熟人，你一下子就认出了他，找到了他，而大街上千千万万的人，你却熟视无睹，视而不见。

机遇对你来说，就是知识梦想的实现，是为你的梦想的。没有梦想就没有机遇，正是从这一点上说，机遇偏爱有准备的头脑。

很多年以前，艾德温·巴纳斯在新泽西州的橘郡，从货舱走下火车，当时他看起来可能真的像一个街头流浪汉。但是，他有一个渴望：成为爱迪生这位伟大发明家的事业合伙人。

巴纳斯虽然很快在爱迪生的公司里谋得了一份工作，但是收入很少。

他就一直等着机遇的出现，等了 5 年，那时候，爱迪生刚把一种新型的事务机器改良完成，并且命名为爱迪生听写机。但是，爱迪生的业务员们对这项新产品并不热衷，他们不相信可以不费吹灰之力就能把这新机器推销出去。

巴纳斯看见机会向他招手，机会就在这台机器里，他挺身而出，接受了推销机器的任务，他真的把机器立刻推销出去了。

爱迪生跟他签了合同，由他一手主掌全国的营销配合事宜，巴纳斯一举致富。

巴纳斯的渴望实现了，机遇和实力完成了一个致富的神话。

爱迪生后来回忆说："他就站在我面前，看起来和街头的一般流浪汉没什么两样，但是，他脸上的表情则别有意味，令我印象非常深刻。他是吃了秤砣铁了心了，不达目的决不罢休。以我多年和人交往的经验，我已经知道，

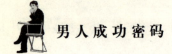

当一个人真正深切渴望某个东西的时候，他会不惜拿所有的未来去孤注一掷，而且也势在必得。我把他想要的机会给了他，因为我看出，他已打定主意要坚持到底。后来事实证明我并没有错。"

巴纳斯心中的梦想注定他坚持等待机会，正是他有着这种准备，就会发现机会，抓住机会，取得成功。

如何确定自己的工作，就是要根据自己的梦想和渴望去寻找机会，等待机会，抓住机会，不能守株待兔，坐以待毙。

工作上不做"末等人"

有很多人在从事一项工作时，得过且过，甘愿做一个掉在队伍后面的"末等公民"，而不能根据自己的强项，去争做"一等公民"，因此无法成就大事。

如果你已经踏入社会，并有些工作经验，就会发现，不管是在哪个单位都有一种现象：有些人总是受人敬重，有些人就是被人看不起。那些被人看不起的人也许有少数人日后会出人意料地有所发展，但绝大多数人还是不怎么样，怎么也被人看不起。

当你走上社会之后，工作就是你一生的重头戏，你要靠工作来养家糊口，要在工作中发挥才能，实现自我。因此，当你走上工作岗位之后，一定要记住：别在工作上被人看不起！被人看不起虽然不一定会影响你的一生，但绝对不是一件什么好事，对你也不会有什么积极的一面。

一般来讲，工作上被人看不起的人大致有以下几种：

（1）混日子型。这种人不把工作当一回事，不但表现不积极，连犯错也不在乎，他心里总是想"反正混一口饭吃"，他总是采取一种应变的态度："此处不留人，自有留人处。"这种人让人看不惯，可是他每天准时上下班，对人又客气得要命，让你抓不到他的小辫子。这种人自己好像过得很舒服，其实人家早在心底把他看轻了。

（2）看轻工作型。这种人常说"这工作有什么了不起？"或是"这职位有什么了不起？"一副怀才不遇的样子。他看轻自己的工作和职位；既然不喜欢，可他又不走，这样他的行为就刺激了其他兢兢业业工作的同事，于是他们也就看不起他了。

（3）迟到早退型。每个人都免不了迟到早退，可是不能经常如此，虽然老板有时不知道，但同事们却会在乎，因为他们觉得不公平，可是他们又不习惯，也不愿和你一样迟到早退，同时也没资格说你，在拿你没办法的情况下，就看轻你了。也许你有特殊的个人原因，可是别人是不管这些的，除非你有很好的工作能力和效绩，让其他人不得不服你！

（4）混水摸鱼型。这种人机灵狡猾，看起来工作很认真，其实都是在做样子，他永远不必承担责任，但永远都有好处可得。虽然能言善道，人缘不错，但实际上别人早在心里看不起他！

其他还有很多种类型，如争功诿过型、孤芳自赏型、独善其身型，但这几种都比不上前几种更易使人被看轻。如果你属于其中的一种，那你就是不敬业。你不敬业，则无形之中刺激、羞辱了那些敬业的同事，他们会看轻你以示报复，并认定你是个不求上进的混混，如果你的这种表现也被主管和老板知道，那你就别想在工作上有所表现了！因为他们不敢重用你！

也许你会说，被人看轻就被看轻吧，有什么了不起的？其实被人看轻的主要不利不在于别人，而是你自己。如果你因不敬业而被人看轻，这些评语会到处传播，这对你相当不利，事态若太严重，你甚至连新的工作都会找不到，因为同行一定知道你不敬业，哪个单位，愿意用一个不敬业之人呢？如果你不敬业，就算人们不去四处散播，那对你也没有好处，因为你无法从工作中汲取更多的经验，而一旦养成了一种不敬业的习惯，你一辈子就别想出头了！

工作上被人看不起，与自己的工作态度有很大的关系，如果你能力一般但拼劲十足，人们也还是会尊敬你。但他们不会尊敬一个能力很强，但工作态度不佳的人。如果你能力平平又不敬业，那别人肯定会看不起你，甚至会有让你卷铺盖走人的可能！

有的人认为，要想改变自己在工作中被人看不起很困难，其实并非如此。每天早晨，只要我们下定决心：要力求在工作上做得更好些，较昨天有所进步，而晚上离开办公室、离开工厂或其他工作场所时，一切都应安排得比昨天好。这样做的人，在短短的一年之内其业务必定有惊人的进步。

大多数人的弊病是，他们认为要改进自己在工作中被人瞧不起是一项一

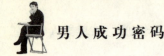

蹴而就的工程。他们不知道改进的惟一秘诀，乃是随时随地求改进，在小事上求改进，所谓大处着眼，小处着手。其实，也只有随时随地地求改进，才能收到最后的成效。

如果把这句话挂在自己的办公室里，一定会有所功效："今天我应该在哪里改进我的工作？"

如果你能在事业起步阶段就把这句话作为格言，便会产生无穷的影响力。你会随时随地求进步，你的工作能力就会达到一般人难以企及的程度，你最终会取得极大的成就。

热忱是开发潜能的原动力

热忱是一种意识状态，能够鼓舞和激励一个人对手中的工作采取行动。而且不仅如此，它具有感染性，不只对其他热心人士产生重大影响，所有和它有过接触的人也将受到影响。

热忱和人类的关系，相当于蒸汽机对火车头的关系，它是行动的主要推动力。人类最伟大的领域就是那些知道怎样鼓舞他的追随者发挥热忱的人。热忱是推销才能中最重要的因素。到目前为止，它也是演讲技巧中最不可缺少的一个因素。

把热忱和你的工作混合在一起，那么，你的工作将不会显得很辛苦或单调。热忱会使你的整个身体充满精力，使你只须在不到平常睡眠时间一半的情况下，就能在一定时间内从事超出平常两倍或三倍的工作量，而且不会觉得疲倦。

热忱并不只是一个空洞的字眼；它是一个重要的力量，你可以予以利用，使自己获得好处。没有了它，你就像一个已经没有电的电池。

热忱是一股伟大的力量，你可以利用它来补充你身体的精力，并发展出一种坚强有力的个性。有些人很幸运地天生即拥有热忱，其他人却必须努力才能获得。发展热忱的过程十分简单。首先，从事你最喜欢的工作，或提供你最喜欢的服务。

热忱是一股巨大的力量。事实上，这股力量十分重要，只要是拥有这种高度发展能力的人，其成就将是难以估量的。

因为如果你有热情，几乎就所向无敌了。假如你没有能力，却有热情，你还是可以使有才能的人聚集到你身边来；假如你没有资金或设备，却有热情说服别人，还是会有很多人回应你的梦想。热情就是成功和成就的泉源。你的意志力、追求成功的热忱和热情越强，成功的概率就越大。

热情同时也是一种状态——你24小时不断地思考一件事，甚至在睡梦中仍念念不忘。事实上，一天24小时总是清楚地思考是不可能的。然而，有这种专注却很重要。如果真这么做，你的欲望就会进到潜意识中，使你或醒或睡时都能集中心志。

热情可使你释放出潜意识的巨大力量。在认知的层次上，一般人是无法和天才竞争的。然而，大多数的心理学家都同意，潜意识的力量要比有意识的大得多。一家小公司不可能梦想很快就会招募到一批奇才。但是，我们相信，如果发挥潜意识的力量，即使是普通人也能创造奇迹。

热忱也是一种单纯。真正的热忱常能带来成功。但如果热忱是出于贪婪或自私，成功也就如昙花一现。如果你对正义毫无感觉，凡事都以自己为出发点，同样的热忱也许一开始会让你尝到成功的甜头，最后还是不免倒下。能否成功，最后还是要看我们潜意识里的欲念是否单纯。

最理想的情况莫过于去除我们自身的自私，凡事利他助人，并且单纯地希望增进人类和社会的幸福。但是对我们这些凡人而言，要根除自私自利与贪婪是不可能的。对于这一点，我们不用觉得羞愧。以自我为中心的欲念就是我们得以生存下来的机制。然而，我们也要试着去控制这种欲念。至少我们该转移工作目标：我们不光是为了自己而工作，更是为了群体。把工作目标从自己身上转移给他人，欲念就会变得单纯。最后，单纯的心念必然能占上风。

不入虎穴，焉得虎子

"不入虎穴，焉得虎子"，是创造机会的最佳写照。想创造机会，却不想冒风险，那是不可能的。勇于创造机会的人清楚知道风险在所难免，但他

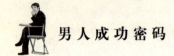

们充满自信，在风险中争取事业的成功。

什么是风险？风险是由于形势不明朗，造成失败的机会。冒风险是知道有失败的可能，但坚持掌握一切有利因素，去赢得成功。

风险有程度大小的区别。风险愈小，利益愈大，那是人人渴望的处境。勇于创造机会的人会时刻留意这种有利的机会，但他们宁愿相信，风险愈大，机会愈大。勇于创造机会的人不会贸然去冒风险，他会衡量风险与利益的关系，确信利益大于风险，成功机会大于失败机会时，才进行投资。勇于创造机会的人甘愿冒险，但从不鲁莽行事。

风险的成因，是形势不明朗。若成功与失败清楚摆在面前，你只需选择其一，那不算风险。但当前面的路途一片黑暗，你跨过去时，可能会掉进陷阱、深谷里，但也可能踏上一条康庄大道，很快把他带领到目标中去。于是风险出现了。

前进或停步，你要做出抉择。前进吗？可能跌得粉身碎骨，也可能攀上高峰。停步吗？也许得保安全，但也许错过大好良机，令你懊悔不已。

为什么形势会不明朗？原因有三个，首先因为有些事情是我们无法控制的。石油危机、中东战争等，你能控制它不发生吗？其次，我们缺乏足够的信息，无法做出全面正确的形势判断。此外，我们有时需在紧迫的时刻，匆忙做出决定，形势发展，不容许我们有充裕的时间去详细考虑。

冒风险，就要预备付出失败的代价。在哪方面要作好付出代价的心理准备？首先是客观环境，包括世界经济、政治形势的变化，科技的革新、政府政策的改变等，这些因素是我们无法控制的。

在个人方面，勇于创造机会的人要面对财务、职业、家庭、社交、情绪等的风险。

在财务方面，勇于创造机会的人可能把一生积蓄拿出来投资，或者向银行、亲友借贷，一旦投资失败，可能血本无归，甚至欠债累累。

在职业方面，勇于创造机会的人往往辞去现有职务，全力投入创业工作。他要放弃稳定的收入、升迁的机会。如果创业失败，被逼做原来的工作，他就损失年薪。若转做其他工作，多年积累的工作经验可能派不上用场。

在家庭方面，勇于创造机会的人辛勤工作，在创业初期，一天工作十多小时，天天如是，没有休息，难免会影响家庭生活，冷落了妻子或丈夫，疏忽了儿女，未婚的可能没有时间谈恋爱。

在社交方面，为了全神贯注工作，勇于创造机会的人都减少甚至没有时间和朋友相聚，渐渐和朋友疏远。不过，在创业的过程中，会认识其他朋友，这点或可弥补社交上的损失。

在情绪方面，创业者需长期面对巨大的工作压力、可能失败的压力，长期在高度紧张的状态下工作。许多业务困难，非要他亲自处理不可。种种压力，造成情绪上、心理上巨大的负担，容易产生焦虑，造成神经衰弱。

勇于创造机会的人事前预计到种种可能招致的损失，对自己说："情形最糟，也不过如此！"然后拼尽所能，去实现目标，即使失败了，心里也觉坦然，对自己、对别人无愧。勇于创造机会的人不会怨天尤人，自怨自艾，推卸责任；他会总结经验，吸取教训，看准时机，再行开创自己的事业。

把工作变成娱乐

当我们在做自己喜欢的事情时，很少感到疲倦，很多人都有这种感觉。比如在一个假日里你到湖边去钓鱼，整整在湖边坐了 10 个小时，可你一点都不觉得累，为什么？因为钓鱼是你的兴趣所在，从钓鱼中你享受到了快乐。产生疲倦的主要原因，是对生活厌倦，是对某项工作特别厌烦。这种心理上的疲倦感往往比肉体上的体力消耗更让人难以支撑。心理学家曾经做过这样一个实验。他把 18 名学生分成两个小组，每组 9 人，让一组学生从事他们感兴趣的工作，另一组学生从事他们不感兴趣的工作，没有多长时间，从事自己所不感兴趣的那组学生就开始出现小动作，再一会就抱怨头痛、背痛，而另一组学生正干得起劲呢！以上经验告诉人们：人们疲倦往往不是工作本身造成的，而是因为工作的乏味、焦虑和挫折所引起的，它消磨了人对工作的活力与干劲。

"我怎么样才能在工作中获得乐趣呢？"一位企业家说，"我在一笔生意中刚刚亏损了 15 万元，我已经完蛋了，再没脸见人了。"

很多人就常常这样把自己的想法加人既成的事实。实际上，亏损了 15 万元是事实，但说自己完蛋了、没脸见人了，那只是自己的想法。一位英国人说过这样一句名言："人之所以不安，不是因为发生的事情，而是因为他们

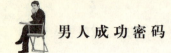

对发生的事情产生的想法。"也就是说，兴趣的获得也就是个人的心理体验，而不是发生的事情本身。

事实上，生活中的很多时候，我们都能寻找到乐趣，正如阿伯拉罕·林肯所说的："只要心里想快乐，绝大部分人都能如愿以偿。"但现实中的许多人不是从生活中，工作中去寻找乐趣，而是去等待乐趣，等待未来发生能给他带来快乐的事情。他们以为只要自己已经结婚，找到好工作，买了房子，孩子大学毕业，完成某项任务或取得某种胜利之后，就会快乐起来。这种人往往是痛苦多于快乐。他们不理解快乐是一种心理习惯，一种心理态度。这种态度是可以加以培养发展起来的。假如你是一个电话接线生或是一个小公司的会计，你因每天都做着相同的工作，处理客户打来的电话、统计报表……单调无味到了极点。假如你想让自己的工作变得有趣一点，你就可以把自己每天的工作量都记录下来，鞭策自己一天要比一天进步，第二天的工作要胜于前一天，一段时间后，你也许会发现你的工作不再是单调、枯燥，而是很有趣。因为你的心理上有了竞争，每天都怀有新的希望。难怪心理学家加贝尔博士说："快乐纯粹是内在的，它不是由于客体，而是由于观念、思想和态度而产生的。不论环境如何，个人的活动能够发展和指导这些观念、思想和态度。"

这些观点尽管有一些偏激，但它可以支配人们排除外界条件的影响，还可以帮助人们对生活中司空见惯的工作带来新鲜的、朴实的感觉，不管这项工作对其他人来说也许早已变得多么乏味。每一件事，每一个人，从一定的意义上说都是珍奇独特的，只要愿意，这一切都是无穷无尽的快乐的源泉。只要你用快乐的心情去感受，你就能感到你身边工作的快乐。这里介绍几种从工作中获得乐趣的方法。

1. 把工作看成是创造力的表现

现实中的每一项工作都可以成为一种具有高度创造性的活动。一位教师上一节好的课，不逊色于编排一出精彩的戏剧，一个运动员完美无缺的动作，从创造的角度来看，可以与14行诗那样的作品相媲美，并且可以获得同样的精神享受。也许你会说自己是一名家庭主妇，并没有从事任何创造性的事业。这你就错了。你是否想过，你的一日三餐就如设宴一样；你对桌布、餐具的鉴赏力都有独到之处，能别出心裁，怎么说没有创造性呢！年青的画家也许能从你那里得到启示：第一流的汤可以比第二流的画更富有创造性。

2. 把工作看成是自我满足

为了自我满足而从事体育运动是一种乐趣。如果这是强制的运动，就未必是愉快的。一位产科大夫似乎心情特别愉快，因他刚刚接生了第 100 名婴儿，一名足球运动员也因他刚踢进 110 个球而欣喜若狂。现在，他又为自己能踢进 111 个球而兴高采烈地开始了新的训练。

3. 把工作看成艺术创作

有一次，一位教授指着一位在附近挖排水沟的工人赞赏地说："那是一个真正的艺人。看着那些污泥竟能以铁锹上的形状飞过空中，恰好落到他想让它落下的地方。"假如每个人都把自己的工作当成艺术创作，把自己单调、枯燥的打字看成是在钢琴前创作新的圆舞曲，把你在厨房炒菜，看作是油画创作，油、盐、酱、醋就是你的颜料，炒出的新花样就是你创作的新作品。

4. 把你的工作变为娱乐活动

把工作看作娱乐，就能以工作为消遣。在实际中很多人正是这样做的。请记住劳动和娱乐的不同就在于思想准备不同。娱乐是乐趣，而劳动则是"必做"的，假如你是职业足球运动员，如果把注意力放在娱乐上，你就可以和业余足球运动员一样，更加地投入比赛。这里不是说比赛本身不重要，而是不要把全部精力集中到比赛这个"赌注"上，而忘记了踢球本身就是娱乐。常常是忘记了"比赛"，获胜的机会更大。

学会从工作中获得乐趣，即在苦中亦能寻乐，那将是你人生成功的又一秘诀。心中充满快乐时，自然感到身边的工作也有趣；终日自怨自艾，只是无益的自寻苦恼。

赚钱是男人的天职

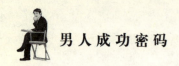

金钱造就成功的男人

美国作家泰勒·希克斯在其所著《职业外创收技巧》中指出，金钱可以使人们在 12 个方面生活得更美好：物质财富、娱乐、教育、旅游、医疗、退休后的经济保障、朋友、更强的信心、更充分地享受生活、更自由地表达自我、激发你取得更大成就、提供从事公益事业的机会。

事实上，人类社会发展的历史也已经有力地说明：金钱对任何社会、任何人都是重要的；金钱是有益的，它使人们能够从事许多有意义的活动；个人在创造财富的同时，也在对他人和社会做着贡献。

随着现代社会的不断发展，人们对生活水平的要求不断提高。现实生活中，我们每个人都承认，金钱不是万能的，但没有金钱却又是万万不能的。我们每个人都需要拥有一定的财产：宽敞的房屋、时髦的家具、现代化的电器、流行的服装、高级小轿车等等，而这些都需要钱去购买。人们的消费是永无止境的，当你拥有了自己朝思暮想的东西之后，你会渴望得到新的更好的东西。

再没有比腰包鼓鼓更能使人放心的了，或者银行里有存款，或者保险柜里存放着热门股票，无论那些对富人持批评态度的人怎样辩解，金钱的确能增强凭正当手段来赚钱的人的自信心。想想吧，你只要钱包里有一张支票，或几扎钞票，你就可以周游世界，买任何用钱能买到的东西。

实际生活中的许多事情告诉我们。随着一个人财富的增长，他的自信心也随之增强，所谓"财大气粗"就是这个道理。拿破仑·希尔说，钱，好比人的第六感官，缺少了它，就不能充分调动其他的五个感官。这句话形象地道出了金钱对于消除贫穷感的作用。

在生活中，我们常会看到一些经济拮据的人患得患失，有家的男人怕被解雇，当他为自己的某种嗜好花了几块钱时，会有一种犯罪感。因为这笔钱对他的家人来说可以买到其他必不可少的东西，因缺钱而产生的压力阻止他做自己想做的事，他的欲望受到压抑，他被缚住了手脚。

光是贫穷本身就足以毁掉进取心，破坏自信心，毁掉希望，如果再在贫穷之上加上债务，那么，成为这两位残酷无情监工的奴隶的人，面对失败的几率就更大。

只要头上顶着沉重的债务，任何人都无法把事情办得完美，任何人都无法受到尊重，任何人都不能创造或实现生命中的任何明确目标。

很多年轻人在结婚之初就负担了不必要的债务，而且，从来不曾想到要设法摆脱这笔负担。在婚姻的新奇味道开始消退之后，小夫妇们才开始感受到物质匮乏的压力，这种感觉不断扩大，经常导致夫妻彼此公开相互指责，最后终于走上法庭离婚。

一个被债务缠身的人，一定没有时间，也没有心情去创造或实现理想，结果往往是随着时间流逝，他在自己的意识里对自己作了种种的限制，使自己被包围在恐惧与怀疑的高墙之中，永远逃不出去。

如果你渴望自由，如果你渴望表现自我，那么就把重视金钱作为动力吧！这种动力也是强有力的刺激源。有人曾这样写道："让所有那些有学问的人说他们所能说的吧，是金钱造就了人。"

这句话的确有一定的道理，因为在一定程度上崇尚金钱也是一种崇高的幸福的生活信念。许多不以挣钱为目的的那些失败者，常常批评金钱的追求者，说他们自私。然而，不能否认，金钱是世界前进的原动力之一。不要忘记，正是美国巨富洛克菲勒先生捐出了一块地，使之后来成为联合国的所在地。没有巨大的财富，是很难想像要做这样一件流芳百世的大事的。

一些知名的富翁，如著名侨商陈嘉庚、香港船王包玉刚，影业巨子邵逸夫等人，都有过投资建校的公益行为，从帮助缺乏资金的企业和穷人中得到满足。把你辛辛苦苦赚到的钱拱手送人似乎是愚蠢之举，但当做为一项公益事业做贡献时，你得到的是莫大的快乐。

为有益的事业捐款，你永远不会为此懊悔。给予在某种程度上可以弥补你内心对某些事的负罪感。有人或许会批评这种用金钱换取人生和平的做法，但这种慷慨给予行为的实际结果是有益于社会的。

那些为自己创造财富的人，只要手段是正当的，无论其财富多少，都是无可指责的。所以，不要去理会那些批评者，去追求财富吧！去创造财富吧！请永远记住：在你创造财富的同时，你也帮助了周围的人；在你赚钱的过程中，你也为别人提供了有价值的服务；在你花钱时，你也给别人提供了工作机会。"君子爱财，取之有道"，这是永远充满生命力的真理。

金钱是没有善恶的

许多持有消极心态的人常说："金钱是万恶之源。"认为金钱让人堕落，让人犯罪，让人痛苦，让人毁灭。但是《圣经》上说："贪钱是万恶之源。"这两句话虽然只有一字之差，却有很大的差别。

持有积极心态的人，总是能看到金钱的美好面孔。

钱是一种自信！在干渴的时候，钱是甘甜的山泉；在饥饿的时候，钱是香喷喷的美食；在黑暗的时候，钱是指路的明灯！试想，如果没有钱，人类将会怎样呢？

钱是一种自由！有了钱，就有了选择。可以向南走，也可以向北走；可以听你的，也可以不听你的。钱的自由其实就是人的自由，人能不珍惜吗？

钱是一种温暖！有了钱，不只能度过雪山冰川的严寒，更能面对他人轻视目光的冬季。钱像一团团火在燃烧，人心还会冷吗？

钱是一种安稳！有了钱，就能扎下根，面对扑来的风风雨雨，不会倒下。"手里有钱，心里不慌"，钱可以挺起人生活的脊梁。

钱是一种激情！捧着钱，就会慷慨激昂；捧着钱，就会风情万种；捧着钱，就会文思泉涌……失去钱，就只剩下冷酷、残忍和忘却。

钱是一种理智！钱会引人思考，钱能帮人选择。在困惑中不迷失，在绝望时不悲伤，在狂热中不盲从，在浪潮中不沉没，在辉煌中不忘形。

钱是古今第一哲学家，若能读懂钱，怎能不变为哲人？即使在茫茫荒漠中，钱犹如砂石一样无用，那钱的哲理仍在狂风中卷着；即使钱失去了外形，变成了一个密码，或者一张磁卡，那钱的精神也在其中储存着。

钱浓缩着人所有的希望！人之所以不断在创造、不断在进取，就因为看到了钱和钱负载的力量、智慧和信念。有了钱，人就有了倾注爱的对象；若失去钱，人不只孤单，更否定了自己。

因此，钱本无罪！只是有些人对钱的本质进行了污辱和损害，自身也留下无尽的痛苦和悲哀。

金钱本身并无善恶之别，而是取决于使用金钱的人如何来运用它。金钱可以购买军火、毒品；同样地也能够用来建造医院、教堂。故而赚取庞大数目的金钱，并不是罪恶；使用金钱来危害大众或造福社会，要看握有金钱资源的人们具备何种观念。

人们熟知的美国石油大王洛克菲勒就是一个典型的实例。他出身贫寒，在创业初期，人们都夸他是个好青年。当黄金像贝斯比亚斯火山流出的岩浆似的流进他的金库时，他变得贪婪、冷酷。宾夕法尼亚州油田地带的公民深受其害。有的受害者做出他的木偶像，亲手将"他"处以绞首之刑。无数充满憎恶和诅咒的威胁信涌进他的办公室。连他的兄弟也十分讨厌他，而特意将儿子的遗骨从洛克菲勒家族的墓园迁到其他的地方。他说："在洛克菲勒支配下的土地内，我的儿子也无法安眠。"

在洛克菲勒53岁时，疾病缠身，人变得像个木乃伊，医师们终于向他宣告一个可怕的事实：他必须在金钱、烦恼、生命三者中选择其一。这时，他才开始省悟到是贪婪的魔鬼控制了他的身心。他听从了医师的劝告，退休回家，开始学打高尔夫球，上剧院去看喜剧，还常常跟邻居闲聊。他经过一段时间的反省，开始考虑如何将庞大的财富捐给别人。

起初，这并不是一件容易的事，他捐给教会，教会不接受，说那是腐朽的金钱。但他不顾这些，继续热衷这一事业。听说密歇根湖畔一家学校因资不抵债而被迫关闭，他立时捐出数百万美元而促成如今国际知名的芝加哥大学的诞生。洛克菲勒还创办了不少福利事业，帮助黑人。从这以后，人们渐渐地理解了他，开始用另一种眼光来看他。他造福社会的"天使"行为，不但受到人们的尊敬和爱戴，还给他带来用钱买不到的平静、快乐、健康和高寿，他在53岁时已濒临死亡，结果却以98岁高龄辞世。

人们在讽刺那些富翁时喜欢说一句话："穷得只剩下钱了！"可是，如果从来不曾拥有一定的物质财富，根本没有体会到金钱到底是什么，当然也不会客观地认识拥有金钱的人生到底是怎么回事。

必须指出一点：一个没有什么钱的人，或者说总是在为钱发愁的人，他们对于金钱的批判和对金钱有关问题的研究，都是出于感觉，有时候甚至是很偏激的。因为他们的思维中已经像掺沙子那样掺进了由于贫困而仇视金钱的情感。

与此同时，只有真正拥有金钱的人才会了解金钱的缺点以及精神的可贵。金钱能为人服务，能帮助我们实现人生的目的。我们对于享受，对于欢乐，

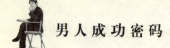

对于幸福，对于情爱，对于道德，对于公理，对于正义的需求，首先是要产生需求，然后才去追求。而离开金钱，我们的一切人生目的都只能是梦想，而最终演化为满腹牢骚。然而，如果失去人生目的，金钱就只能是洪水猛兽，只能是人类欲望的帮凶。二者就是这样的关系。

我们现在讨论的是人类精神的光辉照耀下的金钱和金钱保护下的人类精神。我们的金钱是我们追求美好生活的工具，我们的精神是物质力量对生活的支持。不管社会发展到怎样的时代，我们的生活都应该是很有秩序的。我们的心灵不再是孤苦的妄想大师，我们的财富也不再是原始森林的野兽，我们是依靠愿望和实力在建造未来，我们的一切努力都是为了这个最动人的目的！

所以，在我们踏上成功起点，决心全面改变自己，去赚取更多的金钱之际，先让我们弄懂几项事实：金钱是好的，只要确保它是在好人手中。尚未赚得财富之前，要先订下存钱的目标，否则即使收入丰裕，但开支超过收入，仍是要面对负债。最后，订下你所想要的金钱目标，不用怕数目太过庞大；只要你的用途是正确的，上天即会逐次将你所需的金钱交付于你。

挑起自己的财富欲望

不能否认，对大多数成大事者而言，致富的愿望是非常强烈的，同时也以财富为自己成大事的标志。如何实现自己的财富之梦呢？

在现实生活中，有很多人都会明白财富的重要性与意义，因而对它产生"欲望"。正是这种对财富有着强烈的欲望，许多人将会创造出令人无法相信的财富。

如果说目标是箭，那么欲望就是弓。有弓无箭，就是徒有蛮劲，不懂计划部署，无的放矢，一生多劳而少成；有箭无弓，就是徒具理想，没有摧枯拉朽的精神，做白日梦，一生多言而少成。只有有弓有箭，才会将最不可能的梦想实现，成为成大事者。

破釜沉舟、背水一战的故事，给我们的启发应该是，只有强烈的取胜欲望才能引导成大事者。

　　强烈的欲望能够激发你前所未有的力量。你的欲望越强烈，也就越能使你迸发出能力。

　　在《思考致富》一书里面，拿破仑·希尔博士首次揭示了六个"化欲望为黄金"的切实的步骤：

　　（1）将你要得到的财富的数量目标、达到目标的期限以及为达到目标所愿付出的代价，以及如何取得这些财富的行动计划等，都明白简要地写下来。

　　（2）规定一个固定的日期，一定要在这个日期之前把你要求的钱赚到手。

　　（3）在心里确定你希望拥有的财富数字。只是散漫地说："我需要很多的钱"是没有用的。这就是说，数目一定要明确。

　　（4）拟定一个实现你理想的可行计划，并且不论你是否已有准备，要立即开始将计划付诸行动。

　　（5）确实决定，你将会付出什么努力与代价去换取你所需要的钱。要知道世界上是没有不劳而获的。

　　（6）每天两次，大声朗诵你写下的计划的内容，一次在晚上就寝之前，另一次在早上起床之后。在你朗诵的时候，你必须看到、感觉到和深信你已经拥有这些钱了。

　　拿破仑·希尔博士还特别强调第六点的重要性。他说：你必须遵照这六个步骤所说明的指示去做。特别重要的是，你要遵守和奉行第六个步骤中的指示。你也许会抱怨，在你未实现这一目标之前，你不可能看见你自己的成就和财富，但这正是"强烈的欲望"能帮助你的地方。如果你真的十分强烈地希望拥有财富，进而使你的欲望变成了充满你大脑的意念，这将会毫无困难地使你自己相信你会得到它。这样做的目的是要使你渴望财富，并且确实下定决心要得到它，最后你将可以使自己相信必然会拥有它。

　　迈克尔·德尔出生在美国休斯敦一个比较殷实的家庭，父母希望他能够成为一名医生，但德尔天生对医学就没有一点兴趣。而商业却像磁铁一样深深地吸引着他。12岁时，他通过邮购目录销售邮票，赚了2000美元。高中时，他从各种渠道寻找最可能的潜在客户，向他们推销《休斯敦邮报》，使平淡无奇的卖报工作成了赚钱的好差事。他利用自己努力赚来的钱买了一部宝马车。看着这个用自己挣来的钱购买车子的少年，车行老板不禁目瞪口呆。

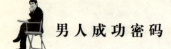

德尔顺从了父母的意愿，1983年高中毕业后，就进入奥斯汀的得克萨斯大学学习生物。但他仍醉心于商业。当时，他感到市场对个人电脑的大量需求并未得到充分满足。而零售商店的个人电脑售价过高，且销售人员对电脑不是一窍不通，就是一知半解。针对这种状况，德尔想出了一条赚钱的好路子：通过电话订购向客户直接出售按客户要求组装的电脑。于是，德尔说服一些零售商将剩余的电脑存货以成本价卖给他。接着，德尔在电脑杂志上刊登广告，以低于零售价15%的价格出售个人电脑。此后，订单如潮。德尔在他的大学宿舍里组装电脑。当愤怒的室友将他的零件堆在门口不让他进门时，德尔知道他不应该再在学校呆下去了。1984年春天，德尔离开校园，用自己的积蓄办了一家电脑公司。他向父母保证说，如果生意失败，他将在秋天重返校园。

第一年，公司销售收益600万美元，此后，他的公司一直是全美发展最快的公司之一。迈克尔·德尔也成了家喻户晓的"神奇小子"。1993年，德尔公司的销售额突破20亿美元，公司股票成了华尔街投资者最抢手的高科技股之一。

这就是财富欲望的力量，它能使一个本来普普通通的人成为财富巨人！

选择合适的赚钱方法

作为一个生意人，在创业之初，每一项支出和收入，均非常慎重，有许多人就是因为在创业初期不能忍受超过心理压力以上的支出费用而不得不放弃创业念头的。因此，如果你打定主意要创业致富，一定要对自己的事业有一个全面的衡量。

一般来说，做生意是先有意念，后有行动。在你确定了创业的意念之后，跟从下列六个步骤走，成功是不难的。

1. **知道财富对你有什么意义**

口袋中越是有钱的人，就越吝啬，例如一位口袋只有5块钱的人，他往往愿意一下子全花光，但是口袋里有500块钱的人，反而会考虑是否应买这还是买那。这证明金钱对每一个人有不同的意义，但是总脱不了"钱不会嫌多"的框框。

要做生意，首先了解金钱对自己的实际用途，而不是盲目地认为"生活所需"。在你已拥有富裕生活的情况下，再多赚点钱是为了什么呢？为了晚年过得富裕一点？为了换一间面积较大的房子？为了获得亲友的羡慕？无论怎样，都有一个目标。认定了目标，就凡事都往目标上想，切勿偏离。

2. 利用余暇赚钱

在求学时期，许多人已懂得利用课余时间学习其他事物；同样地，在工作时，亦可利用余暇赚钱。

不要因为朋友们可以相聚言欢，自己却要工作而感到沮丧。与他们仍然保持联络，但是赚钱的目标是不能随便搁下的。

3. 选择赚钱的方式

赚钱的方法有很多，关键是你的选择是否正确。不熟不做是做生意之道，但在你什么也不熟的情况下，就需要慎重选择赚钱方式了。先了解自己的优点，例如善于处理人际关系的，向接触群众的生意着手。

4. 尽量赚取更多的钱

有许多人在做生意的初期只顾埋头赚钱，却不会仔细算计，所以最后一年到头却落了个入不敷出，这是我们应该注意的。预防这样一个结果的办法就是要仔细研究不同的赚钱方法或所带来的利润差别。同样是一小时时间，甲工作比乙工作赚得多，例如当补习教师一小时可赚 100 元钱，而当发型师又可赚多少呢？除了知道自己的专业外，也要懂得哪方面可以在最短时间内，赚最多利润。

5. 思考最适合你的赚钱方式

有的人看见别人日进斗金，而自己一进入这个领域却会落个血本无归，这就要分析这种生意是否适合你。举例来说，一个工程师可以承包相应的工程项目，而一个厨师出身的创业者则适合去开饭馆。一个大学毕业、身无分文的学生也许从事家教咨询服务更为恰当，而一个大老粗去办学校可能是不恰当的。当然，哪种赚钱的方式最适合你，要从实践中寻找结论。

6. 寻找最佳的创业伙伴

合股经营如今已成为办企业的一种最常见的情况，如果资金和经验不够丰富，你不妨选择用合股经营的方式，除了集合多一点力量外，经济上亦有所分担，不过，合股经营同样会出现许多缺点，例如各人行事意见不同，产

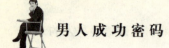

生分歧而导致合作失败；或者股份方面出现不平衡，产生利益上的冲突等等，都是造成散伙的原因。

许多成功的商家，创业之初是采用合股经营方式的，最终却以散伙结束；不过，具有生意头脑的人不会全依靠搭档的安排，对于生意上的一切事，均亲力亲为，并知道和掌握所有客户的资料。合股经营有多种模式：一种是所有参与的人均出钱出力；另一种模式是一方出钱，一方出力。这种合股方式非常普遍，主要是其中一方有赚钱的妙方，但苦于无法筹钱，因此找人赞助，故以一方出钱，一方出力的方式合作。

生意愈做愈大时，将股票上市，公司即出现许多小股东，也属合股经营的现象之一。而这种模式已得到了越来越多生意人的喜爱。

金钱是一种思想

其实，我们花费了大量时间学习的知识，大多是在真实生活中用不着的，而生活中真正需要学习的，比如如何赚钱、如何认识钱的运动规律等，却没人教给我们。

《穷爸爸、富爸爸》一书作者罗伯特通过对"穷爸爸"、"富爸爸"在理财观念和结果上所作的对比，给我们一种强烈的震撼——"穷爸爸"说：努力学习得到好成绩，就能找到高薪并伴有很多其他很多好处的职位。"富爸爸"说：努力学习去发现并收购好公司。"穷爸爸"说，挣钱的时候要小心，别去冒险，"富爸爸"却说不要怕风险并学会管理风险；"穷爸爸"关心加薪、退休政策和医疗补贴，"富爸爸"则信奉经济自立；"穷爸爸"努力存钱，"富爸爸"不断投资；"穷爸爸"教孩子如何写简历找份好工作，"富爸爸"则教孩子写雄心勃勃的事业规划和财务计划；"穷爸爸"说，我对金钱不感兴趣，不准在饭桌上谈论钱，而"富爸爸"则坦诚地告诉孩子，金钱就是力量。

财商不仅是一个理财的概念，更是一种全新的金钱思想。富人之所以成为富人、穷人之所以成为穷人的根本原因就在于这种不同的金钱观。穷人是遵循"工作为挣钱"的思路，而富人则是主张"钱要为我工作"。富人是因为学习和掌握了财务知识，了解金钱的运动规律并为我所用，大大提高了自己的财商；而穷人则是缺少财务知识，不懂得金钱的运动规律，没有开启自己的财商。尽管有的人很聪明能干，接受了良好的学校教育，具有很高的专业知识和工作能力，但由于缺少财商，成不了富人。

金钱是一种思想，有关金钱的教育和智慧是开启财富大门的金钥匙。财富是一个观念，但观念可以变成财富。在《穷爸爸、富爸爸》一书中罗伯特讲了自己投资的故事：

当我决定去做一项房地产投资时，我参加了一个 385 美金的课程，去学房地产，更新自己关于房地产投资的知识。我花了 6 个月的时间去看所有能购买的房地产，我的朋友到海边去玩儿冲浪，或者是打高尔夫球，或者是喝酒，而我是去看房地产。6 个月之后，我终于找到一个交易，我第一个房地产是花 1.8 万元买的，我只付了十分之一的预付款，那也是我跟人家借来的，所以事实上我一分钱都没放进去，这个事情好得不得了，所以我又借了两次 1.8 万美金的货款，这样，以后我就有了 3 座这样的投资了。第一年，我就把这三个投资每个都卖了 4.8 万美金，加起来赚了 9 万美金。用这些利润，我又买了许多其他的房地产。

这件事情对于罗伯特来说，并不是说挣了多少钱，而是说赚钱首先应当改变自己的观点，并通过实践和行动，学到更多的东西。

思维观念对现实有支配作用，"富爸爸"富就富在他的"富人思维"，"穷爸爸"穷也穷在他的"穷人思维"。金钱是一种思想，如果你想要更多的钱，只需改变你的思想。善于利用金钱的力量，是聪明人的重要财富。

在数以万计的前来向罗伯特咨询的人中，有很多人是花了一生的时间来寻找大生意，或者试图筹集一大笔钱来做大生意的，但是罗伯特说，这是愚不可及的一种做法。他说："我见到过很多不老练的投资者将自己大量的资本投入一项交易中，然后又很快损失掉其中的大部分，他们可能是好的职员却不是好的投资者。"在罗伯特看来，有关金钱的教育和智慧是非常重要的。每一个有致富愿望的人都应该早点动手，买一本好书，参加一些有用的研讨班，然后付诸实践，从小笔金额做起，逐渐做大。他说："我将 5000 美元现金变成 100 万美元资产，并在每月产生 5000 美元现金流量花了不到 6 年时间，但是我依然像孩子一样学习。我鼓励你学习，因为这并不困难，事实上，只要你走上正轨，一切都会十分容易。"

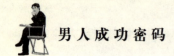

有一本书叫《思考致富》，而不是《努力工作致富》。我们每个人都有两样伟大的东西：思想和时间。随着每一元钞票流入你的手中，只有你才有权决定你自己的前途。愚蠢地用掉它，你就选择了贫困；把钱用在负债项目上，你就会进入中产阶层；投资于你的头脑，学习如何获取资产，财富将成为你的目标和你的未来。选择是你做出的，每一天，面对每一元钱，你都在做出自己是成为一名富人、穷人还是中产阶级的抉择。

高薪不等于致富，改变固有的思维方式才能让你真正获得财务自由。人类最大的资产其实就是自己的脑子，但你最大的负债也是你的脑子。事实上，不是你做什么，而是你想的是什么。一个房子可能是一个资产，也可能是负债。如果一个人住在价值 500 万美金的房子里，但是这房子仍旧是一项负债。他每个月要花费两万美金来维护、支持这套房子。你可以看到，每个月钱都会从他的兜里跑掉。其实，资产可以是任何东西，只要它能给你带来现金收入。

人有好多种，一种是穷人的心态，一种是中产阶级的心态，一种是富人的心态。一个人应该尽早决定自己到底是处于穷人的心态，还是处于中产阶级的心态，或者是变成一种富人的心态，这是迈向成功的第一步。

工作过于努力的人没时间去赚大钱

有一本很有意思的书，叫做《懒人长寿》，说的是，要想获得健康、成就与长久的能力，必须改变"不要懒惰"的想法，鉴于压力有害健康，应该鼓励人们放松、睡点懒觉、少吃些、用例行日常工作代替过度运动等，最重要的观点是，"懒惰为节省生命能量之本"。这本书德国非常畅销，它讲的不仅是一种养生观念，更是一种成功理念。

无独有偶，有一种"新懒人主义"也在"畅销"起来。新懒人主义的宗旨是"人生得意须尽懒"，本着简洁的理念，崇尚新世纪里的崭新生活方式，深入学习删繁就简的生活与工作技巧，从而可以从容驾驭去芜存菁的攻略秘术，最后达到如鱼得水的返璞归真境界。新懒人主义的目标就是清晰、单纯、自然、健康的新生活。

新懒人主义并非空穴来风。有调查显示，人类精力的 60% 以上用于抵抗压力的侵蚀、完成责任以及对规章制度的遵循上，大量的没有任何作用和效果的人际交往充斥在我们身旁，创造力被浪费，热情被消耗，机械的一成不变的步骤强占了我们的时间和生命。在这种情况下，不仅很多人生乐趣被剥夺了，思考的时间和空间也被大大压缩了，生命的浓度在不知不觉中降低了。

与此相似的观点便是"懒人推动了历史"的说法。在研究过许多政治家和科学家的成功之路后，我们发现，成功人士和那些具有领袖气质的人，往往都倾向于做自己喜欢或认为重要的事，而对于其他事，能不做就不做，能推迟就推迟，实在非做不可的话，也要想个最简便的做法。而事实上，人类的许多发明创造正是源自这种"懒人"的想法。所以有人戏言，是懒人推动了历史发展，懒人更适合当领导，因为领导的本质是做正确的事，而不是正确地做事。其实早在中国古代，军事家们就曾在选拔军官时，把人分成了四类，并认为，聪明但懒惰的人可以做将军，聪明而勤奋的人可以做参谋，又笨又懒的人可以做士兵，又笨又勤奋的人只会添乱，这种人最要不得。由此可见，"懒"得恰到好处也会成为一种才能。

一位大企业家曾经说过，工作过于努力的人没时间去赚大钱。在我们周围，很多人都在抱怨，"我工作太辛苦，简直没有时间去读书和思考。"这句话的意思是，满足生计的需求已占据了一切，以至于你没时间去考虑未来的机会。这也正是普通人与成功人士的区别所在。从某种意义上说，"懒人"往往比勤快人更适合做领导，一个重要的原因就是，他有时间思考，有时间补养，这在知识更新迅速的信息化时代体现得尤为明显。

骑脚踏车的人走不远。假如你过于忙碌地工作而没有时间去思考你做的事，你将无法充分利用你的成就，只有在降低工作量后，你才有空做广泛而非狭隘的研究。假如你过于专注于自己小小的领域，就不会知道其他领域也许对你目前从事的事有极大影响的信息和思想。而问题的关键也就在于此，除非你有时间广泛涉猎、学习他人所做的事，否则创新就不可能发生。在现代社会，全新的发明极少发生，创新几乎总只是将两种以上已知的观念以新奇的方式组合在一起，这也使得信息单薄、思想简单的人，难以成为创造型和领导型的人物。

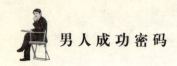

八种创富新理念

100 个富翁，会有 100 个发家故事，100 种创富经历，100 条致富之路。百万富翁到底是怎样发财的？如果你向身边的人请教如何致富，那么 100 个人可能会有 100 种答案：

排队买彩票的人会告诉你致富完全靠运气；

银行职员会告诉你致富全靠储蓄；

保险代理人会告诉你致富全靠保险；

你和你孩子的老师会告诉你致富全靠教育基础；

珠宝店的老板会对你说致富全靠珠宝投资；

期货市场的炒家会告诉你致富全靠期货买卖；

……

他们全都信誓旦旦，不容你置疑，因为同时他会列举一大串成功的例子。其实这些人并不真正懂得怎样才能创富并致富成功。

在《富爸爸·穷爸爸》一书中，富爸爸这样告诉我们：最有钱的人，不一定是那些智力天才，创富理念加上勤奋努力，才是创富成功的根本。

致富的根本在于掌握创富理念，学习致富要从学习理念入手，《富爸爸·穷爸爸》一书向我们阐述了一系列财商新理念：

1. 树立强烈的求富欲

致富首先要从"心"开始，强烈的求富欲使你充满动力，致富目标促使你奋勇向前，可行使的计划使你稳步上升。你要真正热爱金钱，认识到没有金钱是万万不能的，立志要成为富豪，不断激励自己，挖掘和开拓自身的致富潜能。

2. 更新你的财务观念

时代不同了，许多老的规则都要改变。但有一些人就是顽固，当他听到"时代不同了，你要改变你的规则"时，他会抬起头来表示同意，当他再埋头工作时，他仍在走老路子。我们的社会已进入信息时代，与农业时代和工业时代不同，财富的代表已不再是土地、工厂，而是集中了智慧力量的各种信息，如知识、创意网络等。成功致富的历程也有鲜明的时代特点，创富不一定需要"千层高台，起于垒土"式的积累，创富实力不全看年龄、智商、教育背景和政治、财力基础，致富也不全靠运气。只有更新观念才能进步，比如一个杯子，如果里面满是水，那么油是倒不进去的。

3. 集中力量致富

致富需要集中力量，集中力量网络信息，把握并创造机会，只有全力以赴，目标才能攻克，理想才会实现。专心于重点工作，防止注意力分散，合理利用自己的时间，是成功的不二法门。

4. 不要为金钱而找钱，要让金钱为你工作

如果让金钱成为你的主人，它会毫不客气地把你当成奴隶，挥动皮鞭让你付出健康、快乐，甚至让你去赌博、犯罪，到后来把你榨干，让你两手空空，然后毫不留情地把你推入深不见底的深渊。相反，如果你做了金钱的主人，你就可以役使它为你工作，以钱生钱，由小而大，并让它为你带来自信和快乐的感觉。

5. 获得个人的财务自由

人类渴望拥有的是自由，"不自由，宁毋死。"但自由要钱来保障，有钱就有更多的自由和保障。如果你有足够的钱，那么当你不想去工作或者不能去工作时，你就可以不去工作；如果你没钱，不去工作的想法显得太奢侈。所以你要追求财务自由而非职业保障，勇敢地去干，你必须勇敢，因为你原本并不富有。

6. 构建个人的资金流系统

系统是个摇钱树，它能最大限度地、合法地为你带来现金流入，有了资金流系统，你就可以摆脱拼命工作的命运，从而聪明地工作着。而且你可以有更多时间去旅游、陪伴家人、教育孩子及做你想做的一些事。如果你没有这个系统做你的挣钱机器，就等于你没有替身，那么你是不可能有时间和力量去做那些你该做和想做的事。

7. 留住你的财富

财富是水，如果你不筑一堤关闸，它会流失一点不剩，你要学会控制开支。除了学会节俭这个传家宝之外，你要学会不把大钱化小，要学会及时追债，要学会合理节税，这是保证你财务健康的实用技巧。

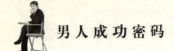

8. 让财富与善举同行

人生快乐是一种精神的追求，有了一定的物质基础，如果不懂得让财富与善举同行，那么你同样也是很"穷"，而且"穷得只剩下钱了"。学会追求金钱以外更可贵的东西，与社会共享财富，人生才会更充实，你才会感觉到单纯的富有并不会令人快乐。如果致富并不能使你快乐幸福，那致富还有什么意义呢？

以上这些财富理念会使你的财富保值并增加，使你拥有一个富裕的人生。财富能给你带来现代的思想素质或智慧能力。财富新理念可以让你的生活更具品位、更有质量，财富理念是幸福生活的源泉，学习它，运用它，你就可以有金色的"钱"程，美满的人生。

学滚雪球，积累财富

古人说，积沙成塔，积水成渊。这道出了一个道理，干什么事情，只要你一步一步而行，就像滚雪球一样越滚越大，你一定能够壮大自己。财富的积累也是如此。

很多人的"资产"都是累积来的，一夜暴富这只能是一种愿望。大富豪的钱是累积来的，大将军的战功是累积来的，大学者的学问是累积来的……"累积"是由小而大，由少到多的必然过程，这一点是无可怀疑的。因此，如果你能好好运用滚雪球式的"累积法"，经过一段时间之后，你一定会有意想不到的收获。

我们在做很多事情时确实都可采用滚雪球的办法，例如学英语，很多人就是记不住英语单词，如果你给自己定下一个计划，一天记 2 个，一年就可记住 700 多个词，不用几年的时间，就可背好几千个词了，这样你的词汇就不成问题了。

有一本书叫《财富密码》，这本书告诉了人们如何致富的道理，书中讲述了一些积累财富的法则，如每天将所得的十分之一积攒起来，这样你就可以成为一位有钱的人，这是古巴比伦的首富向他人传授的一个道理。对一般人来讲，挣钱实乃不易，你不可能一夜暴富，所以要想富有，只能靠一点一点地积攒，到了一定程度，你也变成了一位拥有更多财富之人。

当你用滚雪球的办法积累资产时，应注意以下几点：

（1）不要求快。求快，就会给自己造成一定的压力，俗话说，欲速则不达。凡事都得有个过程，不可求财心切，过于心切就会走偏路。

（2）不可求多。求多，就会使自己无力承担，丧失累积的信心和勇气，反不如一点一滴地慢慢累积好。

（3）要坚持不断。做任何事情都得持之以恒，一旦中断，就会影响累积的效果和意志，甚至会功亏一篑。而且这也是对一个人毅力的考验。

除了考虑上述积累财富的方法以外，你还得考虑一下，自己应该积累什么样的资产？

（1）要累积金钱。金钱是生存之本，但有一点，一个人发财的机会并不多，一生只有那么几回，平常还得一分一毫地赚，一分一毫地攒，因此面对未来的日子，你应好好累积你的金钱，能累积一千就累积一千，能累积一万就累积一万。"大富由天，小富由俭"，这句话是不会错的。另外，做生意也应有这样的观念，不要嫌钱少就不赚，积少成多胜过一无所有！

（2）要积累工作经验。世上的天才不多，绝大多数人都要边做边学边积累经验，有了经验，便不愁找不到工作，进一步可自己创业，退一步也可谋得一职，而经验越是丰富，身价就越高。不过你得注意一点：不要轻易换行，因为就专业经验来说，换行也就中断了你的累积过程。

（3）要积累人际关系。朋友是做成事情的要素之一，朋友越多的人做事越方便，也越可能成就大事。但朋友关系的建立不是一朝一夕，因为从认识、了解到合作，必须有一段相当长的时间，因此不可心急，也不能急，只要慢慢累积，这样你就会有一个丰富的人际关系网。

另外，你也可累积自己的信心，累积自己的成果……总而言之，凡是对你有利有益的人和事物，你都可以累积，多了就会成为你的资产。

此外，你还可以活用"累积法"来做事，一次不能成功，就分成二次、三次……持续不断地努力。一下子难以完成之事，也可把完成的时间拉长，一点一滴地做，以减轻压力。

"累积法"并不是什么祖传秘法，也并非高深难学，而是人人都会，如果你坚持运用，一定可以享受到它带来的丰硕之果。

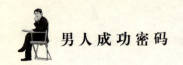

让手里的钱活起来

你可以种下一颗种子，不断施肥浇水，培育它长大。这个办法也可以套用在金钱上。我们都知道，你每用一次钱，便是在助长现金流，它会加倍地再回来。借由偿付借款，你便是让金钱流向薪金及红利。每一次你只要已经感到经费不足时，就花掉一些。我们在前面的现金流一节中已经分析了这个问题，往往善于投资的高财商的立体人，更容易创富，为什么呢？因为他们懂得怎样运用自己的资金进行投资和赚钱。

乔·史派勒有一本书叫《动手来种钱》，书中他提及了一个只剩下 1 美分的人，这个人正准备开始一次用掉 1 美分时，他突然改变了想法，他把钱换成美金的铜币，他心里告诉自己每次他花掉钱时，就要让钱再以 10 倍或更多倍的数量再回到手上。这种方法的确奏效！这个人最后终于获得了更多的财富，成了一个富有的人。

金钱是包装起来了的能源——让它流动吧！这种能源是独一无二的。你可以将它送到遥远的地方，去协助一个你信赖的计划；同时你可以待在家里做你最喜欢的事。你可以说，金钱是一种可即刻伸缩的能源，你只要加进一点爱，并将它送到该送的地方，它就可能为你带来更多的财富。

有些人担心拥有过多，于是他们将钱储存起来。如此除了阻断流量，还会有什么好处呢？有人说："我是在未雨绸缪。"真的！即使你已经可以买得下一个"雨天"，你就会去买吗？如果你已经为了一个"下雨天"准备妥当，你会进一步为自己在大脑中所规划的——雨季而准备！

詹姆斯和恩里克是关系很好的同学，他们毕业后相偕到同一家公司上班，由于他们所学的专业都是一样的，所以他们在公司里担任的职位也类似，他们领取相同的薪水，两人节俭的程度也差不多，因此每年都能存下一样数额的钱。所不同的是两人的理财方式各异，詹姆斯将每年存下来的钱存在银行，恩里克把存下来的钱分散投资于股票，两人共同的特色是不太去管钱，钱摆到银行或股市就再也不去管它们。

40 年后，恩里克成为拥有数百万的富翁；詹姆斯却依然只有几万元的存款。数百万财富在当今的社会中，可以称得上是富翁，但是每次提到几万，就会引起笑声。原因是现代的"几万"已成为了"无壳蜗牛"的代名词，几万的财富现在只能算是个贫穷人家了。

詹姆斯眼见旧时的同学兼同事，40年来薪水收入相同，节俭程度相同，最后竟然能成为百万富翁。反观自己，在同样条件下，赚相同的钱，省相同的钱，最后连一间房子都买不起。直接的反应是："他一定是贪污！"或是"他一定是中过什么奖！"否则一样赚钱、一样省钱，最后的财富怎么可能相差那么多！差到一个变成富人，一个变成穷人。

通常贫穷的人对于富人之所以能够致富，较负面的想法是将他们致富的原因，归结于运气好或者从事不正当的违法的行业；而还有的人是把富人致富的原因，归诸于富人比我们努力或是他们勤俭。但这些人万万没想到，真正造成他们的财富被抛诸于富人之后的，是他们的投资理念。因为穷人和富人的投资领域不同，富人多数的财产是以房地产、股票的方式存放，穷人多数的财产是存放在银行。所有的这些，都是由一个因素所决定的，那就是——财富。

同时，要想跻身于致富之列，便要在思考模式上跳出传统思考的框框。例如有一个成年人不会骑自行车，他看到一位小孩子正在骑，羡慕地对小孩抱怨说："小孩子身手敏捷才会骑车。"于是小孩子教这位成年人骑车，而成年人也很快地就学会了。当成年人愉快地与小孩道别回家时，却又是习惯性地推着车走，这就是无法跳出习惯性条框的表现。

所以我们应跳出习惯性的条框，及早地进行投资，用钱来帮你赚钱，因为多一分投资多一分收入。

高财商的人把钱用于投资

钱是人类的好朋友，尤其是你需要它帮你赚钱的时候，根本不需费一丝一毫的心力，它就能帮你把更多的钱放入自己的口袋里。举例来说，你把500元存入一个年息的5%的定期账户里，一年之后，你不需要帮人除草，也不需要代人洗车，你的钱就帮你赚进25块钱了。

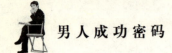

25 块钱看起来没有什么了不起，但是如果你每年存 500 元，长达 10 年，让这 5% 的利息利上滚利，10 年之后，你的账户里连本带利就会有 6603.39 元了。

如果你每年投资 500 元于股市里，即使你到外地度假时，这笔钱仍将为你赚进更大的财富。平均来说，这笔钱每 7 至 8 年就会增值一倍，当然，前提是你投资在股票里，许多聪明的投资人早就学会了这点。

巴菲特是当今全球首富之一，他的致富秘诀就是将钱投资在股票里。他和美国许多孩子一样，都是从送报生开始做起的，但是，他比别人更早了解金钱的未来价值，所以，他珍惜来之不易的每分钱。当他看到店里卖的 400 元电视时，他看到的不是眼前的 400 元价格，而是 20 年后的 400 元的未来价值。因此，他宁愿做投资，也不愿意拿来买电视。这样的想法使他不会随意将钱花费在购买不必要的物品上。

如果你很早就开始储蓄并投资时，当你存到一定程度之后，就会发现你的钱会自动帮你准备好所需的生活花费。这就像你生活在一个好人家，有一个富有的亲戚每月会固定送上生活所需一样，你甚至不需要感谢他们，就是在他们生日时去应酬一下，这不正是许多人梦寐以求的境界吗？此时，你完全享有经济独立，做想做的事，去想去的地方，让你的钱留在家里，代你上班赚钱。当然，如果你没有及早储蓄，并且每个月固定拨出一笔钱做投资，那么这一切将永远只是一个梦想。

我们会有几种情况，一种是你一边储蓄一边投资，你会有所收益；另一种情况是你把所有的钱都花光为止；还有一种情况是你把所有的钱花光，并且欠了信用卡公司一大笔债，在这种情况下，你必须付出一笔利息，也就是你不是让你的钱去赚钱，而是让他人来赚你的钱。在对这三种情况进行选择时，一个人的财商就会影响一个人理财方式，财商高的人，无可非议的会选择第一种情况。

因为穷人与富人的理财方式不同，所以也决定了他们获得的财富不同。富人的财产多是以房地产、股票的方式存放，而穷人的财产多是存放在银行里。

诺贝尔奖每次 100 万美元的奖金的确让大家关注，诺贝尔基金会每年发布 5 个奖项，因而每年必须支付高达 500 万美元的巨额奖金。我们不禁要问，诺贝尔基金会的基金到底有多少，能够承担起每年巨额的奖金支出吗？事实上，诺贝尔基金之所以能够顺利支付，除了诺贝尔本人损献的一笔庞大的基金外，更重要的应归功于诺贝尔基金会理财有方。

诺贝尔基金会是于1896年，由诺贝尔捐献980万美元成立的。由于该基金会成立的目的是用于支付奖学金，基金的管理不容许出任何差错。因此，基金会成立初期，其章程中明确规定了基金的投资范围，应限制在安全且固定收益的投资上，例如银行存款与公债，尤其不应投资于股票或房地产，那样会让基金处于价格涨跌的风险之中。

这种重于低报酬率、安全至上的投资原则，的确是稳健的作法，基金不可能发生损失。但牺牲报酬率的结果是：随着每年奖金的发放与基金会运作的开销，历经50多年后，低报酬率使得诺贝尔基金的资产流失了三分之二，到了1953年该基金的资产只剩下了300多万美元了。

眼看着基金的资产将逐渐消耗殆尽，诺贝尔基金会的理事们及时觉醒，意识到提高投资报酬率对财富累积的重要性，于是在1953年做出了突破性的改革。他们更改基金管理章程，将原先只准存放银行与买公债的基金转向投资股票和房地产。新的资产理财观一举扭转了整个诺贝尔基金的命运，其后的几年，巨额奖金照发、基金会照常运作，到了1993年，基金会不但将过去的亏损全数赚回，基金的总资产更是成长到2.7亿多美元。

如果40年前诺贝尔基金没有改弦易辙，仍保持着以存银行为主的理财方式，早已会因发不出任何奖金而销声匿迹了。诺贝尔基金会成长的历史，再次验证了理财的重要性。即使初期基金金额虽大，若不理财的话，也耐不住长年的坐吃山空。坐吃山空的速度虽快，若善于理财的话，财富成长的速度更快，财富仍会快速茁壮地成长。

逮住机会就绝不松手

成事的机会究竟藏在哪儿？皮鲁克斯在《做事与机会》一书中说："机会在手里！"的确，要抓住它，简直不可思议。但这似乎只是一个借口。对于精明、敏锐的人而言，总能够用手抓住机会，并且抓得准和巧。正因为这一点，所以机会总是最欣赏有脑、有心、有眼之人。

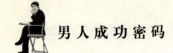

　　亚蒙·哈默是美国西方石油公司的董事长，是一位颇具传奇色彩的人物。在西方，他是点石成金的万能富豪，又是第一个与十月革命后的苏维埃俄国合作的西方企业家。

　　哈默于1898年5月21日生于美国纽约市。他的曾祖父弗拉基米尔是俄国犹太人，曾在沙皇尼古拉一世时以造船而成为巨富。到哈默的祖父雅各布娶妻子生子时，一场台风引起的海啸把家产冲刷得荡然无存。1875年，雅各布带着妻子和儿子朱利叶斯移居美国。20年后，在一次郊游中，朱利叶斯与一个年轻的寡妇罗丝一见钟情。他们婚后生下的第一个孩子就是亚蒙·哈默。1917年，哈默入读哥伦比亚医学院。

　　一天，父亲找到哈默，告诉儿子一个坏消息：他倾其积蓄投资的制药公司濒临破产。而且他本人因身体不好，特别是还想继续行医，没有精力去顾及公司的管理，因此，他要求儿子去当公司的总经理，但不许他退学。哈默勇敢地迎接了挑战。为不误学业，哈默邀请一个家境贫困而学习优异的同学住在一起，免费供给对方食宿，条件是这位同学每天去上课，晚上把白天的笔记带回给他，供他应付考试和写论文。他重新制订了公司的经营方针和推销方法，组织了一支强有力的推销员队伍，并把公司名字也改为响亮的"联合化学制药公司"。原本岌岌可危的公司终于被哈默从破产边缘拯救过来，产品畅销全国，公司开始跻身于制药工业的大企业行列。

　　这时，哈默做了一件令人震惊的事情，即去苏俄访问。十月革命后，哈默的父亲作为俄罗斯后裔，且又是美国共产党的创始人一，对苏俄十分关注，并向被封锁的苏联红色政权提供过生活必需品。但由于一次医疗事故，1920年6月，哈默的父亲受审入狱。年轻气盛的哈默决心完成父亲未遂的愿望，到父亲出生的国家，去帮助苏联战胜正在那里蔓延的饥荒和伤寒。

　　哈默于1921年初夏到达苏联。看到苏联马拉尔地区大量的白金、宝石、毛皮卖不出去，而粮食又严重短缺，一个大胆的计划在哈默头脑中形成。他联想到当时美国粮食大丰收，粮价下跌，便提议：以100万美元的资金，在美国紧急收购小麦。海运到彼得格勒，卸下粮食后，再将价值100万美元的毛皮和其它货物运回美国。哈默的建议很快被苏联高层采纳，列宁亲自回电表示认可这笔交易，并请哈默速抵莫斯科。

　　到达莫斯科的第二天，哈默就受到了列宁的接见。为使年轻的苏维埃得到休养生息，列宁格外重视哈默的提议。从此，他们之间结下了互利而浓厚的友谊。列宁鼓励哈默投资办厂，允许他开采西伯利亚地区的石棉矿，从而使他成为苏俄第一个取得矿山开采权的外国人。

美苏的易货贸易由此开始。哈默组织了美国联合公司，沟通了30多家美国公司，他俨然成了苏俄对美贸易的代理人。哈默在苏俄度过了将近10年。苏俄成了这位美国青年从百万富翁变为亿万富翁的发迹地。

但是，哈默一生中最活跃的时期却是1931年从苏联回美国后开始的。哈默返美时，正值30年代美国经济大萧条，但他却认为这是赚钱的机会到了。他捕捉到一个清晰的信息：罗斯福正在走向白宫总统的宝座。如果他当选，那么，1919年颁布的禁酒令将被废除。这将意味着全国对啤酒和威士忌的需求激增，酒桶的市场将会呈现出空前的需求，而当时市场上却没有酒桶出售。哈默当机立断，立即从苏联订购了几船优质木材，在纽约码头设立了一座临时的桶板加工厂，并在新泽西州建立了一座现代化的酒桶厂。禁酒令废除之日，也正是哈默制桶公司的酒桶从生产线上源源滚下之时，他的酒桶被各制酒厂用高价抢购一空。哈默乘胜而进，进军制酒业，开始经营威士忌酒生意。他接连购买了多家酿酒厂，采取大幅度削价和大做广告等手段，很快战胜了所有的竞争对手。他的丹特牌威士忌酒一跃而成为全美第一流名酒，年销售量高达100万成箱。

哈默有爱好吃牛排的习惯，正是这一习惯，把他引入了另一个领域，即养牛业，并大获成功。

哈默闯入养牛业颇为偶然。有一次他埋怨市场上买不到优质牛排，他的一名雇工就建议去买头牛杀了吃。牛买回来了，却是一头怀上小牛的母牛。哈默认为自己还不至于馋到杀怀孕母牛的地步，于是就交待人把牛放养在庄园里。正巧哈默的邻居是一位养牛专家，专门培育安格斯良种牛。他不仅替哈默买回的那头母牛顺利接产，而且时隔不久又让这头母牛与他的公牛交配，生下了具有安格斯种牛优良品质的小牛。哈默经这一事件的触发，头脑中闪现出新的商业脑电波：以酿酒的副产品饲养种牛，岂不是化残渣为黄金之举么？

于是，哈默迅速筹建了一家繁殖种牛的大牧场，并花上10万美元买下了本世纪最好的一头公牛——"埃里克王子"。在随后的3年中，仅靠埃里克王子就繁殖了上千头牛犊，其中包括6头世界冠军，为他赚了200万美元。哈默也从此由养牛的门外汉变为种牛业公认的领袖人物。

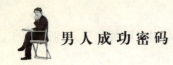

　　1956 年，哈默 58 岁。他在商战中积累的财富，多得连他自己也数不清。他确实打算从商界隐退，安享晚年。然而，一次偶然的机会，充满诱惑力的石油业把他吸引了，他又一跃成为扬名世界的石油巨子。

　　当时在加利福尼亚州有一家濒临破产的西方石油公司，其实际资产只有3.4 万美元，3 个雇员和几口快要报废的油井，公司的股票每股只卖 18 美分。有人向哈默建议，投资这家石油公司。因为根据美国政府对石油业的倾斜政策，用于尚未出油的油井的资金无须报税。对于想退休的哈默来说，他无意收购这家公司，还借给了西方石油公司 5 万美元，让他们再打两口井。如能出油，利润双方对半分成；如果不出油，哈默投入的这笔资金公司作为亏损从应缴税款中扣除。意想不到的是，两口井都出油了。西方石油公司的股票一下子涨到每股 1 美元，哈默也尝到了甜头，开始涉足石油业。不久，哈默成了这家公司的最大股东。1957 年 7 月当选为西方石油公司的董事长和总经理。

　　哈默凭着自己多年的经验，冒着巨大的风险，开始建立一个石油王国。他招兵买马，聘请到优秀的钻井工程师和最出色的地质学家，1961 年终于在加利福尼亚钻探到两个巨大的天然气油田。西方石油公司的股票价格一路上涨到每股 15 美元，公司的实力也足以与那些世界上较大的石油公司抗衡了。

　　1974 年，他的西方石油公司年收入为 60 亿美元。到 1982 年，西方石油公司已成为全美第 12 个大工业企业。

　　1972 年，74 岁高龄的哈默与苏联做成了一项长达 20 年的 200 亿美元的化肥生意，把美苏贸易推向了高峰。哈默捕捉到了信息，捕捉到了机会。他适时出手，迅速暴富。

　　任何一个人做成大事都是很艰难的。在艰难的奋斗中，机会也是很多的。只要把握住机会，就能接近做事的目标。

头脑清醒才能成功

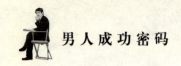

血气方刚算不上本事

年轻时，气脉旺盛，头脑简单，好赌血气之勇。遇事很容易冲动，爱使性子，不动脑筋。既不了解自己，也不了解对方，性子一起来，天王老子也不怕。不知道深浅，也不知道进退，只知道拿身体硬顶。为一点小事，也会反应过激，以身相拼。有时明知道前面是悬崖、是火坑，也牛顶着，硬往里面跳。

血气方刚是一种青春的帅气，很刚硬，很迷人，很传奇，但是很不理智，很危险。

血气方刚，赌血气之勇，硬拼。赌，是最简单、最笨、也最容易出错的社会、人生应对之招。而且，赌是需要本钱的。年轻时，什么本钱都没有，没有体力本钱，没有经验本钱，没有知识本钱，没有权力本钱，没有关系本钱，等等。一个什么条件都不具备的人，却往往赌得最彻底、最凶。自己光杆司令一个，把命抵上去，这样没有不失败的。想想那么复杂凶险的社会，你只有一腔热血，一口气，而且偏偏要硬赌一腔热血，一口气，那是赌命呀！命是不能轻易赌的。因为命只有一条，赌输了，就全完了，本也没有了。古人说，留得青山在，不怕没柴烧。青春的策略应该是，咱们不硬拼，等待时机，静观其变，咱们走着瞧。

赌，不是个好习惯，没有能力爱赌更不是个好习惯。一个有能力的人爱赌，都会输得很惨。一个没有能力的人爱赌，更会输得惨不忍睹。当自己弱小的时候，轻易宣战或应战都不会有好的结果。在生活中，应该学会退让，以退为进，这样会少吃很多亏。因此，要劝告自己多使用脑筋，不斗性子。更不要往火坑里跳，往悬崖下跳。跳火坑，会被烧死，跳悬崖，会粉身碎骨。有脑筋的人是不做这样的事的。如果你一定要跳，你请便，我们是不愿意的。跳火坑，要带上灭火器。跳悬崖，要配上降落伞。

从技术上来看，血气方刚，完全暴露自己，让对手很清楚你的一切，他便该打便打，该退便退，你就是很厉害也伤不了他什么。结果大多是，对手没伤着什么，你却连小命都赔上了。

把自己暴露在他人的火力下挨打，这不能算是聪明的。这样的敌人，太好对付了。

其实，人生是硬不起来的。图一时快活，使一时性子，话好说，事好做，结果却会让你头痛。譬如和老师硬顶，他让你入不了少先队；和父母硬顶，你会失去家；和上司硬顶，他让你打不成工。你可以摔摔手，炒了老板，可炒了老板以后，你怎么办呢？以后委屈你的事情会更多，你可能连住的地方都没有……

总之，血气方刚，动辄便拼个你死我活，这是缺乏智谋的一种表现。一个人，一个各方面都很欠缺的人，过分逞强，无异于弱羊拼虎，以卵击石，哪有不吃亏的呢？一个人太有棱角是不好的，社会生活是要磨圆你的棱角的。社会是一个粗糙的磨刀石，专磨那些有棱有角的地方。社会生活除了阳光、鲜花与和平，还有很多歹人、歹事和不测。一个人，如果不知道深浅进退，不知道自己的弱小，率性而为，危险就来了。

你知道你正处在血气方刚的年龄吗？要避免它的危险。

拿破仑·希尔的"人生转折"

一个随意让情绪"喷"出来而不能自控的人，一定是与成大事无缘的，因为缺乏自制和忍耐的性格，让自己的生活极为可怕。这是从一个十分普通的事件中发现的。这项发现使拿破仑·希尔获得了一生当中最重要的一次教训。

一天，拿破仑·希尔和办公室大楼的管理员发生了一场误会。这场误会导致了他们两人之间彼此憎恨，甚至演变成激烈的敌对状态。这位管理员为了显示他对拿破仑·希尔一个人在办公室中工作的不满，就把大楼的电灯全部关掉。这种情形一连发生了几次，有一天，拿破仑·希尔到书房里准备一篇预备在第二天晚上发表的演讲稿，当他刚刚在书桌前坐好时，电灯熄灭了。

拿破仑·希尔立刻跳起来，奔向大楼地下室，他知道可以在那儿找到这位管理员。当拿破仑·希尔到那儿时，发现管理员正在忙着把煤炭一铲一铲地送进锅炉内，同时一面吹着口哨，仿佛什么事情都未发生似的。

拿破仑·希尔立刻对他破口大骂。一连 5 分钟之久，他都以比管理员正

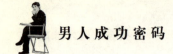

在照顾的那个锅炉内的火更热辣辣的词句对他痛骂。

最后，拿破仑·希尔实在想不出什么骂人的词句了，只好放慢了速度。这时候，管理员直起身体，转过头来，脸上露出开朗的微笑，并以一种充满镇静与自制的柔和声调说道：

"你今天早上有点儿激动吧，不是吗？"

他的话就像一把锐利的短剑，一下子刺进拿破仑·希尔的身体。

想想看，拿破仑·希尔那时候会是什么感觉。站在拿破仑·希尔面前的是一位文盲，既不会写也不会读，但他却在这场舌战中打败了自己，更何况这场战斗的场地，以及武器，都是自己所挑选的。

拿破仑·希尔的良心受到了谴责。他知道，他不仅被打败了，而且更糟糕的是，他是主动的，又是错误的一方，这一切只会更增加他的羞辱。

拿破仑·希尔知道，自己必须向那个人道歉，内心才能平静。最后，他费了很久的时间才下定决心，决定再次回到地下室，去忍受必须忍受的这个羞辱。

拿破仑·希尔来到地下室后，把那位管理员叫到门边。管理员以平静、温和的声调问道：

"你这一次想要干什么？"

拿破仑·希尔告诉他；"我是回来为我的行为道歉的——如果你愿意接受的话。"管理员脸上又露出了微笑，他说：

"凭着上帝的爱心，你用不着向我道歉。除了这四堵墙壁，以及你和我之外，并没有人听见你刚才所说的话。我不会把它说出去的，我知道你也不会说出去的，因此，我们不如就把此事忘了吧。"

这段话对拿破仑·希尔所造成的伤害更甚于他第一次所说的话，因为他不仅表示愿意原谅拿破仑·希尔，实际上更表示愿意协助拿破仑·希尔隐瞒此事，不使它宣扬出去，不对拿破仑·希尔造成伤害。

拿破仑·希尔向他走过去，抓住他的手，使劲地握着。拿破仑·希尔不仅是用手和他握手，更是用心和他握手，在走回办公室的途中，拿破仑·希尔感到心情十分愉快，因为他终于鼓起勇气，化解了自己做错的事。

此后，拿破仑·希尔下定了决心，以后绝不再失去自制。因为一失去自制之后，另一个人——不管是一名目不识丁的管理员，还是有教养的绅士都能轻易地将自己打败。

在下定这个决心之后，希尔身上立刻发生了显著的变化，他的笔开始发挥出更大的力量，他所说的话更具分量。他结交了更多的朋友，敌人也相对减少了很多。这个事件成为拿破仑·希尔一生当中最重要的一个转折点。拿破仑·希尔说："这件事教育了我，一个人除非先控制了自己，否则他将无法控制别人。它也使我明白了这两句话的真正意义：'上帝要毁灭一个人，必先使他疯狂。'"

学会克制和忍耐

清人傅山说过：愤怒达到沸腾时，就很难克制住，除非"天下大勇者"便不能做到。中国古语讲："小不忍则乱大谋。"如果你想和对方一样发怒，你就应想想这种爆发会产生什么后果，你就应该结束自己、克服自己，无论这种自制是如何吃力。

汉初名臣张良外出求学时曾遇到一件事。一天，他走到下邳桥上遇到一个老人，穿着粗布衣服，在那里坐着，见张良过来，故意将鞋子掉到桥下，冲着张良说："小子，下去给我把鞋捡上来！"张良听了一愣，本想发怒，因为看他是个老年人，就强忍着到桥下把鞋子捡了上来。老人说："给我把鞋穿上。"张良想，既然已经捡了鞋，好事做到底吧，就跪下来给老人穿鞋。老人穿上后笑着离去了。一会儿又返回来，对张良说："你这个小伙子可以教导。"于是约张良再见面。这个老人后来给张良传授了《太公兵法》，使张良最终成为一代良臣。

老人考察张良，就是看他有没有遇辱能忍，自我克制的修养。有了这种修养，"孺子可教也"，今后才能担当大任，处理多么复杂的人际关系和艰巨的事情，才能遇事冷静，知道祸福所在，不意气用事。我们在平时要注意这种修养，克制，忍耐，处理好所遇到的人和事。

唐代宰相娄师德的弟弟要去代州都督府上任，临行前，娄师德对弟弟说："我没多少才能，现位居宰相，如今你又得州官，得的多了，会引起别人的嫉恨。该如何对待？"他弟弟回答说："今后如果有人往我脸上啐唾沫，我也不说什么，自己擦了就是。"娄师德说："这正是我担心你的。那人啐你，是因为愤怒，你把它擦掉了，这就是抵挡那人怒气的发泄。唾沫不擦自己也会

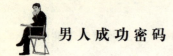

干的，倒不如笑而接受呢。"

娄师德兄弟的这番谈论，有打比方、开玩笑的成分，其中意思就是要忍耐，要退让，不要去和对方"针尖对麦芒"。不然，就会更加激怒对方，使矛盾尖锐化，带来更严重的后果。

在法国发生了这样一则故事：

阿兰·马尔蒂是法国西南小城塔布的一名警察，这天晚上他身着便装来到市中心的一间烟草店门前。他准备到店里买包香烟。这时店门外一个叫埃里克的流浪汉向他讨烟抽。马尔蒂说他正要去买烟。埃里克认为马尔蒂买了烟后会给他一支。

当马尔蒂出来时，喝了不少酒的流浪汉缠着他索要烟。马尔蒂不给，于是两人发生了口角。随着互相谩骂和嘲讽的升级，两人情绪逐渐激动。马尔蒂掏出了警官证和手铐，说"如果你不放老实点，我就给你一些颜色看。"埃里克反唇相讥："你这个混蛋警察，看你能把我怎么样？"在言语的刺激下，二人扭打成一团。旁边的人赶紧将两人分开，劝他们不要为一支香烟而发那么大火。

被劝开后的流浪汉骂骂咧咧地向附近一条小路走去，他边走边喊："臭警察，有本事你来抓我呀！"失去理智、愤怒不已的马尔蒂拔出枪，冲过去，朝埃里克连开四枪，埃里克倒在了血泊中……

法庭以"故意杀人罪"对马尔蒂作出判决，他将服刑30年。

一个人死了，一个人坐了牢，起因是一支香烟，罪魁是失控的激动情绪。

生活中我们常见到当事人因不能克制自己，而引发争吵、打架，甚至流血冲突的情况。有时仅仅是因为你踩了我的脚，一句话说得不恰当，就引起冲突。在乘地铁时争抢座位，在公交车上挨了一下挤，都可能成为引爆一场口舌大战或拳脚演练的导火索。在社会治安案件中，相当多的案件都是由于当事人不能冷静地处理事情而发生的。

人皆有七情六欲，遇到外界的不良刺激时，难免情绪激动、发火、愤怒，这是人的一种自我保护的本能和心理反应。但这种激动的情绪不可放纵，因为它可能使我们丧失冷静和理智，使我们不计后果地行事。因此，我们在遇到事情时，在面对人际矛盾时，要学会克制，学会忍耐，不要像炮捻子，一点就着，而应该像俗话说的那样：忍一忍心平气和，退一步海阔天空。

如果你忍不住别人的刺激又快要如火山一样爆发，就试试曾是美国总统的杰弗逊所教的方法："生气的时候，开口前先数到十，如果非常愤怒，先数到一百。"

不要让愤怒的情绪冲出来

做人常有两种类型：一是理智型，一是情绪型。前者能够控制住自己的情绪，冷静地处理所面临的问题，而后者则动辄愤怒，不计一切后果。实际上，我们每个人都避免不了动怒。愤怒情绪也是做人的一大误区，是一种心理病毒。也许你会说："是的，我也明知自己不该发怒，但就是控制不住自己"。若你是一个欲成大事者，你就应该注意，力戒让愤怒情绪从你的身上冲出来。

同其他所有情绪一样，愤怒它不会无缘无故地产生。愤怒是你经历挫折和不愉快后的一种天性反应。消极地对待与你的愿望不相一致的现实。事实上，极端愤怒是精神错乱——每当你不能控制自己的行为时，你便有些精神错乱。因此，每当你气得失去理智时，你便暂时处于精神错乱状态。当你遇到不合意愿的事情时，就告诉自己：事情不应该这样或那样，于是你感到沮丧、灰心；然后，你便会作出自己所熟悉的愤怒的反应，因为你认为这样会解决问题。

但只要你不去改正，你的愤怒情绪将会阻止你做好事情。成大事者是不会让愤怒情绪所左右的。历史上有好多这样的例子，一个人只有压下怒火，不伤和气，就能成功，而凭着这一怒之气行事的则大多失败了。请看下面两个例子：

而在三国时期，关云长失守荆州，败走麦城被杀，此事激怒刘备，遂起兵攻打东吴，众臣之谏皆不听，实在是因小失大。正如赵云所说："国贼是曹操，非孙权也。宜先灭魏，则吴自服，操身虽毙，子丕篡盗，当因众心，早图中原……不应置魏，先与吴战。兵势一交，不得卒解也。"诸葛亮也上表谏止曰："臣这等切以吴贼逞奸诡之计，致荆州有覆亡之祸；陨将星于斗牛，折天柱于楚地，此情哀痛，诚不可忘。但念迁汉鼎者，罪由曹操；移刘祚者，过非孙权。窃谓魏贼若除，则吴自宾服。愿陛下纳秦宓金石之言，以

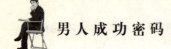

养士卒之力，别作良图。则社稷幸甚！天下幸甚！"可是刘备看完后，把表掷于地上，说："朕意已决，无得再谏。"执意起大军东征，最终导致兵败。

从这两件事中就可看出，在关键时刻是不可以让怒火左右情感的。不然你会为此付出代价。

其实，并非人人都会不时地表露自己的愤怒情绪，愤怒这一习惯行为可能连你自己也不喜欢，更不用说他人感觉如何了。因此，你大可不必对它留恋不舍，它不能帮助你解决任何问题。任何一个精神愉快、有所作为的人都不会让它跟随自己。

每当你以愤怒来应对他人的行为时，你会在心里说，"你为什么不跟我一样呢？这样我就不会动怒，甚至会喜欢你。"然而，别人不会永远像你希望的那样说话、办事；实际上，他们在大多数情况下都不会按照你的意愿行事。这一现实永远不会改变。所以，每当你为自己不喜欢的人或事动怒时，你其实是不敢正视现实而让自己经受情感的折磨，从而使自己陷入一种惰性。为根本不可能改变的事物自寻烦恼真是太愚蠢了。其实，你大可不必动怒；只要你想想，别人有权以不同于你所希望的方式说话、行事，你就会对世事采取更为宽容的态度。对于别人的言行，你或许不喜欢，但决不应动怒。动怒只会使别人继续气你，并会导致生理上、心理上的病症。真的，你完全可以做出选择——要么动怒，要么以新的态度对待世事，从而最终消除愤怒。

也许你认为自己属于这样一类人，即对某人某事有许多忿忿不平之处，但从不敢有所表示。你积怨在胸，敢怒不敢言，成天忧心忡忡，最后积怨成疾。但是，这并不是那些咆哮大怒的人的反面。在你心里，同样的有这样一句话："要是你跟我一样就好了。"你心想，别人要是和你一样，你就不会动怒了。这是一个错误的推理，只有消除这一推理，你才能消除心中的怨忿。以新的思维方式看待世事，以致根本不动怒，这才是最为可取的。你可以这样安慰自己："他要是想捣乱，就随他去。我可不会为此寻烦恼。对他这种愚蠢行为负责的，是他不是我。"

愤怒是一种不良的情绪状态。古代素有"怒伤肝、喜伤心、忧伤肺、思伤脾、恐伤肾"的说法。发怒，完全是一种可以消除与避免的行为，只要好好地把握自己，你就可以让自己走出这一误区。当然，你需要选择很多新的思维方式，并且需要逐步实现。每当你遇到使你愤怒的人或事时，要意识到你对自己说的话，然后努力用思维控制自己。从而使自己对这些人或事有新

的看法。并做出积极的反应。下面是消除愤怒情绪的若干具体方法:

(1) 当你愤怒时,首先冷静地思考,提醒自己:不能因为过去一直消极地看待事物,现在也必须如此,自我意识是至关重要的。

(2) 当你想用愤怒情绪教训人时,可以假装动怒,提高嗓门或板起面孔,但千万不要真的动怒,不要以愤怒所带来的生理与心理痛苦来折磨自己。

(3) 当你发怒时,提醒自己,人人都有权根据自己的选择来行事,如果一味禁止别人这样做,只会加深你的愤怒。你要学会允许别人选择其言行,就像你坚持自己的言行一样。

(4) 请可信赖的人帮助你。让他们每当看见你动怒时,便提醒你。你接到信号之后,可以想想看你在干什么,然后努力推迟动怒。

(5) 当你要动怒时,花几秒钟冷静地描述一下你的感觉和对方的感觉,以此来消气。最初 10 秒钟是至关重要的,一旦你熬过这 10 秒钟,愤怒便会逐渐消失。

(6) 不要总是对别人抱有期望。只要没有这种期望,愤怒也就不复存在了。

(7) 改变心态。常常是虚荣心强、心胸狭窄、感情脆弱、盛气凌人所致,对此,可以用疏导的方法将烦恼与怒气导引到高层次,升华到积极的追求上,以此激励起发奋的行动,达到转化的目的。

(8) 主动控制。主要是用自己的道德修养、意志修养缓解和降低愤怒的情绪。有人在要发泄怒气时,心中默念"不要发火,息怒、息怒",会收到一定效果。

总之,在做人时,你应当提高自己控制愤怒情绪的能力,时时提醒自己,有意识地控制自己情绪的波动。千万别动不动就指责别人,喜怒无常,改掉这些坏毛病,努力使自己成为一个容易接受别人和被人接受、性格随和的人。只有这样的人,才能深悟以"和"为本的做人之妙。

性情豪爽别过头

男人性情豪爽是一件好事,但是态度过于随便的人却难以获得别人的尊敬，而且这种性情的人还会给自己的生活增加一些麻烦，比如，他们由于说话不注意分寸而常常会惹长辈生气；不顾场合地开玩笑，无意间会伤害朋友。另外，对待身份和地位比你高的人采取这种毫无顾忌的态度，则会使对方觉得你没有涵养，不值得重用；对待身份和地位比你低的人时态度过于随便，也容易使对方误解，让他以哥们意气相待，甚至提出不当的要求。开玩笑的情形也是如此，如果你凡事都喜欢开玩笑，即使在讲正经话的时候，也很难叫人相信。

个性豪爽的人虽然比较好相处，但要受人尊敬，你就应该善于利用这种豪爽。以我们自己的生活体验，在一些娱乐性的场合，我们经常会想起这类人的加入。比如，因为那个人歌唱得很好听，我们感觉和他相处得很愉快；或者因为某人舞跳得很好，所以我们乐意找他去参加舞会；或者因为他喜欢讲笑话，非常有趣，所以我们高兴约他一起去吃饭……

人们之所以乐意在这些场合找他，主要是为了娱乐的需要，但是，如果人们只是在这种时候才想到他，这并不是一件什么好事，也不是在真正夸赞一个人，反过来有可能是在贬损他。至少一个只有娱乐这方面"优势"的人，是不会被他人委以重任的，因而也不会受到人们发自内心的尊敬。

如果一个人仅以一方面的特长去获得别人的友谊，这样的人其实是没有什么价值可言的。由于他不具备其他特长，或者不懂得如何来发挥其他方面的优点，他也就很难得到他人的尊敬。记住：一个重要的处世原则就是，不论在任何时刻、任何境地，都要保持一种"稳重"的生活方式和处世态度。

那么，到底怎样才是具有稳重的态度呢？所谓具有稳重的态度，就是在待人接物中要保持一定的"威严"。当然，这种带有一定威严的态度与那种骄傲自大的态度是完全不同的，甚至可以说是与之完全相反。这种反差就如同鲁莽并不是勇敢的表现，乱开玩笑并不是机智一样。我们这样说，并无意去贬低那些具有骄傲自大态度的人，但是傲慢、自负的人确实很容易惹人生气，甚至让人嘲笑或轻蔑。

你应该同那些故意将物品价格抬高的商人打过交道吧！对待这样的商人，我想你也会绝不心软地把价格杀低，这与我们在对待喊价合理的商人的态度截然不同，对待后一类商人，我们是绝对不会刁难他们的。同购物的情形类似，我们对待那种傲慢自负的人，要么会将他自我标榜的"价码"拉下来，要么轻蔑地看他一眼，然后远离他而去。

　　一个具有稳重态度的人，是绝对不会随便向别人溜须拍马的；他也不会八面玲珑，四处去讨好他人；更不会去任意滋事造谣，在背后批评别人。具有这种态度的人，不仅会将自己的意见谨慎清楚地表达出来，而且还能平心静气地倾听和接受别人的意见。如此待人处世的态度，则可以说是一种具有稳重的威严感的态度。

　　这种稳重的威严感也可以从外在表现出来，即在表情或动作上表现出慎重其事的模样。当然，如果你能在此基础上再加上生动的机智或高尚的气质这种内在的东西，就更能增进你的尊严感。相反，如果一个人凡事都采取一种嘻嘻哈哈，对任何事都无所谓的态度，在体态上总是摇摇晃晃，显得极不稳重，就会让人觉得你十分轻浮。如果一个人的外表看上去非常威严，但在实际行动上却草率之至，做事极不负责任，这样的人也仍然称不上是一个具有稳重威严感的人。

不要成为感情的奴隶

　　每个人都有七情六欲，感情是人类特质的一种思维，它既浅薄又深厚，既纯真又费解。它像一只无形的手，不时地在左右着你对各种事情的处理。但是，一个真正有理智的人是不会轻易地让感情控制住自己的，他在处理事情的时候绝不会感情用事，以致缺乏冷静的思考。

　　人都有感情，但感情的表现绝不是体现在感情用事上，如果那样的话，许多事情你将后悔莫及。

　　在莎士比亚著名的戏剧《奥赛罗》当中，男主人公奥赛罗就是由于缺乏理智，感情用事，一味地轻信小人伊阿古的谗言，而亲手杀死了自己心爱的妻子苔丝狄蒙娜。当事情真相大白之后，奥赛罗终于明白是自己冤枉了妻子，后悔不迭，最终以自杀来向妻子谢罪。这当然是艺术而不是现实生活，但谁也不能否认现实生活中确实存在着这样的悲剧。

　　即使是今天的社会，也还在不断发生着同样的悲剧。有许多夫妻不和，一方偏听偏信，不冷静思考，脑袋一热，便感情用事，酿成悲剧，最终追悔莫及。

感情用事表现在多方面。在工作上，特别是一些搞政治工作的人、搞人事工作的人，更容易犯这个毛病。他们遇事很容易凭主观、凭自己的直觉去判断、处理问题，而不是理智、冷静地去分析，然后找解决的办法。在学习上有时也容易犯感情用事这个毛病，特别是在考试过程中，有的学生由于紧张，头脑不冷静，往往考虑欠周全，感情一上来便像脱缰的野马，实际上与正确早已相差甚远。

所以，我们说遇事，不管是大事还是小事，千万要冷静，切不可感情用事。感情用事的人大多是因为遇事欠冷静。实际上，遇事冷静地考虑一下，可能会找到更好的解决办法，效果通常是好的。比如，当你的朋友因为某个问题与你争吵起来，你可能很有理由，但你的朋友却不讲理，且对你步步相逼，这时你很可能压抑不住自己，想动手。如果这时你强迫自己冷静一下，控制住自己的感情，或是暂时避开一会儿，（这绝不是示弱）等对方也平静下来，再与他讲道理，那么你既可以不失去这个朋友，而且还可以表现出你的大度。相反，假如你控制不住自己，对朋友大打出手，失去朋友不说，你还可能酿成恶果，得不偿失。

当然，我们说遇事要冷静，并不等于做事犹豫迟疑，毫不果断。遇事冷静只是做事前的充分准备，而且冷静需要的时间并不长，可能只是几分钟或几秒钟的时间，但这短短的几分钟或几秒钟可能会帮助你更好地解决问题。可以这样说，经常进行理智的思考，遇事冷静，不但不会延误时机，相反会培养你的果断力，在关键时刻、紧急关头能够当机立断，正确地处理问题。

人的感情是很复杂的，而且并非很容易就能掌握，这就更需要我们自己提高理智，用理智来控制感情，把握感情的流向。感情是流动的，但有时候让它安详宁静一会儿也是很必要的。让感情平静下来，在宁静中回味一下，思索一下，只有这样你才不至于在人生的路上妄自宣泄。因为情感作为一种超自然能量，它既有源且有限，譬若你超越理智无限度宣泄，不懂得控制自己，那么你的感情早晚也会枯竭的，而变成一个感情缺乏的人，那时你后悔也晚了。

人的感情就像笼罩在人的外表的一团七色云雾，不懂得保护自己的感情，不珍惜它，遇事冲动，那么你会逐渐变得丑陋而且干枯，缺乏光彩。

感情用事者多是感情不成熟的人。也许有人会说，"感情也会成熟吗？"是的，人的感情也像果实一样，有一个成熟的过程。感情成熟的人相应就很有理智，能够控制自己的感情，而绝不会感情用事。所以我们应该注意培养自己的感情，让它逐步成熟起来。

那么，什么样的人才算感情成熟的人呢？记得有一篇文章曾经列举了六个方面，我们不妨借鉴其中的某些方面："首先，感情成熟的人并不以幻想作自我陶醉，能面对现实，勇于接受挑战；对前途不过分乐观或悲观，均持审慎的态度，不凭直觉，悉依实际，因而有良好的判断。其次，感情成熟的人，没有孩提时代的依赖，能自觉自爱，自立自强，每遇困难，自谋解决，不求他人的同情与怜悯。因为性情恬逸，所以得失两忘，享得繁华，耐得寂寞。再次，感情成熟的人，能冷静地支配运用感情，也能有效地控制其升华，因此他（她）的感情，被人称做像陈年的花雕，是那么清醇馥郁，又如经霜的寒梅，是那么冷艳芬芳，……"这虽然不能全面地概括感情成熟的人，但用于一般衡量自己的标准，还是适用的。

人生有许多阻碍我们的事物，人生也是很坎坷的，如果我们的感情还很幼稚，那么为人处事，成就事业，就很难获得成功。当然，感情的成熟需要一个过程，它是人的感情经历、生活经验、人生观、价值观、幸福观的具体体现。同时它又与个人气质、心理、修养有关。因此，从现实的角度讲，不管是年轻人还是老年人，不管是从事什么样职业的人，都应该努力培养自己的感情，因为那样会使你的家庭更幸福，事业更辉煌。切忌做感情的奴隶，努力做一个感情成熟的人！

不要在情绪上被女人左右

男人与女人之间相互感染，相互吸引，无可厚非，这是上帝给人类的美妙绝伦的情感，没有人可以将其改变。但你是否有时察觉到：你的情绪常为女人所左右？

传说中，苏格拉底的妻子性格暴戾，动不动就对苏格拉底大发雷霆。有一次，他的妻子又向他大发脾气，苏格拉底不予理睬，淡然走出家门继续他的思考。当他走到门口时，他的妻子从楼上泼下一桶水，把他淋成落汤鸡，苏格拉底只是默默地掏出手帕，拭去身上的水，自言自语："我就知道雷霆

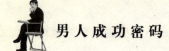

之后便是甘雨。"

假设你是苏格拉底，你能否做到这一点？我们当中有很多人都不会，我们的不会正是我们成不了苏格拉底的原因。这话说的也许过头了，但这多少有一些影子。

古代有个捕快，捉住了一个女贼，由于误了时辰，只得露宿荒庙之中。夜深人静，女贼意识到自己的处境和本钱，先是甜言蜜语诱骗捕快，尔后又是许下美妙的诺言，又是向捕快眉目传情。捕快本是男青年，起初心中奇痒难耐，心神在美丽的女贼面前不得安宁。但一想到自己经受不住诱惑，一时不能自持而干了蠢事的后果，便抓起一根树枝，在地上写着"不可以！不可以！"一次又一次，擦了写，写完又擦掉，直至心绪宁静。

我们不得不佩服这位捕快，他知道自己的情绪在此时多么重要，更重要的是在此时如何控制自己的情绪，做自己情绪的主人。假设捕快因一念之差，一时冲动为女色所诱惑，他的失职便会使他丢掉脑袋，更很难使他成为一名优秀的捕快。

英雄难过美人关。可也有人说，每个成功的男人背后总有一个支持他的女人。这实在令人费解，似乎是个悖论。

仔细推敲，便不难发现，那些成功的夫妇间，他们彼此相互影响，但更重要的是，他们之间懂得相互尊重，彼此珍重对方，而不是去苛求对方。

女人是男人一生不可或缺的伴侣，你躲避不了。因而重要的是，避免自己的情绪为女人所左右。当开始发觉如此时，无须害怕，注意转移自己的注意力，多余的精力用在最需要的地方，慢慢使你的心绪安宁下来。

好女人、好妻子是你事业成功的帮助，也是生活伴侣，也是你避风的港湾。

记住，当你开始觉得自己围着女人转时，不要任其发展，要控制住自己。如果任其发展，便会导致你事业的失败。

保持清醒的头脑

在任何环境、任何情形之下，保持着一个清楚的头脑；在人家失掉镇静时保持着镇静；在旁人都在做愚蠢可笑的事时，仍保持一个正确的判断。能够这样做的人，总是具有相当的镇定力，是一种平衡而能自制的人。

容易头脑模糊的人，面临突发事件，或一承受重大的压力，就要张惶失措。这样的人是一个弱者，是不足付以重任的。

在别人束手无策时知道怎样想办法的人，在别人混乱时仍然镇静的人，在大责任搁在肩上、大压力加在身上不会慌张混乱的人，才会为人欢迎，为人重视。

在各机构中，常常有这样一个人，其人在各方面的能力或许还不及别的职员，但反而会突然升上重要的位置。因为雇主的眼光，并不在意某个职员的"才华"，却注重他们清醒的头脑、健全的理智、正确的判断力。他最需要的是那种头脑清晰、实事求是，不但能空想，而且能真正做事的人，所以他往往忽略那些大学毕业生、学者与天才。他知道，他的业务之安全、机构之柱石，就系于那些有正确的判断力、有健全的理智的职员。

头脑清晰、精神平衡的人的特征，就是不因环境情形之变更而有所改变。金钱的损失、事业的失败、忧苦与艰难，都不足以破坏他的精神的平衡，因为他是有主见的。他也不会小有成功、小有顺利而傲慢自满起来。

不管处在何种环境之下，有一件事是每个人都可以做到的，这就是脚踏实地，即使跌倒也可立刻站起来，而不致失却平衡；我们应该在别人都慌张忙乱的时候，仍能镇定如常、思虑周详。这能给予我们以很大的力量，并在社会里占重要的地位，因为惟有头脑清楚的人，能在惊涛骇浪中平稳地驾驶船只的人，才是社会大众愿意付以重任、委以大事的人。动摇的人、犹豫的人、没有自信的人，临到难关就要倾跌、遇到灾害就要倒地的人，一个不经风雨的人，就像年幼胆小的姑娘一样，只能在风平浪静之日驾驶扁舟。

冰山在任何情形之下，都不失其恬静与平衡，真是值得我们学习的一个绝好榜样！不管狂风吹打得怎样厉害，不管巨浪冲击得怎样猛烈，它从不会动摇，从不会颠簸，从不会显出一丝受震荡的迹象，因为它的八分之七的巨大的体积，是没在水面之下。它的巨大的体积平稳地藏在海洋之中，非惊涛怒浪之势力所能及。这种水面下的巨大的隐藏力，这种伟大的"运动量"使得暴露在水面的一部分冰山，可以不畏任何风浪。

精神的平衡，往往代表着"力量"，因为精神的平衡是精神和谐的结果。片面发展的头脑，不管其在某一特殊方面是怎样的发达，永远不会是平衡的

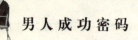

头脑。一棵树木，假若将其全部的汁液，仅仅输送给一条巨枝，而使其他部分枯萎至死，它就决不能成为一棵繁茂的大树。

理智健全、头脑清楚的人是不多见的。他们常常是"供不应求"。我们每可看到，连许多有本领的人，在许多方面能力很强的人，也会做出种种不可解的、愚不可及的事情。他们不健全的判断、不清楚的头脑，常常阻碍了他们的前程，像流过高低不平的区域中的江水，后波每为前浪打回，所以不得前进一样。

头脑不清晰、判断不健全，这种不良声誉，会使得别人不敢信赖你，因此大有害于你的前程。

假如你要得到他人"头脑清晰"的承认和称许，你必须认真地努力去做一个头脑清晰的人。大部分人做事，特别在做小事时，往往是敷衍了事。他们自己也知道，他们不曾竭尽全力，而所做出来的结果，也不可能尽善尽美，然而他们还是在用这种做法。这种行为，往往减损我们成为头脑清晰的人的可能性。

毛病就在我们大多数人，总是作出二等三等的判断，而不想努力去作出头等的判断。这一切都是因为前者省力、容易得多。

大多数的人都是天性怠惰的，我们总喜欢逃避不愉快的艰难的工作。我们不喜欢做那些妨碍我们的安舒、不合我们的情趣，却足以烦恼我们的事情。

假如你能常常强迫自己去做你那些应该做的事，而且竭尽你的全力去做，不去听从你怕事贪安的懒性，那么你的品格、你的判断力，必会大大增进。你自然会被人承认，称许为头脑清晰、判断健全的人了。

沮丧抑郁时不可决断大事

人在感到沮丧的时候，千万不要着手解决重要的问题，也不要对影响自己一生的大事作什么决断，因为那种沮丧的心情会使你的决策陷入歧途。

一个人在精神上受了极大的挫折或感到沮丧时，需要暂时的安慰。在这个时候，他往往无心思考其他任何问题。当女人受到了极大痛苦后，她竟会决定去嫁给自己并不真心爱着的男子，这就是一个很好的例子。

　　男人有时竟然会因为事业遭受暂时的挫折而宣告破产，但实际上只要他们继续努力下去，是完全可以克服困难，战胜挫折，最终获得成功的。

　　有很多人在感受着深度的刺激和痛苦时，他们竟会想到自杀。虽然他们明明知道，所受的痛苦是暂时的，以后必然能从中解脱出来。因此，当人们的身体或心灵受着极大痛苦时，他们往往就失掉了正确的见解，也不会作出正确的判断。

　　在希望彻底断绝、精神极度沮丧的时候，要做一个乐观者，仍然能够善用理智，这虽是一件很难的事情，但就是在这样的环境里，才能真正地显示我们究竟是怎样的人。

　　那么，在什么时候最能显示出一个人究竟是否有真实的才干呢？当一个人事业不如意，朋友们都劝他放弃这项工作，说他在做着注定无法成功的事情时，说他是多么地愚蠢时，而他仍然抱着坚毅的精神，努力地工作着，这才最能显出他的真实才干来。

　　他人都已放弃了，自己还是坚持；他人都已后退了，自己还是向前；眼前没有光明、希望，自己还是不懈努力——这种精神，才是一切伟大人物能够成功的原因。

　　在日常生活中，我们常可以听见一些上了年龄的人说这样的话："倘使我一开始就努力，即便遇到挫折，但仍旧照着我的志向去做，恐怕已经颇有成就了。"许多人都是在壮志未酬和悔恨中度过自己的晚年，这种悔不当初的懊丧，都是由于他们年轻的时候立志不坚，一受挫折便终止了自己的努力。

　　不管前途是怎样地黑暗、心中是怎样地愁闷，你总要等待忧郁过去之后，才决定你在重大事件上的步骤与做法。对于一些需要解决的重要问题，必须要有最清醒的头脑和最佳的判断力。在悲观的时候，千万不要解决有关自己一生转折的问题，这种重要的问题总要在身心最快乐、最得意的时候去决断。

　　在脑中一片混乱、深感绝望的时候，乃是一个人最危险的时候，因为在这时人最易作出糊涂的判断、糟糕的计划。如果有什么事情要计划、要决断，一定要等头脑清醒、心神镇静的时候。

　　在恐慌或失望的时候，人就不会有精辟的见解，就不会有正确的判断力。因为健全的判断，基于健全的思想；而健全的思想，又基于清楚的头脑、愉快的心情。因此，忧虑、沮丧时千万不要作出决断。

　　所以，一定要等到自己头脑清醒、思想健康的时候，再来计划一切。人

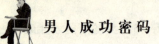

在感到沮丧的时候，精神便会分散，无法集中起来。态度上的镇静、精神上的乐观和心智上的理性是消除沮丧、进行健全思考的前提。

调准判断力的准星

目前，社会上最受欢迎的青年人是那些有巨大创造力与非凡经营能力的人。有些人往往只知道按部就班地听从人家的吩咐，去做一些已经计划妥当的事情，而且凡事都要有人详细的指示。惟有那些有主张、有独创性、肯研究问题、善经营管理、有准确的判断力的人才是人类的希望，也正是这种人，充当了人类的开路先锋，促进了人类的进步。

一个有准确迅速而坚决的判断力的人，他的发展机会要比那些犹豫不决、模棱两可的人多得多。所以，请尽快抛弃那种迟疑不决、左右思量的不良习惯吧！这种不良的习惯会使你丧失一切原有的主张，会无谓地消耗你的所有精力。

但这也是年轻人最容易染上的可怕习惯，遇到事情时，明明已经详细计划好了，考虑过了，已经确定了，但有些人仍然畏首畏尾、瞻前顾后而不敢采取行动，还要重新从头考虑，还要去征求各处的意见，东看西瞧，左思右量，翻来覆去，没有决断。最后，脑子里各种念头越来越多，自己对自己就越来越没有信心，不敢决断。后果就是，人的精力逐渐耗尽，终于陷入完全失败的境地。

一个希望取得全面成功的青年人，一定要有一种坚决的意志，一定不可染上优柔寡断、迟疑不决的恶习。在工作之前，必须要确信自己已经打定主意，即使遇到任何困难与阻力，即使发生一些错误，也不可升起怀疑的念头，准备撒腿就走。我们处理事情时，事先应该仔细地分析思考，对事情本身和环境下一个正确的判断，然后再作出决策；而一旦决定作出之后，就不能再对事情和决策发生怀疑和顾虑，也不要管别人说三道四，只要全力以赴地去做就可以了。做事的过程中难免会发现一些错误，但不能因此心灰意冷，应该把困难当教训、把挫折当经验，要自信以后会更顺利，而成功的希望也就更大。在作出决定后，还心存疑虑、还要反复猜疑的人，无异于把自己推入一种无可救药的沼泽中，最终只好在痛苦和懊恼中结束他的一生。

有些人最终无法成功，并不是缺乏创立一番事业的能力，而是因为他们的判断力太差了。他们好像没有自主自立的能力，非得依赖他人，这些人即使遇到任何一点微不足道的事情，也要东奔西走去询问亲友邻人的意见，而自己的脑子里只是胡思乱想，尽管时刻牵挂但并无主见。于是，越和人商量，越不能确定主意，越是迟疑不决，结果就弄得不知所措。

判断力不准确和缺乏判断力的人往往很难决定开始做一件事，即使决定开始做了，最后也往往无法收场。他们一生的大部分精力和时间，都消耗在犹豫和迟疑当中，这种人即便有其他获致成功的条件，也永不会真正获得成功。

大凡成功者须当机立断，把握时机。一旦对事情考察清楚，并制定了周密计划后，他们就不再犹豫、不再怀疑，而能勇敢果断地立刻去做。因此，他们对任何事情往往都能做到驾轻就熟，马到成功。

造船厂里有一种力量强大的机器，能把一些破烂的钢铁毫不费力地压成坚固的钢板；而善于做事的人就与这部机器一般，他们做事异常敏捷，只要他们决心去做，任何复杂困难的问题到了他们手里都会迎刃而解。

一个人如果目标明确、胸有成竹、有自信力，那么他绝不会把自己的计划拿来与人反复商议，除非他遇到了在见识、能力等各方面都高过他的人。在决策之前，他都会前前后后地仔细研究，然后制定计划，采取行动；这就像前线作战的将军首领必须仔细研究地形、战略，而后才能拟定作战方案，随后再开始进攻。

一个头脑清晰、判断力很强的人，一定会有自己坚定的主张，他们决不会糊里糊涂，更不会投机取巧，他们也不会永远处于徘徊当中，或是一遇挫折便赌气退出，使自己前功尽弃。只要作出决策、计划好的事情，他们一定勇往直前。

英国当代著名军人基钦纳就是一个很好的例子。这位沉默寡言、态度严肃的军人勇猛如狮、出师必胜，他一旦制定好计划，确定了作战方案，就会集中心思运用他那惊人的才干，镇定指挥，他决不会再三心二意地去与人讨论、向人咨询。在著名的南非之战中，基钦纳率领他的驻军出发时，除了他的参谋长外谁也不知道要开赴哪里。他只下令，要预备一辆火车、一队卫士及一批士兵。此外，基钦纳声色不动、滴水不漏，更没有拍电报通知沿线各

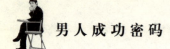

地。那么，他究竟要去哪里呢？士兵们也不知道。战争开始后，有一天早晨6点钟，他忽然神秘地出现在卡波城的一家旅馆里，他打开这家旅馆的旅客名单，发现几个本该在值夜班的军官的名字。他走进那些违反军纪的军官的房间，一言不发地递给他们一张纸条，上面签署了自己的命令："今天上午10点，专车赴前线；下午4点，乘船返回伦敦。"基钦纳不听军官们的解释和辩白，更不听他们的求饶，只用这样一张小纸条，就给所有的军官下一个警告，起到了杀一儆百的作用。

基钦纳将军有无比坚定的意志和异常镇静的态度，但他深知自己在战时所负有的重大使命。因此，他为人处世严谨而端正，公正无私，指挥部下时也从不偏袒，做任何事情非至成功决不罢手。从这些地方，就可以看出基钦纳将军的伟大魄力和远大抱负。

基钦纳将军并不看重他人的颂扬，更不接受部下的阿谀奉承。他从不狂妄自大，在他看来，做人处世应该摒弃名利之心。基钦纳将军做任何事从来胸有成竹，他凡事都能冷静而有计划地去做，因此事事马到成功。

这位驰骋沙场、百战百胜的名将待人却很诚恳亲切，非常自信，做起事来专心致志，富有创见，也极富判断力，为人机警，反应敏捷，每遇机会都能牢牢把握并充分利用。他真是一个向往获得全面成功者的最好典范！

林肯：宽容大度成就伟大事业

在18世纪漫漫的长夜里，一颗属于美利坚合众国的耀眼的"恒星"被一声短促的枪声击落，渐渐暗淡的光辉，使这块土地陷于极度的悲哀之中。这颗耀眼的恒星，就是被称为"黑奴解放北极星"的林肯。

林肯，这位历经磨难的总统，一生伴着痛苦和不幸，他在难以忍受的磨难中成长为时代的巨人。他艰苦奋斗，执着地追求，为了美国及人类进步事业献出了宝贵的生命。他拯救350万黑奴于苦难，而他的人生苦难经历，却超过他亲手解放的黑人奴隶。这个仁慈宽厚的心胸，似乎能容下世间的所有痛苦，用正义和善良溶解一切的不幸。

林肯小时家中非常贫困，15岁以前没能迈出偏僻的森林半步，外面的世界对他来说是完全陌生的。直到 15 岁之后，他才开始认字母，学写字。林肯做过许多粗活，犁田、劈木头、建房、杀猪什么都干。他讨厌这些磨人的苦差事，受够了拓荒耕种的苦难滋味。成年后在朋友的帮助下，第一次参加了竞选州议员的角逐。虽然他赢得了这个地区几乎全部选票，但却未能当选。

竞选州议员失败后，林肯发奋地学习，不断钻研书本，猛攻法律，有时到几十里以外借书，然后读着走回来。他对法律发生了兴趣，立志要当一名律师。1837 年，他骑着一匹瘦马，走进春田镇，开始了"实习律师"的生涯。生活依然是贫困寂寞。在困苦的环境里，他不断地挣扎、奋斗、学习，一天也没停止追求。两年后，他穿着借钱买来的新衣服，走上了州议员的座位，从此开始了他的政治生涯。

也许"上帝"生他就是为了融解人类苦难的，林肯终日面对痛苦，没有快乐的时候。他的朋友说他：走路的样子，简直像忧郁就要从他身上淌下来。林肯要让千百万奴隶挣脱枷锁，过上正常人的生活，享受人生的幸福和乐趣，而他自己却没有家庭的温暖和快乐。林肯的婚姻是难以言述的悲剧。他的妻子是一个爱慕虚荣、吹毛求疵的庸俗女人，她不仅不能给这位伟人帮助和照顾，而且时时折磨着林肯。林肯也并不爱玛丽，要她完全是为了顾全道义。林肯就是这样，仁慈宽厚的心胸，既是他的优点，也是他的弱点；既使他的理想得以实现，也使他的一生命运多舛。他同玛丽的结合，就像是一场噩梦，多年来折磨、摧残着林肯，使他永远失去幸福与安宁。婚后，林肯夫人对林肯的生活、习惯、外貌都不满意，经常唠叨，乱发脾气，连续不断地吵闹怒骂，搅得街邻都不安。有时客人来访，她竟当着客人的面，把他搞得非常难堪。林肯太太言行简直是个疯子，有人骂她是"野猫"、"母狼"、"恶棍女人"。有次和女拥吵翻了，女拥的叔叔冲到林肯的办公室，要林肯让其太太道歉。林肯凄然地说："我听到这件事很是遗憾。不过坦白地说，15 年来我日日忍受这一切，难道你就不能忍受几分钟吗？"林肯的朋友们都深深地为林肯感到难过。

直到林肯就任总统后，她的淫威也没有丝毫改变，林肯以他极大的宽容心默默地忍受了 20 几年地狱般的家庭生活。南北战争期间，格兰特将军邀请林肯夫妇到前线度假一周。因为他入白宫以来，几乎被累垮了，渴望能够避开那些纠缠者。林肯夫妇同格兰特太太等一行骑马，其中的奥德太太因为骑马有时和总统走在一起，引起林肯太太的愤怒，大骂奥德太太，当着军官的面用脏话侮辱她，并催促总统撤掉奥德将军。类似的场面一再重演，身负国家重任的元首，竟遭受难以形容的屈辱，痛苦和悲哀令人心碎。

不幸的家庭生活，不仅没有葬送林肯的前程，反而推进了他事业的发展。经过政治生涯的第一次失败后，他从失败中崛起终于当选为州议会议员，进而进入国会。

林肯的宽容，并不是懦弱无能，而是像火山爆发之前岩浆的蓄积待发，平静当中却饱蕴着无穷的力量，度过辛酸的6年之后，正当林肯对政治前途即将绝望之际，突发的一件事使他的仕途"峰回路转"，"柳暗花明"，开始了向"白宫"的进发。1854年，美参议院通过了撤销"密苏里折衷方案"，使得稍有缓和的奴隶制度的争斗，再度卷土重来。提出这一方案的道格拉斯，受到了北方的抗议和不平，燃起了全国内战的火焰。在政坛上逐渐下沉，对政治逐渐淡漠的林肯，被"密苏里折衷方案"的撤销唤醒了。他再也不能沉默，决心以自己的全部身心来搏斗。在一个炎热的下午，他只穿一件松垮垮的衬衫，罩在骨瘦如柴的身上，头发乱蓬蓬的，脚穿又脏又破的皮鞋，大步走上讲台，开始了他永垂青史、值得人永远怀念的伟大演说。他得到了群众的支持，但在不久的参议员竞选中又失败了。这时他的心思已经不在法律上了，而是整天在探讨奴隶制与政治的问题，心中时刻在想着如何推翻罪恶的奴隶制度。

经过近30年的奋斗，林肯终于在总统竞选中击败了强大的对手，入主白宫，登上了事业的峰巅。

通向白宫的道路也不是一条鲜花簇拥的坦途。在林肯前往华盛顿就职时，就收到了几十封恐吓信，威胁他不可能活着进入白宫。林肯没有丝毫胆怯，更没有被暗杀吓倒，平静地走进了白宫。

林肯入主白宫后，南方黑人奴隶还处于奴隶制的奴役之下，过着水深火热的生活，废除奴隶的浪潮日益高涨，美国内部终于爆发了南北战争。林肯领导了这场战争，力图通过战争的胜利，推翻南部罪恶的奴隶劳动制和黑人奴隶主。然而，由于找不到合适的军事将领指挥军队，北军连连失利。此时，政府内部也开始尔虞我诈，互相倾轧，内阁成员开始看不起林肯。认为他的上台，只不过是一场政治意外，侥幸获得的成功。很多政敌也纷纷向林肯发起攻击，称他是"草地革命家"，连一个小货店都管不了，怎么能治理国政呢？有的官员甚至跋扈无礼，横行无忌。有些人表面是朋友，背过脸地就讥骂他，对总统的位置垂涎三尺。史丹顿就骂他是"讨厌的白痴"，"原始的猩猩正坐在白宫里搔痒哩！"然而对待这些谩骂与诋毁，林肯却以很大的宽容心来对待，他不会跟他的政敌辩论得脸红脖子粗，甚至有时候以微笑来对待这些在别人看来似乎无法忍受的不恭。

林肯身边的官员，对此非常不满，他们认为林肯作为美国总统，应该有总统的威严。一位官员批评林肯不应该试图跟那些人做朋友，而应该消灭他们。"当他们变成我的朋友时，"林肯十分温和地说，"难道我不是在消灭我的敌人吗？"林肯一心想废除奴隶制度，对于自己的荣誉、地位却不去理会。他的心胸宽阔仁慈，这使他得到了包括咒骂他的人的崇敬。在林肯中弹后躺在福特戏院对面的公寓里时，那位曾经骂林肯是"讨厌的白痴"、"原始的猩猩"的史丹顿尊敬地说："这里躺着有史以来最完美的人。"

1863 年春天，南北战争进入殊死激战的阶段。北军获得了重大胜利，但格兰特不听林肯的命令，不愿乘胜追击，林肯失望到了极点。如果能够执行林肯的命令，说不定南北战争能够早一点结束。1864 年 5 月，北军 12 万余人终于横越拉庇丹河，南军垂死挣扎，进行了血淋淋的抵抗，北军伤亡惨重，全国震惊。林肯又受到南北人民的咒骂，斥之为篡位者、叛徒、暴君、恶魔，甚至有人要刺死林肯。有天晚上，他骑马到"军人之家"时，被一名刺客射穿了帽子，险些丧命。林肯镇定从容，坚决干下去，不理会任何尖酸的指责。

我们可以肯定林肯的慈悲、宽容、忍让，促进了他事业的成功，正是这个宽大的胸襟，完成了最伟大的南北战争，开创了历史的新纪元。他是那样的仁慈厚爱，富于同情心。战争中丧失亲人的父母、妻子的哭泣，都使他伤心落泪，异常悲痛。连违纪的士兵甚至临阵胆怯的战士，他都会原谅。对于曾给过他伤害、侮辱的人，他也能采取最宽容的态度。柴斯和林肯之间嫌隙很深，但林肯却说："在我认识的人中，柴斯比其中最好的一位还强。"他将美国总统所能颁赐的最高荣誉给了柴斯。

1864 年，金色的秋风带来了胜利的捷报，一场影响深远、死亡 50 万人的战争，在美国一个叫"阿波克斯院舍"的小村庄结束了。但 5 天之后，林肯那颗伟大的心脏停止了跳动。他解放了奴隶，却死在了奴隶主的枪下。

林肯一生以极大的慈悲和宽容，忍受了婚姻和事业中的痛苦，以韧性和毅力，开创了辉煌的事业，也树立起人性的丰碑，就连他的敌人都为这位伟人的风度所折服。他死后，美国举行了前所未有的葬礼，为他照明的火炬和焰火，照亮了半个北美。南北战争结束了，他完成了伟大的奋斗目标，也走完了生命的里程。

能屈能伸的处世谋略

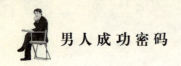

好男人能方能圆

方为做人之本，圆为处世之道。

"方"，方方正正，有棱有角，指一个人做人做事有自己的主张和原则，不被外人所左右。"圆"，圆滑世故，融通老成，指一个人做人做事讲究技巧，既不超人前也不落人后，或者该前则前，该后则后，能够认清时务，使自己进退自如、游刃有余。

一个人如果过分方方正正、有棱有角，必将碰得头破血流；但是一个人如果八面玲珑、圆滑透顶，总是想让别人吃亏，自己占便宜，也必将众叛亲离。因此，做人必须方中有圆，圆中有方，外圆内方。

外圆内方的人，有忍的精神，有让的胸怀，有貌似糊涂的智慧，有形如疯傻的清醒，有脸上挂着笑的哭，有表面看是错的对……

"方"是做人之本，是堂堂正正做人的脊梁。人仅仅依靠"方"是不够的，还需要有"圆"的包裹，无论是在商界、仕途，还是交友、情爱、谋职等等，都需要掌握"方圆"的技巧，才能无往不利。

"圆"是处世之道，是妥妥当当处世的锦囊。现实生活中，有在学校时成绩一流的，进入社会却成了打工的；有在学校时成绩二流的，进入社会却当了老板的。为什么呢？就是因为成绩一流的同学过分专心于专业知识，忽略了做人的"圆"；而成绩二流甚至三流的同学却在与人交往中掌握了处世的原则。正如卡耐基所说："一个人的成功只有15%是依靠专业技术，而85%却要依靠人际关系、有效说话等软科学本领。"

真正的"方圆"之人是大智慧与大容忍的结合体，有勇猛斗士的威力，有沉静蕴慧的平和。真正的"方圆"之人能对大喜悦与大悲哀泰然不惊。真正的"方圆"之人，行动时干练、迅速，不为感情所左右；退避时，能审时度势、全身而退，而且能抓住最佳机会东山再起。真正的"方圆"之人，没有失败，只有沉默，是面对挫折与逆境积蓄力量的沉默。

在强大的对手高压下，在面临危机的时候，采取藏巧于拙、装糊涂，扮作"诚实"的样子，往往可以避灾逃祸，转危为安。留得青山在，不怕没柴烧，以拙诚与对手周旋，确实不失为一种高明之术。

我们经常在报纸上见到穷凶恶极的罪犯窜入老百姓的家里，杀人越货、绑架无辜或逼人做质的时候，被害人是怎样委曲求全，先以圆滑诚恳的语言赢得罪犯的信任，而伺机在罪犯不在意或误认为在他的挟迫下真的与其合作的时候，出其不意地逃脱报案或径直击败罪犯。这其实是外圆内方的最好案例。试想，假如面对凶狠的罪犯，暴跳如雷，罪犯不先砍掉你的脑袋才怪呢。只有把"方"用"圆"先掩盖起来、包藏起来，装出很诚实的样子，利用笨拙的诚实稳住对方，充分地运用对方的怜悯之心，使对方不加害自己，才会为以后施展擒拿罪犯的计谋赢得时间和条件。

这种外圆内方的办法，在历史上早已有之。《三国演义》中有一段"曹操煮酒论英雄"的故事。当时刘备落难投靠曹操，曹操很真诚地接待了刘备。刘备住在许都，在衣带诏签名后，为防曹操谋害，就在后园种菜，亲自浇灌，以此迷惑曹操，放松对自己的注意。一日，曹操约刘备入府饮酒，谈起以龙状人，议起谁为世之英雄。刘备点遍袁术、袁绍、刘表、孙策、张绣、张鲁，均被曹操一一贬低。曹操指出英雄的标准——"胸怀大志，腹有良谋，有包藏宇宙之机、吞吐天地之志。"刘备问："谁人当之？"曹操说："今天下英雄，惟使君与操耳！"刘备本以韬晦之计栖身许都，被曹操点破是英雄后，竟吓得把匙筋丢落在地下，恰好当时大雨将至，雷声大作。曹操问刘备为什么把匙筋弄掉了？刘备从容俯拾匙筋，并说："一震之威，乃至于此。"曹操说："雷乃天地阴阳击搏之声，何为惊怕？"刘备说："我从小害怕雷声，一听见雷声只恨无处躲藏。"自此曹操认为刘备胸无大志，必不能成气候，也就未把他放在心上，刘备才巧妙地将自己的惶乱掩饰过去，从而也避免了一场劫难。刘备在煮酒论英雄的对答中是非常聪明的，他用的就是方圆之术，在曹操的哈哈大笑之中，才免去了曹操对他的怀疑和嫉忌，从而最后才能如愿以偿地逃脱虎狼之地。至于三国后期的司马懿，更是个外圆内方的高手，他佯装成快要死的人，瞒过了大将军曹爽，达到了保护自己、等待时机的目的。最后实现了自己的抱负，统一了天下。这正是"鹰立似睡，虎行似病。"

还有，对于一些有经验的领导者来说，更是如此，因为他们知道自己的权力再大，毕竟还是有限的，它不可能使所有的人都听命于自己。当自己的管理目标受到权力条件的限制，一时难以完全实现时，他就必须运用计谋、

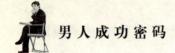

审时度势、权衡利弊，首先制伏自己权力够得着的对象，暂时稳住还远离自己、鞭长莫及的对象。这在军事学上，叫远交近攻；在处世学上，叫外圆内方。

总之，人生在世，运用好"方圆"之理，必能无往不胜，所向披靡；无论是趋进，还是退止，都能泰然自若，不为世人的眼光和评论所左右。

人不能事事出头

中国传统的知识分子向来以天下兴亡为己任，正所谓"天下兴亡，匹夫有责"。如果遇到小人当道、国无宁日时常有人挺身而出，甚至不惜以死抗争。我们钦佩这些硬骨头的汉子，但有时也不免替他们惋惜。试想：在豺狼当道、小人得志的大气候下，出面抗争固然精神可嘉，但从实际效果来看，往往是适得其反，不仅不能力挽狂澜反而有可能导致引火烧身。因此，在这种情况下，退隐也不失为一种权益之计。

退隐，是中国古代士大夫保全自身的一条重要决窍，也是在一切积极措施归于无效时所普遍采用的办法。通俗口诀中有"而今学得乌龟法，能缩头时且缩头"，就是这一要诀的形象表达。

实践这一要诀的人，在中国历史上为数不少，张良、范蠡、陶渊明等都是其中赫赫有名者。

读过《三国演义》的人，一定对"司马懿诈病赚曹爽"一节不会陌生。

大将军曹爽虽然夺去了司马懿的兵权，但仍对司马懿托病闲居感到怀疑，就派心腹李胜前去探听虚实。司马懿知道李胜来意，就披头散发，装成病入膏肓的样子，谈话时颠三倒四、语无伦次，喝汤时故意显得动作迟钝，把衣襟被子都打湿了，唬得李胜再三感叹："没想到太傅竟然病得这样厉害！"

这一招还果然奏效。当李胜把这些情况报告给曹爽时，曹爽喜形于色，说："司马懿一死，我就高枕无忧了。"随即对司马懿放松了警惕。

可是，曹爽做梦也没想到，正当他春风得意、扬鞭狩猎之时，司马懿却率领旧日手下兵马，径直到宫中，从此断了曹魏江山。

司马懿能够东山再起，而且一举成功，怕是"缩头"立了大功。可以设想，假如曹爽探知司马懿饮食正常、起居如初，他能解除对政敌的戒备吗？假如司马懿之忧未除，曹爽会忘乎所以地倾身出猎吗？假如曹爽能够坐镇宫中，凭借他的智慧和实力，即使司马懿有天大的本事，也不敢拿鸡蛋去碰石头。

能缩头时且缩头，实质是把实际上"强"的一面隐蔽起来，而故意装作"弱"让别人看见。司马懿其实是头脑清醒、思维敏捷、寝食如故、身强体健。但他在会见李胜的时候，把这些都掖藏起来，而把相反的一面：痴痴癫癫、力不支体、命若游丝，统统地端出来让李胜欣赏。其结果是，李胜信以为真，连曹爽也认为司马懿大势已去，将不久于人世，是真的不行了。

碰到危难，或者不好明说的事情，就装出一副可怜相，糊上一层眼泪鼻涕，人们就会对他施舍怜悯和同情了。中国人崇尚宽厚为怀，天性同情弱者，见弱而软，便生恻隐之心：本来还想踹他一脚的不再踹了，本来还想打他一耳光的不再打了，甚至还伸出援助之手、拉他一把也不足为奇。在这种同情心的驱使下，恐怕到处都是"不设防的城市"，任由"缩头者"畅行无阻。

怜弱是人的慈善，缩头却是人的机智。

莫道箭缚强弓上，人生何处不缩头。缩头是一种机智，是一种权谋。不是说刘备的江山是哭出来的吗？不要认为缩头是懦夫的表现，刘备嚎啕大哭、肝肠寸断，其弱至甚，不是把舌如巧簧的东吴说客鲁肃打发回去了吗？刘备的哭只是一种手段，安坐荆州才是他真正的目的。

要知道，所谓缩头，并不是真的就"弱"。之所以示人以缩头，是想以弱来迷惑对手。当对手被麻痹、防备懈怠的时候，你再以强扣击，那结局自然是在不言之中。

这里再举一个例证：东汉桓帝时，安阳有个叫魏桓的人，朝廷曾多次聘他出仕，他都不去。他的乡亲们也劝他去做官。他问道："做官，是为了施展自己的抱负。现在皇帝的后宫有一千多宫人，你能将他减损吗？宫中的马厩里有好马万匹，你能将它削减吗？皇帝的左右都是些强权豪势，你能把他们赶走吗？"乡亲们都回答道："不行。"于是，魏桓长叹一声道："叫我活着去，死着回来，对诸位又有什么好处呢？"魏桓终于毕生没有做官。

这位魏桓看到时局动荡、奸佞弄权、不堪收拾，因此退隐不出。如果我们以"天下兴亡，匹夫有责"的标准来要求他，他是个不尽责任的公民，但从防谗远害来说，他不能不算一个聪明人。

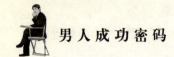

常言道：识时务者方为俊杰。所谓俊杰，并非专指那些纵横驰骋如入无人之境、冲锋陷阵无坚不摧的英雄，而且应当包括那些看准时局、能屈能伸的聪明者。所有的俊杰，必须具备这样的素质，即能够正眼看待现实，不浮躁，不虚妄，敢于直面人生的悲欢遭际。

冷静面对不如人意的人和事

在生活和工作中，我们都难免会碰到无事生非的人、制造谣言的人、嫉贤妒能的人，偏听偏信的人，以及各种以权谋私、以势压人、阴谋诡计、欺骗虚伪等。也许你确实是与人为善，但是你的善未必能换回来善，需知任何创造性都是在客观上对于平庸的挑战；任何机敏和智慧都在反衬着愚蠢和蛮横；任何好心好意都在客观上揭露着、为难着心怀叵测的人；而任何大公无私都好像是故意出小肚鸡肠的人的洋相。在工作中，你做得越好，就越会有同事憎恨你，这是不能不正视的现实。

人们在碰到不尽如人意的人和事以后常常会感叹世情的险恶，人心的险恶。然而，应该如何对付这种险恶呢？

一是以痛恨对恶。以为自己与自己的小圈子乃清白的天使，以为周围的一切人是魔鬼和恶棍，于是整天咬牙切齿，苦大仇深，鬼迷心窍，不可终日。这是不可取的，因为这第一是神经病，第二是以恶对恶，本身就已经恶了，本身就已经与他或她心目中的魔鬼恶棍无大异了、趋同了。

二是以疑对恶。嘀嘀咕咕，遮遮掩掩，患得患失，犹豫不决，生怕吃亏上当，总觉得四面楚歌。结果可能你少吃了两次亏，但更失掉了许多朋友和机会，失掉了大度和信心，失掉了本来有所作为的可能。

三是以大言对恶。以煽情对恶，以悲情"秀"对恶：言必称险恶，言必骂世人皆恶我独善，世人皆浊我独清。目前有一种说法很流行，说是知识分子的使命在于批判。这个提法对于生活在西方发达资本主义国家的知识分子尤为正确，特别因为他们的环境里成为主流的可能是自满自足，是物质享受，是相对或暂时的平稳，是"历史的终结"乃至霸权主义。

四是以消极对恶。一辈子唠唠叨叨，神经兮兮，黏黏糊糊，诉不完的苦，生不完的气，发不完的牢骚，埋怨不完的"客观"，到了生命的最后一刻了，他或她已经是一事无成，还在那里怨天尤人呢。

那么，我们能不能做到，保持干净更保持稳定，保持操守更保持好心情，保持正义感更保持理性，保持有所不为有所不信更保持与人为善呢？许多时候，你的绝大多数同事还是好的，至少是正常的。这样说由于过分正常，当也会使得某些人暴跳如雷吧？而多数情况下，绝大多数人，他们对待你的态度取决于你对他们的态度。至于说到他们的毛病，不见得一定比你多，即使是常常不比你少。无论如何，我们可以努力做到使自己变成一个和善安定的因素，团结的因素，文明的因素，而不是相反。我们可以努力做到心平气和，冷静理智，谦恭有礼，助人为乐，而不是相反。急火攻心，暴躁偏执，盛气凌人，四面树敌。甚至对那些或某一个对你确实是心怀敌意乃至已经不择手段地伤害你的同事，你也可以反躬自问，自己有什么毛病？有什么使他或她受到伤害的记录？有没有可能消除误解化"敌"为友？还要设身处地想想对方是否也情有可原。

从长远看，一切个人的嫉恨怨毒，一切鼓噪生事，一切签名告状，流言蜚语也好，棍子帽子也好，在一个大气候相对稳定的形势下，作用十分有限，可能起的是反作用。你见怪不怪，其怪自败。大可以正常动作，平稳反应，保持美好心态，不受干扰，让各种事务按部就班地进行。

当然，不是说任何人你不理他就没事了，也有没完没了地捣乱骚扰的。但是我们日常说的"一个巴掌拍不响"，心理学家认为，至少有 84.3% 适用性。对那 15.7% 的讨厌者，必要时，看准了，找对了，在最有利的时机，你也可以回击一下。但这绝非常规，偶然为之则可。

刚柔相济，该低头就低头

老百姓有一句俗语，叫做"人在屋檐下，不得不低头"。意思是说人在权势、机会不如别人的时候，不能不低头退让。但对于这种情况，不同的人可能会采取不同的态度。有志进取者，将此当作磨炼自己的机会，借此取得休生养息的时间，以图将来东山再起，而绝不一味地消极乃至消沉；那些经不起困难和挫折的人，往往将此看作是事业的尽头，或是畏缩不前，不愿想法克服眼前的困难，只是一味地怨天尤人、听天由命。

所谓的"屋檐"，说明白些，就是别人的势力范围，换句话说，只要你人在这势力范围之中，并且靠这势力生存，那么你就在别人的屋檐下了。这屋檐有的很高，任何人都可抬头站着，但这种屋檐不多，以人类容易排斥"非我族群"的天性来看，大部分的屋檐都是非常低的！也就是说，进入别人的势力范围时，你会受到很多有意无意的排斥和限制，不知从何而来的欺压，这种情形在你的一生当中，至少会发生一次以上。除非你有自己的一片天地，是个强人，不用靠别人过日子。可是你能保证你一辈子都可以如此自由自在，不用在人屋檐下避风躲雨吗？所以，在人屋檐下的心态就有必要调整了。

只要是在别人的屋檐下，就"一定"要低头，不用别人来提醒，也不用撞到屋檐了才低头。这是一种对客观环境的理性认知，没有丝毫勉强，所以根本不要有什么不好意思和抹不开面子。与生存相比，脸面又值多少钱？在生存与脸面相矛盾时，还是生存第一！

"一定要低头"，起码有这样几个好处：不会因为不情愿低头而碰破了头；因为你很自然地就低下了头，而不致成为明显的目标；不会因为沉不住气而想把"屋檐"拆了。要知道，不管拆得掉拆不掉，你总要受伤的，因为老祖宗早就有"伤敌一千，自损八百"的古训。不会因为脖子太酸，忍受不了而离开能够躲风避雨的"屋檐"。离开不是不可以，但要去那里？这是必须考虑的。而且离开想再回来，那是很不容易的。在"屋檐"下待久了，就有可能成为屋内的一员，甚至还有可能把屋内人赶出来，自己当主人。

在中国历史上，政治斗争、军事斗争乃至权力斗争，极其复杂，有时更是瞬息万变，忍受暂时的屈辱，厚脸低头磨炼自己的意志，寻找合适的机会，也就成了一个成功者所必不可少的心理素质。所谓"尺蠖之曲，以求伸也，龙蛇之蛰，以求存也。"正是这个意思。西汉时期的韩信忍胯下之辱正是这种"一定要低头"的最好体现。因为他不低头就把自己弄到和地痞无赖同等的地步，奋起还击，闹出人命吃官司不说，很可能赔上一条小命。

另一种更高层次上的"一定要低头"，是有意识地主动消除隐患的一个阶段，借这一阶段来了解各方面的情况，消除各方面的隐患，为将来的大举行动做好前期的准备工作。隋朝的时候，隋炀帝十分残暴，各地农民起义风起云涌，隋朝的许多官员也纷纷倒戈，转向农民起义军，因此，隋炀帝的疑心很重，对朝中大臣，尤其是外藩重臣，更是易起疑心。唐国公李渊（即唐太祖）曾多次担任中央和地方官，所到之处，悉心结纳当地的英雄豪杰，多方树立恩德，因而声望很高，许多人都来归附。这样，大家都替他担心，怕遭到隋炀帝的猜忌。正在这时，隋炀帝下诏让李渊到他的行宫去晋见。李渊因病未能前往，隋炀帝很不高兴，多少有点猜疑之心。当时，李渊的外甥女王氏是隋炀帝的妃子，隋炀帝向她问起李渊未来朝见的原因，王氏回答说是因为病了，隋炀帝又问道："会死吗？"

王氏把这消息传给了李渊，李渊更加谨慎起来，他知道迟早为隋炀帝所不容，但过早起事又力量不足，只好缩头隐忍，等待时机。于是，他故意广纳贿赂，败坏自己的名声，整天沉湎于声色犬马之中，而且大肆张扬。隋炀帝听到这些，果然放松了对他的警惕。试想，如果当初李渊不低头，或者头低得稍微有点勉强，很可能就被正猜疑他的隋炀帝杨广送上了断头台，哪里还会有后来的太原起兵和大唐帝国的建立。

在待人处世中，"一定要低头"的目的是为了让自己与现实环境有和谐的关系，把二者的磨擦降至最低，是为了保存自己的能量，好走更长远的路，更为了把不利的环境转化成对你有利的力量，这是处世的一种柔性，一种权变，更是最高明的生存智慧。

大智若愚，并不委屈人

"大智若愚"被普遍认为是做人智慧中最高的最玄妙的境界，如果有谁能得到"大智若愚"的评价，那表明他可以在人生舞台上立于不败之地了。从字面上理解，大智亦即最高的智慧接近于没有智慧，接近于木讷，接近于愚。智慧（尤其指的是智术）如果过于外露，仍然称不上高级的智慧，"聪明反被聪明误"，"多智则谋"，一个人过分地精于算计反而会被人算计。"大智若愚"的派生词"大巧若拙"、"大直若屈"、"大辨若讷"，它们表明至高的谋略，至高的技巧，至高的境界并不是直接地、赤裸裸地、一览无余地展出在人们面前，它拥有丰富的层次与内涵，拥有保护自身的机制。

从智谋的原则来看，它仍然体现为以静制动、以暗处明、以柔克刚、以

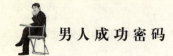

反处正之道，表现为降格以待的智慧。

愚、拙、屈、讷都给人以消极、低下、委屈、无能的感觉，使人的第一感觉难以产生好感，使人放弃戒惧或者与之竞争的心理，使人对它加以轻视和忽视。但愚、拙、屈、讷却是人为营造的迷惑外界的假象，目的正是为了要减少外界的压力，松懈对方的警惕。或使对方降低对自己的要求。如果要克敌制胜，那么可以在不受干扰，不被戒惧的条件下，暗中积极准备，以奇制胜，以有备对无备；如果意图在于获得外界的赏识，愚钝的外表可以降低外界对自己的期待，而实际的表现却又超出外界对自己的期待，这样的智慧表现就能格外出其不意，引人重视。"大智若愚"是在平凡中表现不平凡，在消极中表现积极，在无备中表现有备，在静中观察动，在暗中分析明，因此它比积极、比有备、比动、比明更具优势，更能保护自己。

在中国古代做人术中，"大智若愚"演变为一套内容极其丰富的韬光养晦之术。

所谓韬晦之术就是收敛锋芒，隐匿行迹，掩饰野心，与世无争，麻痹对手的警惕，迷惑世人的目光，等候适当的时机，实现预谋的目的。

"树大招风"，"功高震主"，聪明人都深知此道，如果处于四面受敌的境界，就会陷于不利，往往会导致失败人生。

乐毅率燕军踏平齐国，田单又率齐人大破燕军，功成名就之时，却都是遭君王猜忌之日。那些见过大风大雨的"过来人"对老子的名言"挫其锐、解其纷、和其光、同其尘，是谓玄同"理解格外深刻。因而每当身处一些"特殊关系"的微妙场合，或者在面临生命威胁的紧要关头，韬晦一方无不恬然淡泊，大智若愚。

商纣王荒淫无道、暴虐残忍，一次作长夜之饮，昏醉不知昼夜，问左右之人，"尽不知也"，又问贤人箕子。箕子深知，"一国皆不知，而我独知之，吾其危矣。"于是亦装作昏醉，"辞以醉而不知"。

战国四君子之一魏信陵君广结天下豪杰，广徕天下贤才，"士以此方数千里争往归之"，拥有足以与魏王抗衡的政治实力，魏王也不得不让他三分，可是当他公然"窃符求赵"，违背魏王的意志，解救了正受秦兵压境威胁的赵国，建立巨大功勋之后，却使魏王难以容忍，"诸侯徒闻魏公子，不闻魏王"，秦国马上施以离间之计，促使魏王剥夺了信陵君的实权。魏王担心信陵君威望犹在，有朝一日会东山再起，仍然视作心腹大患，信陵君为此"谢病不朝，与宾客为长夜饮，饮醇酒，多近妇女"，以降低人格的方式减轻魏王的戒惧。

有时，在没有真正巩固自己人生位置之前，也不得不处处忍让，不露作为，惟恐被重要人物"调包"，秦王嬴政亲政前，吕不韦正以"仲父"身分独揽大权，时人"惮相国畏其势"，嬴政也只能默认不作声，言听计从，任其"多行不义"，但一旦掌握实权，便立即下手，将"仲父"迁遂至蜀，迫其饮鸩而死。

韬晦之术在汉以后的所有做人术中发展最为充分，许多成大事者，在成就之前都有韬晦的历史，善于避让那些看似胸无大志，实际暗伏杀机的身边人。无不以弱者的形象做出强者的举动。

"大智若愚"，重在一个"若"字，因为这些人总把自己的聪明掩藏起来，以"愚"示人，"若"设计了巨大的假象与骗局，掩饰了真实的野心、权欲、才华、声望、感情。

这种甘为愚钝、甘当弱者的做人术实际上是精于算计的渊薮，这鼓励人们不求争先，不露真相，让自己明明白白过一生。

君子报仇，十年不晚

我们中国人常说"后生可畏"这句话。其实，此话有着年轻人前途无量和不可轻易得罪两层含义。因此，在社会交往中，人们都习惯于先衡量对方的实力和潜力，来确定与之交往的行为界限和方式。但往往有一些不聪明的人，无视别人的实力和未来的潜力及前途，极不明智地用恶意的言行来对待别人。此类人，既不考虑对方当时的感受，也不考虑他的未来以及自己的未来。

曾经有这样的一位企业中层管理者，平时对属下甚为苛求，且每每在训斥部下时连讽刺带挖苦，说话一点儿也不留余地。一次，他对一位年轻人说道："你别认为自己有文凭就了不起，像你这样的人，要不是公司收留你，说不定还在哪里等着救济呢!"年轻人一气之下，愤然辞职离开了这家企业，并发誓："一定要闯出个名堂来让这位'狗眼看人低'的人看看。"

几年之后的某一天，那位中层管理者与公司其他管理者一起，在会议大厅里等候兼并他们公司的新老板的到来。令他大吃一惊的是，让他们恭候多时的新老板，竟然是那位曾经被他羞辱过多次的年轻人。只不过，此人已非昨日的吴下阿蒙，比往日显得成熟的脸上浮现着一层自信的微笑，一段开场白就博得了满堂彩。而他这位当年的上司，心中却是七上八下，也说不出是什么滋味。后来，这位新老板单独召见了他，对他说："感谢你当年对我的莫大激励，否则，我难有今天。不过，我那时就料到这家公司撑不了多久，因为，它居然会让你这种大失水准的人担任重要部门的领导。现在，如果你希望在这里继续干下去，就必须先进培训班，待综合考核后再分配你适当的岗位。"

生活有时是非常现实和冷酷的。试想一下，在冰天雪地里，一只受伤的狼会干什么？在远离伙伴及关爱的时候，它迫切需要的是找到一个能藏身和疗伤的地方。有道是"越冷越刮风"；当一个人处于实力微弱、处境艰难的时候，也就是受到打击和欺侮最多的时候。在此情况下，人们的抗争力也最差，如能避开大劫也算极幸运了。那么，此时面对别人过分的"馈赠"，最好是能忍就忍，所谓"留得青山在，不怕没柴烧"，以"君子报仇，十年不晚"作为忍耐的动力和理由。

我们在此提倡"君子报仇，十年不晚"的目的在于摆脱对方的纠缠和其制造的麻烦，而非日后"以牙还牙"地报复。对于小恩小怨采取"君子报仇，十年不晚"的姿态未免是小题大作了，甚至于有损个人形象。

"君子报仇，十年不晚"也应把握好行为界限。一是，目的应该是为了渡过难关，克服别人对你制造的麻烦，以免影响自己的正事；二是，此种信念所针对的麻烦应是对抗性的矛盾与冲突，而非对鸡毛蒜皮的事耿耿于怀；三是，着眼于大目标和长远利益，致力于成就大事，而不能采取卑鄙的报复行为；四是，此种信念的价值就在于"以一时之忍，换取一世之不受气"。

在中国历史上，刘邦就是一位极能忍的人。楚汉相争初期，其势力相对较弱，常吃败仗。汉高祖四年，刘邦被项羽围困在荥阳。而大将韩信却自领一军北上作战，且屡战屡胜，便趁机要挟刘邦封他为齐国的"假王"。刘邦一听勃然大怒，破口大骂："我被困在此地，朝思暮想你来援助我，你却在那里想自立为王！"张良、陈平等忙着暗踩刘邦的脚，凑在他耳边悄声说："汉军目前正处在不利的境地，您怎么能够禁止韩信擅自称王啊！不如趁势就立他为王，好好待他，让他自行镇抚齐国，要不然，恐怕会发生变乱。"刘邦也醒悟到了这一点，立即改口骂道："大丈夫平定了诸侯国，要做就做个正式的君主，做什么假王呢！"

刘邦封韩信为齐王之后，解了荥阳之围，后来，刘邦又命韩信、彭越率军合力攻打项羽，但韩信、彭越却没有行动，结果刘邦又一次遭到惨败。张良分析了原因，认为刘邦一没有给他们封地，二没有许诺胜利后共享成果，因此韩信、彭越按兵不动。他建议刘邦先把自阵地以东直至海边的地方都封给韩信，自睢阳以北，直至阿城都封给彭越，然后再许诺将来与他俩共分天下。刘邦也觉得君子报仇、十年不晚，就按张良之意办了，果然在垓下全歼楚军。刘邦在创业时期可以说是一忍再忍，皆是不得已而为之。但其忍换来的是最后的胜利，一旦江山坐稳，他就轻易地收拾了得罪过他的人，真可谓"君子报仇，十年不晚"。

尽管我们并不主张刘邦这种秋后算账的做法，但他那种为了实现大目标而忍让的处世之道是值得借鉴的。我们认为，"成功就是一种最好的报仇"，当一个人越过重重阻力达到既定目标，对他人未必采取什么报复行动，但也足以证明自身的实力与价值，实际上也等同于此了，因为，这种实力和价值往往才是最让人折服和敬畏的东西。

忍字心头一把刀

在社会上行走，"忍"字很重要，因为一个人不可能在任何时间、任何场合下都事事如意，有些事情怎么也无法解决，有些事情可能没法很快解决，所以你只能忍耐！俗话说，"小不忍则大乱"。那种动辄出气的人虽然可以解除一时的心理压力，但从长远来看，他会断了自己的前程，失去长远之利。因为他自己解了一时之气，那一定有人受气，这种受气之人日后必定记着，说不定还会秋后算账！

历史上最有名的能"忍"之例就是韩信忍受的胯下之辱，当时韩信落魄潦倒，无心也无力与恶少相争，只好忍辱从恶少胯下爬过。孙膑忍庞涓之辱也在历史上很有名，装疯卖傻，就怕庞涓把他杀了。这二位忍受大辱，其结果如何？韩信留下有用之身，终于成为大将，如果他当时斗气，恐怕要被恶少打死了；孙膑保住一命，终于收拾了庞涓！如果他当时不能忍，早就没命了。还有越王勾践，卧薪尝胆20年，为的就是将来东山再起。

韩信也好，孙膑也好，越王勾践也好，都是"忍一时之气，争千秋之

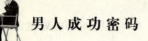

利",这一点值得当今那些年轻气盛者好好学习一番。如今的年轻人,动辄与人出口相骂,大打出手,稍遇不公,就得奋力相争,当然他们并不是没有道理,但是一定要考虑其后果。

当然,我们每个人遇到的状况都不一样,因此什么事该忍,什么事不该忍,并没有一定的标准,但有一种情形下,你必须忍——当你的形势比人弱时!

所谓形势比人弱,是指客观环境对你不利,如在公司里受到上司的羞辱、排挤;对目前工作环境不满意,可是又没有更好的工作机会;自己好不容易做个小生意,却受到客户的刁难;想创业,却资本不够;或者好好走在街上,却无缘无故被人欺……

当你处于弱势时,就很难有施展自己的空间,仿佛困兽一般。有些人碰到这种情形,常常任凭自己的性情,顺着自己的情绪行事,如被人羞辱了,干脆就和他们干一架;被老板骂了,干脆就拍他桌子,丢他东西,然后自动走路!不敢说这么做就会毁了你的一生,因为人生的事很难说,有时甚至会"因祸得福"、"弄巧成拙"!但没有忍性,绝对会给你的事业造成负面的影响,而且不能忍的人"因祸得福"者并不多,大部分人都不甚如意,总是到了中年才会感叹地说:"那时真是年轻气盛啊!"这里到不是说不能忍的人命运就不好,而是不能忍的人走到哪里都不能忍,不能忍气、忍苦、忍怨、忍骂,而总是要发作、要逃避、要抗拒,可人性丛林中哪儿都有欺人之兽呀!所以常常形势还没好转,他就垮了。

因此,当你身处困境、碰到难题时,想想你的重大目标吧!为了大目标,一切都可以忍!千万别为了解一时之气而丢掉长远目标。

人的一生当中会遇到很多问题,如果你能忍一忍,并学会控制自己的情绪和心志,以后即使碰到大的问题,自然也能忍受,也自然能忍到最好的时机再把问题解决,这样才能成就大事业!

当然,我们要把能忍之人与人们平常所说的"窝囊废"区分开来,千万不要去做后者。人也要有一身正气,碰到你公正有理之事时,要先据理力争,以正压邪,更不能丧失一个人的人格、国格。也就是说,忍也要看忍的对象、范围和忍的程度。大事忍,小事也忍,无理时忍,有理时也忍,这就真是一个"没用货"了。

从今天开始,好好练习你的"忍术"吧,因为你一生还有更长的路要走,还有更大的目标等着你去实现!

惹不起，躲得起

读过《三十六计》的读者早就知道走为上计是三十六计的最后一计，为什么要把它放在最后一计呢？我想，作者大概是基于这样一种思路：若利用以前所述的三十五种计谋，实在都不能奏效，那只能走了。这种走也是出于无耐的被动行为。

但是，我们如果站在主动的位置上，在人性的丛林中利用"走"的计谋，不失为一种新的尝试。当然，这儿走的意义却绝不只是败走或逃走，而是一个主动的游击战或运动战。在人性的丛林里，其人际关系往往复杂得难以分辨。其各种利害关系更为多变和复杂。有时候我们苦于被一事物所纠缠而徘徊不前，终日苦守而长期不见效果，幻想着有朝一日能有新的突破或奇迹出现，可是，我们却错了。错过了许多可贵的时间。时间是宝贵的，是稀缺资源，一去永不复返。我们为什么不将这些时间投入到别的值得我们去干的事上呢？我们为什么不可以"走出"这些纠缠？

"走"并不意味着失败、逃跑，走只是一种形式。这种形式包含着深刻的内涵，首先，我们"走"时头脑是很清晰的，目前的局势，我方所处的位置，"走"的目的等等一系列问题，我们都是很清楚的；其次，"走"只是缓兵之计，只是一种形式，为的是争取更有利的时间和地点，我们必须先"走"一步，这样便有更多的时间来休息和备战；最后，"走"也是一种引诱和欺诈，我们"走"在前头，敌人肯定会趁胜追击，我方是领路人，敌人是追随者，这样我们完全可以变被动为主动，牵着牛鼻子走路。因此，"走"完全可以是一种策略，表面上给人以溃逃和退出的感觉，但实际上，只有我们自己才知道这葫芦里到底装的是什么药。但话又要说回来，我们"走"时也要"走"得像个样子，装要装得真切一点，让敌人相信我们是真的败了，不是假败，也不是在欺骗他，这样，敌人才会很自信地、很大胆地、很轻松地钻进我们布下的罗网之中。

在人性的丛林中，"走"的形式不计其数，五花八门。概括起来主要分为强者和弱者两类人各自不同目的和动机的"走"，下面可以详细叙述。

弱者经常"走"，这是迫于压力所致，当然也可以主动地"走"，但这种

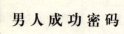

情况较少，弱者走的目的可以说是为了求生存、图发展。在敌人的夹缝中生存，从而避免了你死我活的竞争，可以说是弱者的生存之道。一项好的机遇若遇到了强有力的对手怎么办呢？让给他呗，没关系，你还会找出一个更优更好的机遇。否则鸡蛋碰石头，碎的会首先是你，何苦呢？而谁又能想到，我"走"后不会出现一份更优的机遇呢？走，使你保持了实力，又开阔了眼界，在运动中又壮大了自己，这样，岂不比盲目的消耗好？

强者也用"走"来周旋敌人。这里有两种情况，首先一种是通过"走"的形式来拖垮对手，使对手精疲力尽而后就收拾之。毕竟，弱者是经不起被强者牵住牛鼻子"走"长路的，"走"得远了便会受不了，不是被拖垮就是被分割包围。另一种情况是强者用"走"来诱敌深入，诱惑充满在人性的丛林之中，有人专门放诱饵等待鱼儿上钩，而又有人却偏偏知道是诱饵却甘心情愿上钩，这都是人性现象，这是无法用理论来解释的，要不，怎么会有那么多"鱼儿"被钩着呢？在运动战中，诱敌深入，至其走进罗网为止，都是要靠我方主动引路，一旦路引得不当，或装得不像，对方便很可能不会跟着你"走"的。

在人性的丛林中，学会"走"的本领的确很重要。"走"可以大事化小，小事化了，而不了了之；"走"可以壮大自己的力量，增长见识而羽翼丰满；"走"可以在夹缝中找到我们生存的空间；"走"可以有力地牵引着敌人的牛鼻子顺利地将敌人拖进我们的陷阱；"走"还可以直接将敌人拖垮，使其累死。在高手林立的竞争世界里，人来到这个世界时是两手空空的，全身赤裸裸的，没有任何可以抵御野兽的武器，可我们学会了避害趋利，这是我们的本能，无需再用指导，我想你的本能会教你如何去逃避的。

逃避不是为了别人，而是为了更好地求生存、求发展、求自我实现。

谁笑到最后，谁笑得最甜

人在奋斗的过程中吃尽了苦头，而最后的笑声才是最甜的，最后的成功才是具有决定意义的成功，起初的成就和痛苦只不过都是为后来而设的奠石。

很多比赛往往是先胜而后败，结果落得个一无所有，连最初的一点小胜也白搭了。这时需要总结失败的真正原因，奋起再战，以期待下次最后的微笑吧！

人性丛林中的竞争过程很重要，但结果更为重要，因为甚至可以说结果决定了你的过程，结果一无所有，那么你的过程也就毫无意义。结果是成功的，你的过程才有存在的价值和意义。比如，有人少年得志，在商场上先是如鱼得水而大赚，后来却大赔，最终穷困潦倒而一无所有，那么众人会怎么评价他呢？

因此，争取"做最后的胜利者"才是我们在人性丛林中行走的最高战略目标。为了达到这个战略目标，以下几点是应该注意的：

首先，不要过于看重某一次胜利。如果能取胜尽量取胜，当然不必要放弃，因为胜利可以增强我们的自信心、提高士气；如果这个胜利的意义不是很大，跟取得"最后的胜利"相冲突或无关系，且又消耗体力、脑力，那么我们完全可以放弃这个胜利。

其次，也不要过于看重某一次失败。一次小小的失败者对"最终的胜利"并没有太重要的影响，那就让它去失败吧。

再次，要站在战略的高度，时刻认识现在是处于什么阶段，该如何去实施战术。要对战局有一个清醒的认识，而不是眉毛和胡子一把抓，稀里糊涂，甚至当"最后的决战"到来时仍不知道，这样势必就会贻误了战机而走向失败。

最后，要保住每次的作战结果。因为，只有每次一点一滴的积累战果，才能将自己的实力壮大而作最后的决战。人有一个通病就是好战，一旦取得了一次胜利，便试图梅开二度。万一下次失败怎么办呢？所以必须仔细衡量，以保住目前战果为佳。人的一生也是这样，"最后阶段"的胜利也是由人生不同阶段积累而得来的，前半生失败，到了老年再去争取胜利，还有力气吗？毕竟，没有战果的战争根本不算胜利。

总之，但愿你为了"最后的胜利"而能忍一时的屈辱，那时你笑在最后，你将笑得最甜！

男人要学会"变脸术"

"变脸如翻书"也是一种圆融的处理姿态，否则不易和人相处。

有一些做大生意的成功者，深深地领会"变脸"的功夫。

比如有人在他办公室的会客室等他，隐约听到他在电话里怒声和别人争吵，也许心想，来得真不是时候！

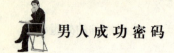

过了一会儿，他出来了，竟然满脸笑容，看不出任何刚刚和人争吵的痕迹。坐了不到半盏茶功夫，有员工进来问他事情，他立刻摆上一张严肃的面孔，连声调都充满了权威。

离开他的办公室，想想看，他用笑脸接待客人，当客人离开后，他会换上哪一张脸？而他用来接待客人的笑脸是真的笑脸吗，还是根本是皮笑肉不笑的笑脸？

不管如何，变脸功夫有其必要性。试想，如果他用刚刚和人吵架的怒脸来接待客人，话说得下去吗？没弄好，客人也要和他吵架哩！而他若老是和颜悦色，恐怕员工也会失去对他的敬畏吧！

从世俗来看，这种"变脸如翻书"有点让人觉得不可捉摸，缺乏一种真诚；但从现实来看，随环境的变化而翻脸，不也是一种圆融的处世姿态吗？在复杂的社会里，若无变脸的功夫，怎能同时与许多不同的人相处呢？

总结来说，拥有变脸的功夫，在社会生活里有如下的好处。

（1）避免别人误会你的情绪，造成人际的反效果。例如，若把刚刚跟人吵架的怒容拿来面对客户，客户如果不了解，会误认为你对他的来访不耐烦，你若无合理的解释，恐怕对方会拂袖告辞了！同样，在不该严肃的场合严肃，在不该轻松的地方轻松，也都不是正确的做法，因为这会让别人误解你。

（2）隐藏自己的私密。你的情绪如果老是写在脸上，喜怒毫无掩饰，别人一看就知道你心里想什么，有心人只要用话一套，你就有可能把事情来龙去脉说出来，这是比较犯忌的。这种人说好听是率直如赤子，说难听一点是对情绪秘密缺乏把关力度，将给别人"办事不牢靠"的印象。

具有变脸功夫固然重要，但要学到这功夫并不容易。因为喜怒哀乐这些情绪都是难以掩饰的，有些人可以做到该哭就哭，欲怒则怒的地步，这种变脸的功夫可说已出神入化。

如果你做不到，能做到以下的程度也就可以了：随时能从哭脸、怒脸转变成笑脸，以笑脸来面对外面的世界。

要了解，无论你有多哀伤、多愤怒，除非你的至亲好友，否则不会有人对你的喜怒哀乐有兴趣，并进一步表示关怀，更不可能倾听你的哀伤或是愤怒。你若不知此点，不但会造成自己极大的压力，也会留给对方极坏的印象，对方会下意识地看轻你。

· · · · · · **Chapter** **7**

抱起团来做大事

⇨ 让聪明人都来为你服务
⇨ 好风凭借力，借梯能登天
⇨ 要投奔赏识自己的上司
⇨ 诸葛亮：出人头地识时务
⇨ 处处留情播撒友情
⇨ 构建自己的关系网
⇨ 积极参与圈内活动
⇨ 发现并结交卓越人士
⇨ 在竞争中寻求合作
⇨ 宽容做人，宽容成事

让聪明人都来为你服务

俗话说："一个篱笆三个桩，一个好汉三个帮。"善于发现自己和别人的长处，并能够加以利用，不嫉妒别人的长处，不护自己的短处，能够协调别人为自己做事，与合作人之间建立良好的信誉，是成功者的法则，也是人与人之间共同发展的主旋律。

如果你觉得有必要培养某种你欠缺的才能，不妨主动去找具备这种特长的人，请他参与相关团体。三国中的刘备，文才不如诸葛亮，武功不如关羽、张飞、赵云，但他有一种别人不及的优点，那就是一种巨大的协调能力，他能够吸引这些优秀的人才为他所用。多一样才华，等于锦上添花，而且通过这种渠道结识的人，也将成为你的伙伴、同事、专业顾问，甚至变成朋友。能集合众人才智的公司，才有茁壮成长、迈向成功之路的可能。

能够发现自己和别人的才能，并能为我所用的人，就等于找到了成功的力量。聪明的人善于从别人的身上汲取智慧的营养补充自己，从别人那里借用智慧，比从别人那里获得金钱更为划算。读过《圣经》的人都知道，摩西要算是世界上最早的教导者之一了。他懂得一个道理：一个人只要得到其他人的帮助，就可以做成更多的事情。

当摩西带领以色列子孙们前往上帝那里要求给他们的领地时，他的岳父杰塞罗发现摩西的工作实在过度，如果他一直这样做下去的话，人们很快就会吃苦头了。于是杰塞罗想法帮助摩西解决了问题。他告诉摩西将这群人分成几组。每组1000人，然后再将每组分成10个小组，每组100人，再将100人分成2组，每组各50人。最后，再将50人分成5组，每组各10人。然后杰塞罗又教导摩西，要他让每一组选出一位首领，而且这位首领必须负责解决本组成员所遇到的任何问题。摩西接受了建议，并吩咐那些负责1000人的首领，只有他们才能将那些无法解决的问题告诉给他。

自从摩西听从了杰塞罗的建议后，他就有足够的时间来处理那些真正重要的问题，而这些问题大多只有他才能解决。简单地说，杰塞罗教导摩西学会了如何领导和支配他人的艺术，运用这个方法才能调动集体的智慧。

作为一个努力追求成功的人，当你有了切实可行的行动计划之后，不妨把你的梦想蓝图、未来展望，与你的家人、亲友、同事等共享。律师、银行家、会计师也不失为帮你出主意的好对象，多向他们请教，听听不同的声音。

与人讨论你的计划时，要给对方畅所欲言、尽量批评的机会。他们会提出许多问题，甚至会指出你从未留心的地方，点出你看不见的机会。在这股动力的驱使下，你必须一一找出答案，这样便可以把眼光放得更远，做到未雨绸缪。

把你身边有智慧的人充分调动起来，形成一个智囊团，在你招兵买马、找智囊团成员之前，别忘了以下几点：这些人对你各有何帮助？这些人的才能与经历，能帮你什么忙？你如何回报他们与你合作的诚意和贡献？你的事业是否可以助他们实现梦想？接受他们对你的批评与建议，必定会促使你认真检讨自己的计划，也强迫你思考。你必须让他们对你单刀直入、毫不留情。要是你无法针对他们所提的问题，想出理想的答案，你大概就有必要回到规划的阶段，重新思考一下你的方向。

有了智囊团之后，还要广泛接受大家的意见，多和不同的人聊聊你的构想。你接触的人际范围愈广，决心就会更坚定。多用点脑子来观察身边的事物，多用些时间来倾听各类的意见和评语，观察别人对你的做法有何反应。从这些与你聊过的人当中，你可以发现，谁愿意与你一路同行，谁又会扯你后腿。然后再对你身边的人进行选择，找到真正可以共同发展的伙伴。

用心去倾听每个人对你的构想计划的看法，是一种美德，它是一种虚怀若谷的表现。我相信，他们的意见，你不见得每个都赞同，但有些看法和心得，一定是你不曾想过、考虑过的，广纳意见，将有助于你迈向成功之路。

如果你万一碰上向你浇冷水的人，就算你不打算与他们再有牵扯，还是不妨想想他们不赞同你的原因是否很有道理？他们是否看见了你看不见的盲点？他们的理由和观点是否与你相左？他们是不是以偏见审视你的构想？问他们深入一点的问题，请他们解释反对你的原因，请他们给你一点建议，并中肯地接受。

另外还有一种人，他们无论对谁的梦想都会大肆批评，认为天下所有人的智商都不及他们。其实他们根本不了解你想做什么，只是一味认为你的构想一文不值、注定失败，连试都不用试。这种人为了夸大自己的能力，不惜把别人打入地狱。要是碰上这种人，别再浪费你宝贵的时间和精力去苦苦向

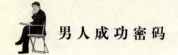

他们解释你的理想一定办得到。他们不值你一顾，还是去寻找能够与你一同分享梦想的人吧！

好风凭借力，借梯能登天

无论做什么事情，单靠个人的力量是不够的。当你有了一些新想法时，为了说服对方与你合作，就得有意识地把与你观点相同的人拉在身边，让他们作后盾。没有他们，只靠你自己是很难说服对方的。因为在一般人眼里，单枪匹马多属心血来潮，而有了其他人的支持则不同，对方会认真考虑你的问题。他会想："既然有这么多人支持，他的想法肯定有一定的道理。"只要对方认真考虑，就说明他有可能支持你，与你合作。

当然所找的人得是对方信任的人，知识水平能力都能胜任你所要办的事情。如果你的朋友水平很低，对方怎么能信任？

有时想办一件事，说服对方或许会有许多困难，但把这些事情讲给朋友，和朋友一起去说服就比较容易一些。当然，你的事情只有在切实可靠时才能说服朋友，连朋友也说服不了，就说明事情可行度太小，甚至是不可行的。

遇到困难想说服对方，可以借助别人的力量，也可以借助事实的力量。比如向对方要求做某些工作时，就得让对方相信你的能力。而要让对方相信你的能力就可以把你做过的一些重要事情讲给对方听。至少也得说上三件。这样对方就可以断定你是否有能力完成此事。而你列举的三件事应该与你要做的事有一定的关系，方可以证明你有能力完成这件事。

如果你所在的单位很有实力，可以打着自己单位的牌子。如果你的单位很小，势单力薄，没名气又没技术，那就可以借助其他单位的势力，与一些技术、资金雄厚的单位搞一些合作项目，或联营搞一些合作。然后你可以以你们两个单位的名义与第三个单位交涉，这样对方一般会相信你。

再就是可以借助一些有权力的人，或一些知名度较高的人的力量，像著名的专家学者等。因为这些权威人物都有一定的威慑力量，他们的判断能力、鉴别能力是被社会公认的。他们同意的事情一般人都会相信是对的，不会产生怀疑。你可以请他们参与你想做的事情。这些可以向对方证明你的实力，有了这些东西再说服对方就不会困难了。而且对方看你有"后台"也会愿意与你合作。

《红楼梦》中的薛宝钗填过一首《柳絮词》，其中有一句是"好风凭借力，送我上青云"。她一反大贬柳絮飘浮无根、无所附依的写法，而是用肯定态度对其做了赞美。这正如有人不仅看到了辛勤耕耘的黄牛，也看到了黄牛背后不断抽动着的鞭子，这正是见识的独到之处。从中也可得到一个启示：一个人在事业上要想获得成功，除了靠自己的努力奋斗之外，有时还需要借助他人的力量，才能平步青云或扶摇直上。我们把"好风凭借力"这句话中所蕴含的人生哲理用在求职就业的过程中，就可以称它为"借梯登高"之计。

对于准备求职就业的人来说，这里的"梯"指的是他人之力，如名人、亲戚、朋友、同学等的地位、名望、财富或权力等；而"高"则是指求职就业者将要获得的某种较为理想的社会职业。他人有时是你接近成功或走向成功的桥梁与阶梯，尤其是那些德高望重的名人，他们的力量更能帮你寻到走向成功的捷径。古往今来，借助于名人之力成功的事例真是数不胜数。汉高祖刘邦立太子的故事就是其中之一。

汉高祖刘邦共有八个皇子，生母不一，为了争夺太子之位，他们展开了子与子、母与母之间的明争暗斗。刘邦有立戚夫人之子如意为太子之意，可吕后想立自己的盈为太子，她找张良帮忙。张良献上一计："皇上一直想招聘四个在野的贤人出山，但他们始终不肯，若将他们迎为宾客，太子常请此四人赴宴，必会被皇上看见而问其原因。"果然不出张良所料，高祖以为盈为人恭敬仁孝，天下名人慕名而来，终于立盈为太子。盈的成功完全仰仗四大贤人的盛名，借助他们的名望得到了皇帝宝座，当然也包括他母亲吕后和张良的妙计，只有刘邦被蒙在鼓中。

一代伟人毛泽东当年就是靠李大钊的引荐才成为北大图书馆的管理员，而这一职业为他日后成为杰出的诗人、军事家和政治家奠定了坚实的基础。如果没有李大钊的引荐，毛泽东就可能选择其他职业，而这个差别对他的一生必然产生重大影响。历史是必然的发展，有时也是偶然的巧合，但成功之路却大同小异。

一般来说，不管引荐者的名望大小、地位高低，只要对你成功有所帮助，他就是你登上高处的好梯子，他的威信和影响力都能对你有用处。一般人除对权威和名望有一种崇拜感和信任感之外，对熟识的人同样有一种可靠、信赖的感觉，因而他们常常会从推荐者身上来估量被推荐者的能力和人格。这

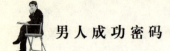

种透视现象可以帮助求职者被录用，继而步步高升。

在复杂的社会关系之中，在各种社会关系构成的屏障面前，互相利用是人性的弱点，但它也是人类共同需要的心理倾向，而这正是"借梯登天"之计的实质所在。俗话说："一个篱笆三个桩，一个好汉三个帮"。不懂得或不善于利用他人力量，光靠单枪匹马闯天下，在现代社会里是很难大有作为的。

在施行"借梯登高"之计时，一般要遵循以下步骤：

1. 找"梯"，即要与有影响力的人做朋友

对于一般人来说，在求职或就业的过程中，应该随时留心周围人的品格、能力及其影响力，要用真心去交朋友。为了赢得他人的真诚相助，你必须先付出某些东西，如真心或物质，人心都是肉长的，你天长日久的付出总会有所回报。所以平时与人交往时，要盯得准谁有能力帮助你。当然，与任何人相处都要以友善、真诚为本，《围城》中的方鸿渐就是靠这一点获得了他岳父的信任，从而在银行里谋得了一个好职位。

2. 借"梯"即求得朋友的帮助

朋友能否帮你的忙，还看你平时表现如何。这就要求你与人交往时，目光要放远些，不因小利而不为，亦不因利大而为之。如果你与对你求职就业有所帮助的朋友发生了不愉快，你应首先谅解他，"小不忍则乱大谋"，这是古训，在这方面古人也做出过榜样，比如，韩信能受胯下之辱，张良能为老者拾履。平时的基础打好了，量变积累终会成为质变，也就会"得来全不费功夫"了。你待人好，人家对你自然有真心，关键时刻帮助你一把也在情理之中了。这样看来，借"梯"的功夫完全包含在平时的为人处事之中。

这里还需要说的是，有很多人并不是不会施行此计，而是难为情而不愿意求人，总觉得这样做有失体面，好像是贬低了自己的能力。其实，这些想法都是不必要的。什么时候也别忘了，即使是拿破仑也需要别人帮他架起成功的桥梁，何况你只是一个平常之人呢？

要投奔赏识自己的上司

中国有句老话叫做"忠臣不事二主，好女不嫁二男"。其实，持这种观

点的人未免过于迂腐。常言道，良禽择木而栖，倘若遇到一个不赏识你的上司，整天度日如年处于水深火热之中，尽管你使尽浑身的解数也永无出头之日。在这种情况下，弃暗投明改换门庭也并不是什么难堪的事。"男怕入错行，女怕嫁错郎"，天下之大又何必吊死在一棵树上呢？

中国著名谋略家吕尚，就是一位跳槽攀高枝的行家。吕尚俗称姜子牙，是我国上古时期最为著名的政治家和军事家。姜子牙生活在商朝末年，当时纣王无道，荒淫无度，社会矛盾急剧激化。与此同时，商王朝的诸侯周国迅速崛起，国君西伯姬昌（后为周文王）励精图治有代殷商之势。姜子牙生逢乱世，虽有经天纬地之才，无奈报国无门，潦倒半生。他曾在商王宫中做过多年带领卒，虽然职低位卑，却处处留心。他看到纣王沉湎酒色，荒废国政，几次想冒死进谏。一则想救民于水火，二则可以因此受到纣王赏识，求得高官厚禄。然而姜子牙后来见到大臣比干等人皆因直谏而丧生，只好把话咽回肚中，他料定商朝气数将尽，纣王已不可救药，自己不愿糊里糊涂地替纣王殉葬。于是，他决定另攀高枝，改换门庭。

当时，姬昌立志复兴周国，除掉纣王，求贤若渴，正是用人之时。姜子牙为了引起姬昌的注意，便在渭水之滨垂钩钓鱼。这个地方风景秀丽，人迹罕至，是个隐居的好地方。姜子牙并非要老死林下，而是在此静观世变，待机而行。

这一天，姜子牙听说姬昌要来附近行围打猎，便假装在兹泉垂钓。这时候，姜子牙还是个无名之辈，姬昌当然不会认得他，但姜子牙却见过姬昌。为了引起姬昌的注意，姜子牙故意把鱼钩提离水面三尺以上，钩上也不放鱼饵。果然，姬昌觉得奇怪，便走上前问道："别人垂钓均以诱饵，钩系水中。先生这般钓法，能使鱼上钩吗？"

姜子牙见姬昌对人态度谦和，果然是个非凡人物，便进一步试探道："休道钩离奇，自有负命者。世人皆知纣王无道，可是西伯长子就甘愿上钩。纣王自以为智足以拒谏，言是以饰非，却放跑了有取而代之之心的西伯姬昌。"

姬昌闻言，大吃一惊。心想：这位老人身居深山，何以能知天下大事？更为不解的是，他怎能把我姬昌的心迹看得这么透彻？定然不是凡人！连忙躬身施礼，说道："愿闻贤士大名？"

"在下并非贤士，老朽吕尚是也。"

"刚才偶听先生所言，真知灼见，字字珠玑，不瞒先生，足下就是你说到的姬昌。"

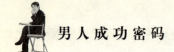

姜子牙装出吃惊的样子，惶恐地说："老朽不知，痴言妄语，请您恕罪。"

姬昌连忙诚恳地说道："先生何出此言！今纣王无道，天下纷争，如先生不弃，请您随我出山，兴国灭商，拯救黎民百姓。"

姜子牙假意客套了一番，随即同姬昌一起乘车回宫，一路上纵论天下大势，口若悬河。姬昌顿觉相见恨晚，回宫之后，立即拜姜子牙为太师，视为心腹。从此以后，姜子牙官运亨通，飞黄腾达。

俗话说，姜太公钓鱼愿者上钩。作为一个老谋深算的政治家，姜子牙略施小计便攀上了姬昌这棵大树。弃暗投明，跳槽做了周国的太师。倘若他报定忠臣不事二主的陈腐观念，恐怕到老死也不过是纣王宫中的一个小官，永无出头之日。真可谓识时务者为俊杰！

诸葛亮：出人头地识时务

诸葛亮出生于东汉乱世，父母双亡，早年贫困潦倒，居于隆中，在当时无依无靠的他要想出人头地成就大事，可以说是比登天还难。

诸葛亮27岁时，一些群雄如袁绍、袁术、公孙瓒、吕布、陶谦，在混战中陆续灭亡；刘表，刘璋没有灭亡，却没有前途。还有一些则脱颖而出，其中首推曹操和孙权。对于曹、孙，诸葛亮有能力到那里谋得较好的职位，可是他不去，宁肯"不求闻达"，为什么呢？

因为他更了解中国当时的历史情景。

曹操是个大能人，精通谋略，行军用兵，大略依照孙子兵法，因事设奇，克敌制胜，变化如神。曹操割据的起点不高，论名气和实力，都无法同袁绍抗衡，最后却是他成功了。他眼光远大，挟天子以令诸侯，屯田积谷，仓库充实，又善于利用矛盾，分化瓦解，身处四战之地的兖州，周围分布着吕布、袁术等五大割据势力，从未受到联合的包围，反而把对手各个击破。官渡一仗，他以劣势兵力，把袁绍打得望风逃窜，从此天下无敌，眼看就要统一北方。也许是诸葛亮反感曹操在徐州滥杀无辜，也许是看穿曹操挟持汉献帝、包藏不轨的野心，诸葛亮没有选择曹操。最后事实也证实了，曹操为人奸诈，而且不善用绝顶聪明之人，若依诸葛亮的为人，一定得不到他的重用。

至于江东，这个政权久经考验，拥有长江天险，得到一方民心，拥有大批人才，兄长便在那里效力。然而诸葛亮也没有投奔江东。晋人袁准讲了一个传闻，说诸葛亮为刘备出使江东期间，张昭建议孙权留下诸葛亮，诸葛亮不肯留，说道："孙将军后生可畏，不过观察他的气度，能重视亮而不能尽用亮，我所以不留。"史家裴松之以为，诸葛亮君臣际遇，可谓世间少有，谁能离间？连关羽都不肯背主，何况诸葛亮呢！诸葛亮也许早在隆中就预料孙权不能充分发挥自己的作用，才不肯去投奔东吴吧！

还有个刘璋，割据着长江上游的益州。益州僻居西南，是四塞之地。秦岭横在北面，三峡锁其东面，大雪山、夹金山阻其西面，蛮障之地阻其南面。土地肥沃，物产丰富。汉末太常刘焉来此益州，既避世乱，又雄踞一方。刘焉死后，儿子刘璋据州自保，没有多大的作为。对于行将被人所灭的刘璋，诸葛亮怎能看在眼里。

没有合适的，就继续观察等待。宁缺勿滥，决不轻易投奔。他终于发现了刘备。刘备是个常败将军，他远祖是中山靖王刘胜，到他这一代已经败落无边。刘备就学于名儒卢植。天下大乱，他乘势而起，领兵救过徐州，代理过徐州牧，又丢了徐州，投靠曹操。曹操授予他左将军，出则同车，坐则同席，他却密谋杀害曹操，被曹操打得落荒而逃，转而投奔曹操的对头袁绍。袁绍失败后，刘备在北方无处存身，只好南下投奔刘表。

刘备屡败屡战，有股硬汉子气概，从不服输，胸襟开阔，宽仁大度，礼贤下士，善于团结部下，部下同他结为死党。关羽被曹操所俘，大受优待，仍然伺机离开曹操，返回处境不佳的故主身边。仅此一端，就可见刘备的笼络人心做到何等程度了。因此对士人号召力很大，为海内所畏惧，以致连曹操也对他说："现在天下的英雄，只有你我两人，袁绍之辈，不足挂齿。"

这可能是诸葛亮要寻找的"主"。恰好这时，刘备也产生网罗名士的强烈愿望。

在司马徽的推荐下，刘备去请诸葛亮出山。

刘备比诸葛亮大20岁，但他相信诸葛亮是个了不起的人才，就带着他的两员大将关羽、张飞亲自到隆中村去请诸葛亮。而且三顾茅庐终于得以见到隆中"卧龙"。

诸葛亮确实受到了感动，觉得刘备不仅心诚，礼贤下士，很有耐力，而且十分宽厚、容忍，连关羽、张飞这样勇烈的人，也听命于他。

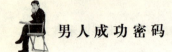

谁没有凌云壮志，诸葛亮想出山，但绝不是轻易出山，因为他需要时机，需要机缘，他懂得当时的中国政治形势，只有刘备才是他最适合的明主。诸葛亮追随他，政治环境较为宽松，不容易被人嫉妒与陷害。

还有，封建时代的士人都有"士为知己者用，为知己者死"的忠义观念。诸葛亮为刘备三顾茅庐倾心结交的诚意所感动。在后来他给后主刘禅所上的《出师表》中，还念念不忘地说："先帝不以臣卑鄙，猥自枉屈，三顾臣于草庐之中，咨臣以当世之事，由是感激，遂许先帝以驱驰。"这确是诸葛亮的肺腑之言。

在常人看来，一个能在曹操、孙权、刘表、刘璋等手握雄兵、喧赫一时的群雄那里谋到一席之地的人，偏偏看上既没有地盘、又没有多少兵马的刘备，岂非将一生事业系在前途未卜的人物身上？撇开刘备反曹最坚定、以兴微继绝为己任这一层不说，还能受重用，一展平生管、乐抱负，捨刘备其谁？刘备不以自己一介布衣、一名青年为鄙陋，三次屈尊就教，单凭这一点，就很感激的了。岂不闻"士为知己者死"！

其实，如果我们想起庞统自己跑去找刘备，却因为外表不佳而备受刘备冷落时，就可以明白诸葛亮不主动地去寻找主人的原因：因为他要的是一种机缘和地位，只有当刘备三顾茅庐并聆听其教诲后，诸葛亮才能在刘备身边获得到他所需要的地位和信任。

处处留情播撒友情

武侠小说中，常有一些大侠，善于怜香惜玉，从而掳获芳心无数，个个对他情深意切，生死相随，令人好不艳羡。比如《天龙八部》中的段王爷、《香帅传奇》中的楚留香、《倚天屠龙记》中的张无忌，他们之所以能有如此好的女人缘，就是因为他们善于处处留情，在这些佳人需要帮助时能鼎力相助，不计回报，从而让人感知他无处不在的关爱和人情味。

俗话说："在家靠父母，出门靠朋友。"多一个朋友多一条路。要想人爱己，己须先爱人。我们当时刻存有乐善好施、成人之美的心思，才能为自己多储存些人情的债权。这就如同我们为防不测，须养成"储蓄"的习惯一样，这甚至会恩泽到我们的后世子孙，就像佛所说的那样，"前世修来的福分"。

对于一个身陷困境的人，一碗热面，一杯热茶，可能就使他渡过了人生中最艰难的时刻，重新树立进取的勇气和信心，成就一番事业。对于一个执迷不悟的浪子，一次交心的促膝之谈，可能就使他重新树立人生的正确方向，积极努力，实现自己的理想。

就是在平常的日子里，一个信任的眼神，可能就成了正义行动的强大动力；一阵赞同的掌声，可能就是对革新思想的巨大支持。

人在旅途，情义无价，人人都需要别人的帮助。你对人很随意的一次帮助，可能就使他领悟到善良的难得和真情的可贵。

战国时代有个名叫中山的小国。有一次，中山的国君设宴款待国内的名士。当时羊肉羹不够了，无法让在场的人全都喝到。有一个人叫司马子期，正巧没有喝到羊肉羹，因此而对中山君怀恨在心，认为自己没有受到足够的尊敬和重视，发誓要伺机报复。后来，司马子期到了楚国，就极力谏劝楚王说攻打中山易如反掌。中山国很快被攻破了，中山君逃到了国外。他逃走时，大臣官兵们都已降服于楚，只有两个人一直跟随着他，保护他顺利逃走。中山君好奇地询问："别人都离我而去，为什么你们两个人如此忠心耿耿地保卫我？"两人回答："从前有一个人曾因获得您赐予的一碟食物而免于饿死，我们就是他的儿子。父亲临死前嘱咐，中山国有任何事变，我们都必须竭尽全力，甚至不惜以死报效国王。"

中山国君听后，感叹地说："给予不在乎数量多少，而在于别人是否需要。施怨不在乎深浅，而在于是否伤了别人的心。我因为一杯羊肉羹而亡国，却由于一碟食物而得到两位勇士。"

这段话道尽了人际关系的微妙所在。

锦上添花固然美满，雪中送炭却更加可贵，这是人际交往中最起码的常识。

我们内心都有一些需求，有紧迫的，有不重要的，而我们在急需的时候遇到别人的帮助，则内心感激不尽，甚至终身不忘。濒临饿死时送一根萝卜和富贵时送一座金山，完全不一样，后者让我们更加显贵，前者却是救命之举，何者为重？

三国争霸之前，周瑜并不得意。他曾在军阀袁术部下为官，被袁术任命当过一回小小的居巢长，就是一个小县的县令罢。

这时候地方上发生了饥荒，年成极坏，兵乱间又损失不少粮食，这使得

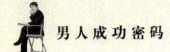

粮食问题日渐严峻起来。居巢的百姓没有粮食吃，就吃树皮、草根，活活饿死了不少人，军队也失去了战斗力。

周瑜作为父母官，看到这悲惨情形急得心慌意乱，不知如何是好。

有人献计，说附近有个乐善好施的财主鲁肃，他家素来富裕，想必囤积了不少粮食，不如去向他借。

周瑜带上人马登门拜访鲁肃，刚刚寒暄完，周瑜就直接说："不瞒老兄，小弟此次造访，是想借点粮食。"

鲁肃一看周瑜丰神俊朗，日后必成大器，他没有因为周瑜现在只是个小小的居巢长而轻视他，哈哈大笑说："此乃区区小事，我答应就是。"

鲁肃亲自带周瑜去查看粮仓，这时鲁家存有两仓粮食，各3000斛，鲁肃痛快地说："也别提什么借不借的，我把其中一仓送与你好了。"周瑜及其手下一听他如此慷慨大方，都愣住了，要知道，在饥馑之年，粮食就是生命啊！周瑜被鲁肃的言行深深感动了，两人当下就交上了朋友。

后来周瑜发达了，当上将军，他牢记鲁肃的恩德，将他推荐给孙权，鲁肃终于得到了干事业的机会。

人对雪中送炭之人总是怀有特殊的好感。

对身处困境中的人不仅要给予同情，还要给以具体的帮助，使其渡过难关，这种雪中送炭、分忧解难的行为最易引起对方的感激之情，进而形成友情。但是，除非最亲密的朋友，你也要防止对别人的恩情过重，使对方自卑乃至讨厌你，因为一来他无法报答，你会成为他心理上的沉重负担；二来感到自己的低能，而这是由于你的"能耐"而愈加彰显出来的。所以，要处处留情，但要把握留情之度，就像你只能是一个人的丈夫一样，同样你也不能总成为别人的大恩人。

构建自己的关系网

1. 广泛地和别人交往是机遇的源泉

提起关系网，有时人们带有某种贬义，这是片面的。关系网本身没有错，它是中性的，关键看它是怎样建立起来，怎样运用的。如果建立关系网，不违背一定的道德标准，运用关系网也没有超出法律制度的规定，那么，这样的关系网何罪之有呢？在我国，建立健康的、符合社会主义道德标准和法律制度的关系网，对社会有利，对国家有利，对单位有利，对个人的成功更是不可或缺的。

外国的成功学有"友谊网"之说，并认为，喜欢别人，又能让别人喜欢的人，才是世界上最成功的人。成功的人们大多喜欢广泛交际，形成了自己的一面"友谊网"。比如，你要某人推荐几个供你拜访的朋友，如果这个人是个失败的人，他只能好不容易为你提供一两个人，而且好不容易才找到这一两个人的地址和电话。成功的人就不同了，他们会推荐出一大堆朋友，而且是在长长的名单上寻找，因为名单上包括各式各样的朋友。由此显示出成功者与失败者在交友方面的差别。

成功的人大多是有关系网的人。这种网络由各种不同的朋友组成，有过去的知己，有近交的新朋；有男的，有女的；有前辈，有同辈或晚辈；有地位高的，有地位低的；有不同行业的，有不同特长的，也有不同地方的……这样的关系网，才是一张比较全面的网络，也就是说，在你的关系网中，应该有各式各样的朋友，他们能够从不同的角度为你提供不同的帮助；当然，你也要根据他们不同的需要为他们提供不同的帮助。这才是关系网应当具有的特征。

关系网既然称作是"网"，就应当具有网的特点。也就是说，在这张网上朋友的构成有点有面，分布均匀。有的人交友却不是这样，他们结交的范围十分狭窄，分布十分不均。只在自己熟悉的范围内认识一些人，而这些人的行业和特长比较单一。这样就构不成一张标准的关系网了。当然，不同的行业和不同的爱好会对交友形成较大的影响。如果你是一名学者，你结交的学者朋友就是你的各种关系中最集中的人群；如果你是干部，你周围的许多朋友大多数也是干部；其他各行各业都可以依此类推。这就是我们在编织关系网的时候，常常遇到的局限，这种局限关系到关系网的"使用价值"和其他质量。假如你是一名干部，你有没有必要提高自己的理论水平？回答必然是肯定的。那么，你有没有必要结交理论界的朋友？回答也必然是肯定的。那么，在理论界需求朋友的帮助就是必不可少的，否则，就会遇到很多仅靠自己的能量也很难克服的困难。

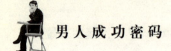

人们常说的优势互补，应适用于关系网的构造。本来，你有这方面的优势，同时就可能有那方面的劣势。打个简单的比方，你会著书立说，但你未必会在衣食住行等各个方面样样精通，那么，你不精通的领域，或者你根本不懂得的领域，就需要在那些方面精通的人的帮助。如果，朋友的结构太单一，就难以做到这一点。所谓优势互补，说的就是这个道理：你用你的优势，去弥补他人的劣势；以此换取他人以自己的优势来弥补你的劣势。这就要求交朋友不能太单一，不能完全局限于自己的同行、具有共同爱好和兴趣的人之间。所以，正是因为你在某一方面有特长、有爱好、有优势，才要有意地结识与你的特长、爱好、优势有差别的人。这才符合网络的结构和原则。

广泛与人交往是机遇的源泉。交往越广泛，遇到机遇的概率就越高。有许多机遇就是在与朋友的交往中出现的，有时甚至是在漫不经心的时候，朋友的一句话、朋友的一个手势等等都可能化作难得的机遇。在很多情况下，就是靠朋友的推荐、朋友提供的信息和其他多方面的帮助，人们才获得了难得的机遇。因此，从这个意义上说，交往广泛，机遇就多。但不可急功近利，有许多机遇是在交往中实现的，而在最初交往中，人们很可能没有看到这种机遇，在这个时候，不要因为没有看到交往的价值，就冷漠这种交往。谁知道与谁的交往会带来更大的机遇呢？

每一个伟大的成功者背后都有另外的成功者。没有人是自己一个人达到事业的顶峰的，一旦你许诺自己要成为出类拔萃的人，你就可以开始吸收大量对你有帮助的人和资源了。而其他各方面有所建树的人是你所有资源中最大的资源。你要做的就是找到他们，构建有助于你的事业的"关系网"。

2. 详细列出你现有的关系网，并寻求别人的帮助

实际上，你的"关系网"远比你意识到的要广大得多。你实际拥有的网络延伸到了你每天都有联系的人之外，更多的联系包括你与之共同工作和曾经一同工作过的人们，以前的同学和校友、朋友，你整个大家庭的成员、你遇到过的孩子的父母、你参加研讨会或其他会议时遇到的人，这些人都会是你的网络成员。你的网络成员还包括那些你在网络中认识的人，以及与他们有联系的人。

美国有句谚语说得好，"每个人距总统只有 6 个人的距离。你认识一些人，他们又认识一些人，而他们又认识另外的一些人……这种连锁反应一直延续到总统的椭圆型办公室。而且，如果你仅仅距总统 6 个人的距离，那么你距你想会见的任何人也就只有 6 个人的距离，不管他是一家公司的总经理，还是好莱坞的制作人，还是你想让其加入你的团队并支持你的名人。"

人们喜欢跟他们喜欢的人做生意，而且愿意帮助他们喜欢的人。

当你或是你的产品无人知晓，而你又要将你的想法推销给其他人时，关键的推销策略就是与其他出名的人联系在一起。或者就像哈威·迈凯所说的："如果你没有一个非常出名的名字，那就借用一个。"

将你所有的联系列出来。想想你认识并有业务联系的每个人，设计一个计划，最有效地利用你的这些联系。也许你想有人帮你打电话，向你介绍某个特定领域的一些关系或是写一封介绍信。当然，要尽量使人们更加容易地帮助你。如果你想让他们帮你写封信，那么你就应当打好信的草稿，你的草稿将节省他们很多的时间，因为他们不用再构思怎样写这封信了。当你寄这封信给他们的时候，附上一个写上你自己地址的回邮信封，这样许多人就都会非常乐意帮助你了。不要害怕提出请求，如果你不请求，他们也不会主动地来帮助你。

3. **发展你自己的"小圈子"**

多年以来，处在资深领队人员位置的人已经掌握了有效地建立自己团队的方法。他们努力的结果就是建立了一个能在他们生活的各个领域有力支持他们的系统。

这种关系不是魔术般建立起来的，它需要多年的时间和精力的投入才能发展起来。他们与同事和生意伙伴一起打高尔夫球，参加社区的筹资活动，加入乡村俱乐部和一些商业组织，所有这些投入都是为建立他们自己的网络在做准备。

确定一下你想在哪个领域多学些知识和经验。也许你计划开始做咨询业务，或者是成为配音艺术家，或在国际互联网上销售一种新产品。谁能够向你提供你所需要的专业知识呢？尽量列出潜在的可以利用的资源。如果他是你公司的某个人，那就接近那个人。不断地与你小圈子里的人进行交流，问问他们是否认识一些这个领域的人。通常你得到的名字往往又引出其他的名字，这样延伸下去直到你找到你想要见的人。如果你的每一条道路都走向了死胡同，那么就做一些调查来发现你需要的人。找一些最近写过那个领域的文章的人，给他们每个人写封信告诉他们，你的问题是什么，或是发封电子邮件，这种方法现在可以容易便捷地与某个大学的教授、或者某个公司的总裁等各种各样的人建立起直接的联系。请求他们向你推荐可能帮助你的人，或给你提供其他的资料。即使是比尔·盖茨，你也能通过电子邮件找到他。充分利用现代的通讯技术，而且最重要的是，现在就开始行动！你不会损失任何东西，而且每一步都将使你更加靠近你的目标。

积极参与圈内活动

　　人们总是把一拨儿一拨儿从事相同职业或是有相同兴趣、爱好的人划分在某一范围内，并给予特定的称谓。比如，"影视圈"，就指和影视相关的所有人，如影视演员、电影导演、制片人、摄影师……一旦"混"入影视圈，并被大家广泛认可，就可以成为"影视名人"了；而"娱乐圈"则比"影视圈"的范围更广泛，除了包括影视界人士，还包括节目主持人、歌手、歌曲创作者、音像公司大老板……在"娱乐圈"之中，又可以划分出许多小"圈子"，比如"娱记圈子"。同在一个圈子，大家在圈内竞争得再激烈，一旦有"外敌入侵"，也会携起手来，一致对外。如有一次某著名影星一时激愤，对一娱记出言不逊，许多娱记人士联名"征讨"，要求此人公开赔礼道歉；否则，全体娱记都大有与其"势不两立"之态势。

　　"圈子"的兴起，令许多人头疼不已。比如那些经常被娱记"追"得鸡飞狗跳的明星们，"娱记圈"的存在，就令他们苦恼不已，不敢擅自得罪或回击任何一个"娱记"人士，因为，很可能为逞一句口头之"强"，就会导致全体"娱记圈"的人都与自己为敌，那可是数目不少的敌人呀，会令你防不胜防的。

　　但是，"圈子"带给人们的，更多的是好处，特别是对"圈内人"来说。比如上例中被某明星深恶痛绝的"娱记"，若非有整个"圈子"作坚强后盾，就不敢那么言辞犀利了。当"圈内人"遇到"圈外人"的攻击或回击时，他能得到其他"圈内人"的支持；当"圈内人"遇到专业难题时，他也可以得到"圈子"其他人的帮助。一个特定的"圈子"，会提供许多特定的资源让"圈内人"共享。举例来说，在学校中，可分为"学生圈"和"教职工圈"，同为学生，就可以分享到许多资源。比如，你可以同师兄师姐打探某老师的为人和教学特点，也可以打探某门课的难易点，从而达到成竹在胸、事半功倍的效果。同样，老师们也可以在圈内就学生的情况进行切磋。其实，"圈子"是早就有的，它是由于许多人的共同特征而天然形成的，只是"圈子"这一称谓的兴起，让这一社会现象更加正式化，更加具有社会效力而已。

从小到大，我们有许多"小伙伴"、"哥们儿"、"朋友"以及"同学"、"同事"、"同乡"等，这些人就是我们人生历程中的一些"圈内人"。他们与我们携手走了许多路，给了我们许多帮助、支持以及关爱，令我们人生中的泥泞小道变成"光明坦途"。

"圈子"，要依赖于自己已有的交际资源，也要有所选择，主动建"圈"或进"圈"。有一个青年是一个计算机程序员，但他却有一个与自己专业毫不相干的梦想，那就是开一家独具特色的酒吧。于是，一方面，他继续勤奋工作，以进行资金积累；另一方面，他频频出没于许多有特色的酒吧，观察里边的陈设，结交里边的顾客及老板、工作人员。一年后，他攒了一小笔资金，还结识了许多酒吧圈内人。他认识了许多把酒吧当成生活方式的人，从而了解了经常光顾酒吧的顾客的需求和心理；他还认识了许多酒吧老板和工作人员，其中有几个人成了他的莫逆之交。当他真正开始实现自己的梦想时，一个酒吧老板成了他酒吧开张的顾问和指导，而另一个与他志趣相投的调酒师，干脆辞了原来的工作，投奔到他的门下，成了他创业的好伙伴。

时下，办事中的"圈子交际"非常重要。做律师，若你没有相当的"律政圈"，你就只能永远默默无闻，办"三流"案子；做生意，若你没有打入某一"行业圈"或"地区圈"，你就会处处受阻，找不到合作伙伴，承接不到工程项目，有货无处卖，有钱无货买；做警察，若你不熟知这一片偷鸡摸狗的"黑圈子"，你就不能得到最可靠的"秘密情报"。

圈子是无所不包、无所不在的，我们可以对其进行一定的划分，以分清各个圈子在我们生活中的地位和位置，从而按其轻重缓急，有步骤地开展社交活动，利用"圈子"丰富自己的社交资源。

1. "导师"圈

古语说："听君一席话，胜读十年书。"导师型的"圈子"就是这些"一席话"胜过我们"读十年书"的人。有时候，在学业或事业上，我们竭尽全力，仍一筹莫展，而这些人的指点就会令我们"山重水复疑无路，柳暗花明又一村"。若能在从事一项事务时先听取这些人的意见，就能避开一些鱼目

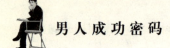

混珠的障碍和歧途，令我们早日寻找到"终南捷径"，事半功倍，马到成功。

这些"导师"不一定非得是自己的师长，只要在某一领域有着丰富经验，都有可能成为你的"导师"圈中的有力资源。

2. 同窗及同事圈

顾名思义，这些人就是你求学期间的同学，以及同单位、同科室或同业务部门的同事。这些人与你有着固定的联系渠道，即学习关系或工作关系，因此，这些人与你更容易成为朋友。而且，由于关系特别，你们的友谊也会比其他类型的朋友更稳固长久，推心置腹。

同窗及同事圈，是一个人社交资源中最巨大的一个圈子，也是最稳定的一个圈子。这个圈子给我们的帮助也最为真诚，最为全面。

3. 职业圈

我们交往的朋友，按所从事的职业分，有"商人圈"、"艺术圈"、"广告圈"、"建筑圈"、"律师圈"等。因为在我们的生活和事业中，我们会接触到社会生活的方方面面，虽然与他们的交往不会每日都发生，甚至只是在极少数的特殊情况下才有，他们依然是极为重要的"圈子资源"。

比如律师，我们很少需要他，除非遇到麻烦；但是，一旦我们需要他，他就会具有举足轻重的作用。与其临时抓瞎，不如有备无患，就像我们买各种保险一样，先做准备，以防万一。

4. 娱乐圈

古人说："一张一弛，文武之道也。"游戏和娱乐是人生的必要构成部分，因而具有共同娱乐爱好和结伴进行同一游戏的朋友圈子，也就成了我们社交圈中的重要组成部分。

你在工作之余，肯定有许多爱好。你经常去一健美俱乐部运动，因而你就可以构建一个"俱乐部圈子"。你爱下棋，虽然屡屡被称为"臭棋篓"，然而一个"棋友圈"能令你多加磨炼，早日晋级。你爱和朋友们去唱卡拉OK，那你就可以有一个"超级模仿秀圈"，闲来好举行一场"赛歌大会"。

许多知己和密友都是以娱乐开始结交的，许多人和组织也都是通过娱乐来改善和维持相互间的友谊、甚至去达到一定目标的。因此，可别小瞧"娱乐圈"，真心促成这些圈内的友谊，有时会令你有意外惊喜。比如，你正因官司缠身而心不在焉，屡屡输棋时，说不定你的律师棋友正好可以帮你呢。

发现并结交卓越人士

几乎所有的年轻人，均渴望能和才华横溢的人物成为知交。总认为假使自己也小有才气，那更是如鱼得水。

最叫人头痛的问题，莫过于虚荣心的作祟。由于虚荣心的蒙蔽，人们往往铤而走险、作奸犯科。

现在，我们来谈谈应该和哪些人交往的问题。

1. 建立良好的社交圈子

首先，应尽可能结交优于自己的人，并朝这一目标而努力。结交卓越的人士，便能见贤思齐；反之，若结交水平远逊于自己的朋友，自己难免受其影响，降低自己的层次。

当然，我这里所谓的"卓越的人士"，并非是指家世显赫、地位超绝的人，而是指有内涵、让世人所称道的人物。

"卓越的人士"大体上可区分为以下两大类型：一为立身于社会主导地位的人们，其次则是指那些有着特殊才华的人们，例如才能突出对社会有着杰出的贡献者，或是学识渊博的学者，才华洋溢的艺术家等等。此种杰出绝非凭一个人的喜好所界定，而需经由社会上的认同方可获得。当然，其间或许有些例外。总之，希望你能结识这些人才。

至于怎样与这些人结交，没有成形的办法，也许是厚着脸皮毛遂自荐，或是经由知名人士的大力引荐，当然也可以加入群英聚会的团体里去寻觅朋友。居于其间，仔细去观察拥有不同人格、不同道德观的人们，不仅是件赏心悦目的乐事，更对你有所助益。

身份地位高的人们所聚集的团体，并不见得便是人们所称道、喜爱的。因为，即使身份高高在上的人群里，也有脑袋不灵光、不懂得人情世故、一无可取的人。结集学识渊博者的团体，就不免有这种现象。这些人虽然已经获得人们衷心的尊敬，但却称不上是交往的绝佳对象。这些人往往不知道快乐是什么，不清楚世间为何物，只是一味地埋头于学问的钻研中。若是

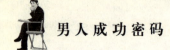

你参加此种团体，就必须不时地警惕自己，经常性地探出头来看看圈外的世界。如此一来，你的判断能力也能日渐提高。然而，一旦你紧密地参与其间，成为不知世事的学者，那在你重新踏入鲜活的社会时，就很难步履轻快了！

2. 切莫仓促地一头栽进，使自己深陷其间

几乎所有的年轻人，均渴望能和才华横溢的人物成为知交。总认为假使自己也小有才气，那更是如鱼得水。即使达不到此目的，也能满足自己与其共荣的心理。然而，即使是和这些才气纵横、魅力十足的人物交往，也不可不顾一切地全身心投入。不丧失判断力，才是最适当的交往方法。

并非每个人均能心说诚服地接受才智这种东西。相反，它往往会令人产生恐惧的心理。

一般说来，在众目睽睽之下，人们每每对锋锐的才智感到惧怕。这就似妇人女子一见着枪炮便会害怕的道理一样。恐惧对方会突然扣动扳机，子弹便"嗖"的一声朝自己飞了过来。但是，认识这些人，继而亲近、了解这些人，确实是件有意义、令人欢欣的事。只是，不论对方多么有魅力，如果自己就此终止和其他人的交往，单和这群人往来，那将会得不偿失。

3. 别结交品位低的人们

但是，我之所以要求你避免与品位低的人交往，乃是由于我觉得这些全是必须具备的观念。因为，我看过太多具有判断力、而且社会地位牢固的大人们，在结识了这种人后，往往会受其影响，信用扫地，沉沦堕落，最后终身败名裂。

因此，无论从何种角度来看，结交程度不如自己的朋友，便是虚荣心作祟的一种表现。人们总希望自己能独占鳌头于群体之中。企盼能获得同僚的称许、受人尊敬、领导的器重。

为了求取这种名实不符的赞扬，他们甚至不惜与不如自己的人们结交。如此将导致何种结果呢？是的，不久你就将变得与他们层次相当，从此再也不愿结交出色的朋友了。

我愿不厌其烦地提醒你，人们往往会遭伙伴同化，不管这样做是使自己的层次提高了，或是降低了，其结果必然一样。你应该依据交往的对象，仔细加以判断。

在竞争中寻求合作

现代社会是一个充满竞争的社会。这使得许多"聪明人"处处防着别人，信奉"同行是冤家"的信条。其实，这种想法是错误的。

竞争是指为了自己的利益而跟人争胜。"物竞天择，适者生存"，这是竞争的本质和普遍规律，也是自然界、人类社会得以前进的动力所在。可以说，竞争是无处不有、无时不在。合作是指两个或两个以上的人为了完成一项工作而团结一致，齐心协力。竞争者与合作者作为竞争与合作的主体及对象与竞争合作相伴而生相伴而灭。

合作与竞争看似水火不相容。但，聪明人发现，合作与竞争有许多相通的地方。合作与竞争，可以说伴随着人类的出现而几乎同时出现。在不同制度的社会里，合作与竞争不仅没有削弱、消亡，相反，随着时间的推移和社会的进步，合作与竞争的趋势在增强。而且，随着人类生存空间的不断拓展，交往的不断扩大，人与自然斗争的不断深化、科技的不断发展，合作与竞争的联系也在日益加强。在向知识经济时代过渡的征途中，高科技的发展水平和发展速度已经超乎了人的想像，通讯、交通等的发展使人们之间的沟通与交流变得空前容易，不论是国与国之间、组织与组织之间，抑或是具体的个人之间，竞争与合作已经成为了不可逆转的大趋势。在这样一个时代里，开展交流与合作的成本将大幅度降低，而效率则将大幅度提高。实际上，任何一个人，任何一个民族，任何一个国家都不可能独自拥有人类所有的物质与精神财富，而随着人们相互依赖程度的进一步加深，那种一人打天下的思想多少显得有些幼稚。封闭的个人和孤立的企业所能够成就的"大业"将不复存在，合作与团队精神将变得空前重要。缺乏合作精神的人将不可能成就事业，更不可能成为知识经济时代的强者。我们只有承认个人智能的局限性、懂得自我封闭的危害性、明确合作精神的重要性，我们才能有效地以合作伙伴的优势来弥补自身的缺陷、增强自身的力量，才能更好地应付知识经济时代的各种挑战。

真正的精明人知道，每个人的能力都有一定限度，善于与人合作的人，

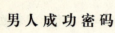

能够弥补自己能力的不足，达到自己原本达不到的目的。

有一句名言："帮助别人往上爬的人，会爬得最高。"如果你帮助另一个孩子上了果树，你因此也就得到了你想尝到的果实，而且你越是善于帮助别人，你能尝到的果实就越多。

但是有些年轻人却信奉另外的一种哲学。他们认为："财富总是有一定的限度，你有了，我就没有了。"

这是一种享受财富的哲学而不是一种创造财富的哲学。财富创造出来固然是为了分享的，但是我们的注意力并不在这里，我们更关注的是财富的创造。

同样大的一块蛋糕，分的人越多，自然每个人分到口的就越少。如果这样斤斤计较，我们就会相信享受财富的哲学，我们就会去争抢食物。但是，真正的精明人采用的是另一种思路：如果我们是在联手制作蛋糕，那么，只要蛋糕能不断地往大处做，我们就不会为眼下分到的蛋糕太小而备感不平了。因为我们知道，蛋糕还在不断做大，眼前少一块儿，随后随时可以再弥补过来。而且，只要联合起来，把蛋糕做大了，根本不用发愁能否分到蛋糕。

合作具有无限的潜力，因为它集结的是大家的智慧和力量；竞争的所得是有限的，因为它激发的是个人或少数人的力量。

合作就是个人或群体相互之间为达到某一确定目标，彼此通过协调作用而形成的联合行动。参加者须有共同的目标、相近的认识、协调的互动、一定的信用，才能使合作达到预期的效果。在合作中双方的目标是共同的，所取得的成果也是共享的。所谓竞争就是互相争胜，要有输与赢，一方以胜利者的面目出现、欢呼自己的胜利，一方则是失败者，在下面悄悄地舔着自己的伤口。一方的喜悦是建筑在另一方的痛苦之上。而合作则是以寻求双方共赢为目标的。

真正的精明人懂得在竞争的社会里寻求积极的合作，因此，他们常常能够比别人取得更大的成绩。

宽容做人，宽容成事

廉颇是战国时候赵国的大将军，有攻城野战之大功，其功勋卓越，战绩辉煌，成为当时权倾朝野、名扬天下的名将之一。而蔺相如呢？则布衣舍人出身，大智大勇，多次在赵国危难之际力挽狂澜，赢得了赵王的青睐。此时，廉颇便居功自傲起来，以为蔺相如以区区口舌之劳而位居相位，实在是令人不服。于是，经常做出一副姿态和脸色故意让蔺相如看。而蔺相如却极力回避，不与廉颇发生争执，虽廉颇视他为敌人，而他则退让之，以国家大事为重，个人私利小事为次之。僵持了很长一段时期，后来还是廉颇主动认错了。廉颇听蔺相如的舍人说他不愿与廉将军争位的主要原因是为了一个共同的利益——那就是赵国的大局。一旦两人窝里斗，岂不给强秦制造了一个消灭赵国的大好时机？于是，坦率的廉将军便身负荆条，主动去蔺相如府上请罚。两人化干戈为玉帛，成为志同道合的朋友，为赵国抵抗秦国的侵略做出了卓著的贡献。这一故事使人们明白了化敌为友的重要性。

　　敌人和朋友有什么区别呢？其实，很难说清楚。也许，人们为了利益之争会结成各种各样的集团、组织和阶层、阶级，他们为了共同的利益或目标走到一起，又行动一致、思想大致相当，因此成了朋友。而敌人呢？可能是有些与自己格格不入的地方，也可能是具有无法避免的冲突对象。这样朋友与敌人的关系便交织在一起；构成了个人在人际关系中的核心。你的父母、妻子、子女肯定会成为你最好的朋友，而你的竞争者则大多数会成为你的敌人。但是这只是我们以一种静态的眼光来看问题，实际上这种关系是不断调整，随时都可能有变化的迹象。正如英国著名的外交家托马斯·潘所说：“我们没有永恒的敌人，我们也没有永恒的利益，我们所有的是共同的利益，一种与英联邦一致的共同利益。”可见，敌人与朋友，只是相对而言的，也只是暂时的，并非永恒不变的，那种幻想拥有永远的朋友和怀有永久的仇恨者，是超现实的，是无法做到的。

　　任何社会都不可能只有一个共同的大利益，相反却是被分割成了无数小块个人利益、集团利益。于是，形形色色的个人、个人组织、团队、集团、阶层、阶级充斥了社会的各个地方和角落。为了谋取集团、阶层的最大利益，他们拼命地合抱起来，结成朋友关系以对付别的集团、组织。一旦他们获取了利益，便往往有一批人要分离出去，去寻找更具体、更符合自己的利益集团，历史上的新兴利益集团的形成便是很好的例证。于是，这种动性很强的朋友关系便说明了利益之争是各种关系的根源。而敌人呢？则完全可能成为朋友。前些年，南京周围有四家较大规模的化纤工厂，为了争原料争市场，

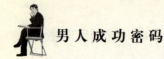

明争暗斗，尔虞我诈。因此，各个公司都为此感到力不从心，望"洋"兴叹。江湖恩怨几时休？后来，随着国际经济发展的大趋势，产业化、专业化、国际化不断加强，跨国公司的蜂拥而入，给这几个公司的领导人当头一棒，他们才清醒地意识到，原来真正的敌人却是来自海外的"狼"，于是，四家公司，马上调头，目标一致对外，组成了一个规模宏大的产业集团。为了一个共同的利益，他们还是化干戈为玉帛，成为患难与共的朋友了。

因此，一个人要想取得事业上的成功，光靠自己的力量是不行的，光靠朋友的力量是不够的，只有将那些过去与你是竞争对手的人，纳入到共同利益里，以壮大力量去夺取更大的胜利。朋友和敌人，从来都不是绝对和永恒的，只要有共同的利益、共同的目标，甚至是同病相怜，都可以结成朋友，而结成朋友的根本目的，就是壮大自己的力量，以便在社会的奋斗和交往中做到游刃有余，左右逢源，为自己、为他人创造更多的物质财富和更多的机会。敌人，有时候也是我们的错觉所致，或是我们由于目光短浅、孤陋寡闻所致，使他在心理上印上了你是敌人的强烈印象，而你一旦想改变这种先入为主的第一印象，却是难上又难。所以，这一切全靠你的勇气和非凡的远见与卓识，与朋友团结，与敌人握手。

在日常的工作和生活中，在社会纷繁芜杂的人际关系中，你不妨去冷静地观察，努力寻找你的朋友和能够成为朋友的敌人。或许，你是位个人主义很强的人，很重视自己的独立、自主、自我奋斗，或许你是位理想主义者，视而不见世间敌人的阴险与毒辣，而将这世界想象成如何美好与安静。但是现实毕竟是现实，而且是不以你的意志为转移的。现实的残酷总有一天会击碎你那理想主义的光环，使你认识到集团力量的强大和个人力量之单薄。总之，冷眼看世间冷暖，笑谈人生得失，也不失为一种心满意足、春风得意的心境！

•••••• Chapter 8

做绅士，不做莽汉

⇨ 魅力源自好性格
⇨ 善于利用男人的魅力
⇨ 做个气质儒雅的男人
⇨ 不露轻浮，尽显大将风度
⇨ 让自己言行友善、举止得体
⇨ 受人欢迎的说话态度
⇨ 因人而异的说话方式
⇨ 为人处事检点小节
⇨ 有个性的才是有魅力的
⇨ 赢得人心的魅力

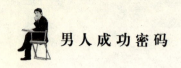

魅力源自好性格

在世界上能被人称得上人才的，无疑男子汉占了绝大多数。这些人类的佼佼者、优秀的男子汉之所以有作为，除了具有良好的智力、渊博的知识和高超的能力以外，还必须具有一种和一般人不同的性格。

这独特的性格，对他们成功起着相当重要的作用，从某种意义上说，甚至起了决定性作用。

那么，魅力男人一般具备哪些性格特征呢？

1. 对待现实的态度

在对待人生的态度上，他们是积极地奋发向上的。既不消极颓废，悲观厌世，也不掉以轻心，得过且过，至少他们在取得成就以前是这样。

在对待社会的态度上，魅力男人比一般人更认真负责。身为社会组织的一员，魅力男人可算是优秀分子。他们对于公民应尽的责任至少像一般人同样地履行着，而且不会牺牲他人利益以谋求自己的利益。

魅力男人有崇高的集体主义精神，因此比一般人在事业上更易于合作。巴甫洛夫说："我领导的这个集体内，互助气氛解决一切。我们大家都为一个共同的事业而努力，而且每个人都按自己的力量和可能性来推动这共同的事业。"

从事研究的魅力男人喜欢独立自主，不喜拘束，希望能控制四周的环境。同时，魅力男人又相当谦逊，绝不自高自大。

在对待学习和工作的态度上，兴趣广泛，求知欲望强烈，坚定不移地热爱自己的事业。达尔文说："我从很小的时候起，就有一种强烈的要求去理解或解说我所观察到的事物。"他还说："更重要的是，我对于自然科学的爱好是坚定而强烈的。"不仅如此，魅力男人还喜欢独立思考，富于首创精神，绝不墨守陈规。

对于他人，魅力男人保持伟大的情操，极愿意培养年轻的一辈以超过他们自己，即使后起之秀的辉煌成就使自己黯然失色也在所不惜。牛顿27岁时，他的主指导教授、39岁的巴洛罗就自愿辞去自己的数学讲座教授，推荐牛顿担任。

2. 意志特征方面

魅力男人从不无所事事，虚度光阴。魅力男人的行为比一般人更具有目的性。

魅力男人具有高度的自制力，特别是从事研究工作的魅力男人多有强烈的自我意识，这常促其过度自重、并严格地控制自己。他们很少勃然大怒，失去理智或喋喋不休。

几乎所有有成就的魅力男人都具有一种百折不回的精神，因为大凡有成就的人在面临挫折的时候，都需要毅力和勇气。

3. 理智性方面

在感知方面，魅力男从大都属于主观观察型。他们能根据自己的任务和兴趣自觉地接受信息和观察事物，而且肯动脑筋，所以他们体验事物和理解问题往往比一般人更深刻、更精细、更全面、更容易找出事物与事物之间的相互关系。

魅力男人的想象力比一般人更大胆、更广阔，甚至近乎幻想。

魅力男人的思维特征是相当重要的。他们的思维态度比一般人更积极、主动、持久；容易产生联想且联想异常迅速、异常丰富、异常直觉，也锐敏；思路清晰有条理，富有创造性思维。

在看待这些性格特征的时候，我们决不能将它们互相孤立起来，应当把它们当作一个完整的结合体。因为一个人的性格决不是各种性格的简单堆砌。在同一个性格的各个特征之间是有着相当紧密的内在联系的。另外，我们还应看到，性格虽然是一种稳固的态度体系和习惯行为方式，但它决不是一成不变的。

善于利用男人的魅力

青年人应当明白：拥有魅力在无形中已建立了你的竞争优势，你给很多人留下了深刻的印象，自然与他人建立合作的可能性就增加了。同时，你往往能做到更有效率地协调人际关系，影响力更大，更容易给对方留下难以磨

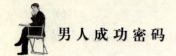

灭的印象。有魅力的人往往在成功的道路上畅通无阻。所以，培养你的魅力，使自己成为有魅力的人是你走向成功的重要一课。这就叫"魅力资本"。

你可能会为一个才华横溢的人所折服，也可能会为一个妙语连珠的人所折服，但你更可能对一个性情温和、充满宽容与友爱之心的人留下深刻的印象。所以，构成一个人魅力的最核心因素往往不仅仅是天赋与才华，更重要的是一个人的性格、一个人的个性。

但一谈到性格或者个性，往往很多人就感到失望，因为他们认为个性或性格是很难改变的东西，所以要通过个性的培养成为一个有魅力的人实在很困难。这种说法有一定道理，但不完全对。改变一个人的个性是很难，但不是没有可能。如果我们以积极的心态来面对这个问题，那么我们就不会认为这一切是不可改变的。如果你朝着改变自我的方向不懈努力，那么你终究会成功的。

如果我们能去抵抗这已形成的性格，就能够创造出新的个性。但大部分人的想法，首要的理由是不想改变自己。人就是这样，都希望自己成为精力充沛、充满理想、信心十足的人，都想成为极富魅力的人。但很少有人真正地在这个方面进行努力，因为人们常常满足于现状，一遇到改善自我的新想法时，就会无意识地保护自我。几乎大部分人，都想学习有魅力的个性、都想成为思想丰富的人，但他们又往往采用旧的习惯而不愿有所改变。这是因为已有的性格往往根深蒂固，积习难除。威廉·詹姆士说："人希望自己所处的状况更好，却不想去实现。因为，他们被旧我束缚着。"

也有很多人希望并有勇气去改变自己的个性，但他们不知道该怎样去做。很多人希望变得更有魅力，但他们往往不知道怎么做。一般来说，每个人的个性都是逐渐形成的。每个人的个性都是由一个个细小的方面构成：你怎么说话；你怎么对待他人；你在饮食、睡眠方面有什么样的习惯；你怎么对待不同的意见；你喜欢什么样的生活方式；你在商业行为中习惯扮演什么样的角色；你是否总是露出微笑等，这一切的综合就构成了你丰富的个性。既然你的个性是由很细小的方面决定，那么如果要改变的话，也要从每个具体的方面开始。如果从明天开始，你能使你自己的说话方式变得更温和，使你自己的饮食更有节制，使你自己对别人更有热情，并且持之以恒，那么你的旧个性就会逐渐地消磨掉，而更具魅力的新个性就会形成。

思想、行动与感情构成了你性格的三大基石。所以若要从具体的方面来改变你的个性，你还要在思想、行动与感情方面进行努力。你的外在表现，也就是你性格的特征，主要不是由当时当地的环境决定的，而是由你的内在思想创造的。你能否改变自己也主要不是由于别人是否对你进行了批评，而是你自己本身是否想改变自己。所以说是你的思想创造了你本身，使你成为今天这个样子的。可能你没有意识到，但你仔细想想，是不是你怎么想就决定了你的性格？你为什么不被人喜欢呢？大概是你的想法不受欢迎。你为什么魅力四射呢？首先是你的想法，其次才是你其他条件的配合，使你引起了人们的普遍关注。有的人之所以无法成功，是因为他的想法使他难以成功。

别人只有通过你的行动——你的说话方式、你的做事方式、你的脸部表情——才能给你一个评判，才能使他们心中形成一个印象。行动是造就你魅力的关键，还因为只有通过行动你才能改善自身。通过很多小的行动、通过人格的训练、通过对自我行为的反思与调整，你就可以创造新的自我，使你自己变得更富有魅力。

魅力是别人对你的看法，他们通过你的外在表现、你的行动与思想，对你产生了喜欢以至某种带有神秘色彩的感情，所以魅力本身是一种感情。而别人对你的感情是与你对他们的感情高度相关的。如果你的感情特征是积极的、友善的、温和的、宽容的，那么你往往魅力大增；反之你就会成为一个不受欢迎的人。所以感情也影响了人性格的很大部分。

那么什么样的人是富有魅力的人呢？什么样的性格造就魅力呢？西方心理学界提出了一种说法，称为"令人愉悦的个性"。如果你拥有令人愉悦的个性，你往往会使自己的魅力大增。并非所有的性格都是令人愉悦的，有很多性格令大部分人感到不喜欢、讨厌，甚至是难以容忍。比如人们一般不喜欢消极的、极端化的性格特征，人们对报复性的、敌意的性格特征更是感到厌恶，但人们一般都喜欢富有热情的、积极向上的、友善的、亲切温和的、宽容大度的、富有感染力的性格。所以，如果你能够培养起为大部分人所喜欢的正面性格，那么你成功的可能性就大大增加了。

一般地说，令人愉悦的个性包括以下几种正面的性格特征：

1. 富有热忱

很多人不能成功是因为他们缺少热忱，他们缺乏对人、事、物的热情关注，甚至对成功也缺乏热忱，这样他们当然无法成功。你考虑一下：你是否对某些事情充满热忱？你是否特别关注于某个学科？你是否希望在某个领域

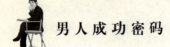

有所建树？是否有些问题在不断地吸引你的注意力？你是否由于事情本身就会全身心的投入其中？如果你不是这样的，那么你就要改进，你要记住：一定要培养自己的热忱。如果你注意这样做，那么你就是一个潜在的成功者。

在交往中，每个人都喜欢谈论自己所擅长的东西，展现自己的魅力所在。所以，你与他人友好交往、建立良好人际关系的前提是尊重并倾听他人所谈论的话题，因为这些话题往往更能体现他的优势与价值，而这对你来说，往往又是个汲取知识的大好机会。你要对任何人感兴趣，而不只是在你现在看来重要的人物，而且最好能一直保持下去，如果你无法做到这一点，那么你在其他方面的优势就要大打折扣。你真正地注意别人，比对他说些恭维的话要来得有效果。你要学会去关心别人正在做的东西，这对他人来说，意味着你很重视他的工作与成就，而这对你本身来说就是一个学习新知识的机会。

培养热忱的一个重要方面是对事物的兴趣。但如果是你本身缺少热忱，这就是一个更大的问题了，你一定要培养对事情的热忱。当你每天起床的时候，你是怎么想的呢？"新的一天开始了，我又可以做更多事情了，我很高兴"，还是"一天又开始了，又要去上班了，真烦"。如果你长期保持第二种状态，你的成功几乎就没有什么希望。你之所以讨厌上班，可能是因为你不喜欢你现在的工作，也可能是因为你完全缺乏做事的热忱。如果是这种情况，你就应该换个喜欢的、能调动你热忱的工作了，即便新的工作给你带来的直接收入要少，你还是要这样做，因为你会在这样的工作职位上不断前进，直达成功。

除此之外，对事物的热忱往往还有助于你激发其他人，使他人觉得你是一个精力充沛、充满活力的人，这也可以大大地提升你的形象与魅力。所以，拿破仑·希尔经常告诫人们，"要控制你的热忱"。热忱是令人愉悦的个性的一部分，热忱可以改变你的人生。

2. 亲切随和

很多关于领袖魅力的书籍都强调领导者要保持神秘感与威严，这有一定道理。威严固然令人敬畏，但亲切随和更令人喜欢。因此，在某种程度上，这种说法更适合一个等级社会或专制社会。随着社会的演进、教育的普及、身份的平等化，这种个性成功的可能性越来越小。而在一个较为自由的社会，让他人喜欢你远比让他人敬畏你更有价值。让别人喜欢你，可以为你带来合作机会，为你带来一笔交易，为你带来商业利益，但让别人敬畏你，能给你带来什么呢？

威严也许是专制社会的成功个性，但自由社会的成功个性是亲切随和。亲切随和的最大好处是对人平等，给人以尊重感。如果你不尊重别人，又想与别人建立起一种良好的关系，这几乎是不可能的。尊重他人是人际关系的第一条原则。亲切随和的人往往更能广结人缘，获得他人的好感与认同。

"你为什么喜欢与他在一起？"

"与他在一起让我感到很轻松，他很随和。"

我们经常听到这样的对话。这就说明亲切随和是令人愉悦的个性。所以，如果你希望自己培养令人愉悦的个性，就要做个亲切随和的人。

3. 温和谦恭

我们在生活中经常遇到一些人，他们对他人的看法很尖刻，容易急躁，有了怒气则暴跳如雷，或者是在很多时候都咄咄逼人、盛气凌人。而自己所持的意见、立场不容他人辩驳。我们恐怕很难喜欢这样的人，更谈不上感到愉悦了。这些做法和态度的共同特征是缺乏温和的性情与谦恭的心态。

温和的性情表明一个人极富涵养，非常成熟，对人和物都有全面的看法。而与之相反的品质，比如急躁、易怒、不安、尖刻、锋芒毕露等等，都说明一个人离高尚的境界还有很大的距离，也很难获得他人的助益，从而也较难获得成功。成功者在性格上的特点往往是心平气和，他们在任何复杂问题面前都能保持清醒的头脑，不被烦躁不安的情绪所支配。即便他们受到了恶意的攻击，他们也能心情自然，因为他们知道温和与泰然是对付恶意攻击的最好办法。当他们的观点和看法被人彻底否定时，他们也能耐心地听取别人的意见，同时保持一种友好的姿态。

在一切场合，都要做到性情温和、彬彬有礼，这会为你奠定成功的基础。在令人愉悦的个性中，我们绝对找不到傲慢、自大和惟我独尊的影子。愤怒没有任何价值，在任何时候都不要愤怒。在任何时候都不要急躁不安，急躁不安也不会给你任何助益。成功者一般都有一颗谦恭的心。在任何社会，我们都找不到全智全能的人。在现代社会，个人的知识与复杂的社会生活相比，尤其微不足道。所以，每个人都会在很多领域是知识上的盲人，而谦恭使你无须掩饰你的无知与缺陷，它反而会使你学到很多更有价值的东西。

4. 富有感染力

如果你做到了以上三条，你就是一个很受欢迎的人了。但如果你还能做

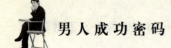

到这一条，就会使你更具魅力。你有没有注意到，成功者的重要特点是他的个性富有感染力。每到一处，他容易用自己的行动和语言打动别人，否则他怎么会给别人留下深刻的印象呢？所以，你要努力培养你的感染力。

那么，怎样才能培养感染力呢？是什么构成感染力的基础呢？是什么东西感动你自己？你要观察那些使你深受感动的人，他们的一举一动、一言一行。这里既有性格的因素，又有语言的技巧。但是有一点是相通的，感染力的基础是共鸣，是功能因素或情感因素的相通。

他们之所以有感染力是因为他们懂得大部分人所关心的东西，他们能细心地观察每个人的利益、态度与感受。如果你是一个公司老总，你能不能通过一次讲话来鼓舞人心？有的人就很擅长这样做。他们在讲话中除了谈到关于公司的现状问题外，往往还要谈到员工与公司的关系，员工对公司具有的价值，员工将从公司的发展中获得的收益。这样，他往往是通过功能性的诉求，通过讲话、神态与表现力来使员工们感动。

一个人的正义感、同情心往往是感染力之源。在日常生活中，一个人的感染力更多是来自于情感方面。所以，一个具有感染力的人，也是一个具有道德影响力的人，一个正直善良的人，一个对他人的痛苦有发自内心的同情的人。

"性格塑造人"，同样也是性格塑造成功。热忱、亲切、随和、谦恭、温和、宽容、感染力这些优秀的品质构成了你令人愉悦的个性，从而有助于你获得成功。

做个气质儒雅的男人

腹有诗书气自华。脱俗的气质加上得体的衣着，会使你成为一个儒雅的男人。

1. 学会自我打扮

在服饰方面，男人的外衣主要有中山装、西装和夹克三种，其次是运动服或法兰绒之类的软料外衣。合体的上衣应长过臀部，四周下垂平展，手臂伸出，上衣的袖子恰过腕部。领子应紧贴后颈部。衬衫领子稍露出外衣领，衬衫的袖口也稍长出外衣。

衣袋：正式服装的外部衣袋里是不应放东西的，裤子背后的口袋里也不应放东西。皮夹、手帕、钢笔等应放在外衣里侧的口袋里。平时，不要把手插在衣袋里。

礼服：用于略带庄重场合的穿着，现在通用的是全套西服（双排扣更为庄重些）。颜色为黑、灰或蓝，上下一色说明更加庄重。穿西服时最好也穿上西服背心，因为让人看到衬衫和裤子的连接处是不雅的。领带的花色要尽可能与衬衫、外衣的颜色搭配好。

风衣：风衣是大衣的一种，通常有两排纽扣和一条腰带。风衣可使你增加不少潇洒。穿风衣时让衣领树起七分高。腰带随意缚上，最下面的纽扣可以松开。风衣不穿着时，可以随意地用一只手臂挽搭着，显得较有风度。但在正式场合一般不宜穿风衣。

首饰：男人的首饰只限于结婚戒指和图章戒指，另外还有手表或挂表。图章戒指应戴在左手小指上。结婚戒指戴在右手无名指上。

鞋子：黑色或深色的鞋可以同一切正式的服装搭配。旅游运动鞋或布鞋不能同西服搭配。中山装可以与布鞋一起穿。无带皮鞋不适于正规场合穿。

男士着装注意事项：西装要穿着合体、优雅符合规范。如打领带时，衣领的扣子要系好，领带要推到领扣上面，下端不要超过皮带。如果是穿毛衣，领带应放在毛衣里面，如果别领带夹，应在衬衣第二、三枚纽扣之间，不要别在领口。如不系领带，应把领口解开，衬衣领也可翻到西装外。一般西装是两枚扣子，应记住扣子只系上面一枚是正规，都不系是潇洒，两枚都系是土气，只系下面是流气。如果是三枚扣子，只系中间一枚或都不系。

2. 风度的自我培养

风度包括人的言谈、举止，是人的心灵、性格、气质、涵养与外在体态的综合表现。人的风度各异，有的文质彬彬、温文尔雅；有的敏捷聪慧、飘逸潇洒；有的坦率豪放、坚毅果敢；有的气度恢宏、深沉练达。作为政治家、外交家的周恩来总理可说是得到世人公认的最有风度的男人之一。周恩来在许多重大场合上潇洒自如、挥洒若定的翩翩风度令世人为之倾倒，为许多人特别是青少年所推崇效仿。可见，在我们这个社会上，人们羡慕优美健康的风度，向往和追求风度美，已经成为生活中的潮流。然而，要使自己拥有优雅的风度，并非一朝一夕便可养成，它需要持久而艰苦的自我磨砺。

良好的习惯是风度美的条件。保持站、坐、行优美的姿势和良好的生活习惯是必要的。有些人认为，只要有美的相貌，就具备美的形象，孰不知，这种美是不完整的。从审美角度看："在美学方面，相貌美高于色泽美。而秀雅合适的动作美又高于相貌美。"一个人长得再漂亮，如果很不顺眼，他那漂亮的脸蛋也会黯然失色。在日常生活中，我们经常可以看到一些人的不良习惯，如屁股坐在椅子上，脚却蹬在桌子上，走起路来没精打采，不讲卫生，随地吐痰等等，极不雅观，更谈不上什么风度了。要想具有优美的风度，就要下功夫培养自己各方面的良好习惯。言谈举止、动静坐行都要符合规范。如走路要昂首挺胸，步履轻捷，体态端庄，给人留下健康向上的风度美的印象。在培养风度的过程中，锻炼身体，注重体形的健美，也是很重要的。

内心世界与外部神态的有机统一，才能构成一个人特有的风度。风度是一种内在气质的天然流露。言为心声，行为神使。难以想像一个心灵龌龊的人会有优美的风度。精神面貌直接影响到人的外观表现。所以，单一的外形体态是决定不了风度美的。

美好的风度，靠盲目模仿是不行的，留长发，叼烟卷，戴歪帽，斜着眼，装出一副潇洒样子给别人看，矫揉造作，反而弄巧成拙，显得轻浮粗俗，更没什么风度可言。只有从提高自身素质，养成各种良好习惯开始，优雅的风度才会慢慢养成。

3. 不断学习

要使自己的气质儒雅，必须要掌握渊博的知识；而要拥有渊博的知识，就需要通过长期努力的学习。

如果说最初的人类学习是生存的一种需要，那么现代的人类学习则是人类发展的动力。在现代社会里，学习已成为人生的伴侣，成为提高人们思想境界和生活质量的必由之路。凡是善于学习、自觉学习的人，往往因有知识有才华，气质显得儒雅；而那些不愿学习，不善于学习的人，则因他们的无知而毫无气质可言。如今，学习能力已成为衡量现代人的标志之一，学习不仅是学生的事，而且已成为当代每一个人求生存求发展的重要途径。

所谓学习，是人在社会生活中获得经验的过程，是一个接受知识、增长学识、提高能力的智力过程。

培根说过"知识就是力量"，但知识本身并不能成为力量，只有知识的实际运用，知识内化为主体素质，内化为主体的学识和能力，才能显示出无穷的力量，儒雅的气质和人格的力量才能体现出来。

现代科学知识综合化发展的特点和趋势促使我们不能把自己的知识局限在某一个方面，而要不断扩大自己知识、视野，扩大学习和研究的领域。如果不这样，我们的思路、谈吐就会受到限制，显得狭窄，枯燥无味，根本谈不上气质了，因此，我们要注意拓宽自己的知识面，有目的有计划地博览群书，博采众长。只有这样的博学、活学，才是独立自主的、积极有效的学习，才能有助于智力的开发，学识的增长，也才能使自己的气质儒雅。

不露轻浮，尽显大将风度

想像一下：一个人为了鸡毛蒜皮的小事破口大骂或者是为了蝇头小利争得面红耳赤，一个贪小便宜常常收走别人酒桌上残羹的人还谈什么大方？一个舍不得牺牲自己利益为朋友帮忙的人，是不是会给别人留下小家子气的感觉？一个自卑感十足、事无巨细一言一行都很呆板的人，有谁会说他行为大气？倘若一个人是个一毛不拔的铁公鸡，或者是个"小赤佬"的形象，也许瞎子才会说他有风度。究竟，怎样才会有风度呢？

1. 不露声色

在某些特殊场合，沉默是最佳的风度。有人说沉默是交际场上的黄金。就是在你想表态但又觉得没有把握的时候保持沉默；在周围的人争论不休的时候不要急于发言；在紧急形势下或者重大是非面前，没有打定主意的时候保持冷静、不露声色。这些情况下的沉默都可谓之为风度。有这样一个故事：一位团长率兵攻占了一个小高地。次日一早，哨兵急报：敌军人马从四面向高地包抄过来。几位营长也冲过来纷纷请战，准备死战。团长走出帐篷，眼看四面八方乌压压的，超出自己几倍的敌人已经包围上来。他沉默无语转身回到帐篷。帐篷外的军官如热锅上的蚂蚁，不时看着帐篷内有何指示，又看着步步逼近企图偷袭的敌军。奇迹发生了：敌军指挥官走了不远，发现高地上鸦雀无声，死一样寂静，顿起疑心，害怕陷入守军设下的圈套，匆忙下令撤退了。

敌军不战而退。守军团长走出帐篷看看远去的敌军未围上来，又看看几

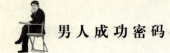

位营长那惊奇的目光，还是一言未发走回了帐篷，躺在行军床上，这才长出了一口气。门外营长们齐声地赞叹："咱们的团长真有诸葛遗风，大将风度！"

2. 口若悬河

良好的语言表达能力是增加风度的要诀之一，伶俐、清楚的口齿，适当的语气，适合情景的言辞，恰如其分的修辞是语言能力强的表现，也是风度的重要组成部分。在重要聚会上的致辞、演讲，有了很好的底稿而又适当调整语速，抑扬顿挫恰到好处，必然给听众以清晰明了、论据有力、打动心弦的感觉，自然会给听众留下"风度迷人"的印象。煽动性演讲，待到需要进一步鼓动群情时，慷慨激昂的声音、表情伴以强有力的手势则更能风度大显。在小空间里讲话，适当压低声音、缓声慢语，也是风度所在。反之，言不及意，咕咕哝哝，不顾及语言环境的讲话怎能让人们感受到风度呢？譬如注意语境，不妨做这样一个设想，你对着瘸子说话，瘸字不离口——人家不狠揍你就是最大的便宜啦，还想让人夸你有风度？

3. 幽默是风度的助手

幽默不能缺少。生活中有些人言谈举止轻松自然，往往能一语缓解紧张或尴尬的场面。人生如作戏，如果能看到人生的轻松面，也就能以平常心对待生活。遇有需要解嘲、缓解紧张或尴尬局面的情况，幽默是最好的帮手，风度也就随着幽默产生。有这样一则故事：20 世纪 60 年代，中国击落了某国一架入侵的飞机，在国际引起轰动。许多外国人因此认为除了导弹是无法击落这架飞机的，分析认为中国有了导弹。一位外国记者在一次记者招待会上，问周恩来："总理先生，请问，你们是用什么打下这架飞机的？"周恩来明白记者的用心在于了解中国有没有核武器，这在当时是最重大的国家机密。作为一国总理和外交大员，他微微一笑说："是用砖头打下来的。"一句幽默的玩笑话解除了尴尬场面，回敬了那位记者。更重要的是既没有泄露中国是否拥有核武器的机密，又为中国的国际地位加上一个重量级的砝码。

无论这则故事是否属实，周恩来作为外交巨擘，其幽默的谈吐和优雅的举止都是世人所公认并为之倾倒的。

幽默虽然是风度的好帮手，但它以知识为生存的养料。没有知识成分的笑料和动作充其量只能算是可笑。

4. 言行举止，衣着打扮，也是风度产生的条件

一个衣冠不整，头不梳、脸不洗的人，一步三晃，嘴里斜叼烟头，随处吐痰，四下张望，见到漂亮女人就直勾勾地看，这样的人与"风度"无缘。人的相貌、眼神、态度、衣着和举止，都是形成风度的重要因素，上述种种形态，是风度的大敌。

5. 自然就是风度

有些人盲目追求风度而弄巧成拙。一个人一时露怯现丑不完全是坏事，也无伤大雅，可怜的是有人觉得，在办公室里坐在转椅上扭来扭去，两脚搭在办公桌上，嘴里吐出一连串的烟圈，故作轻松地听着下级汇报，才是领导者的"风度"。殊不知此刻的他连基本的礼貌都没有。也有人觉得，某一影视角色上衣袋里那块半露的白色手帕和不动手就能把烟从嘴的这一边卷到另一边的姿式是风度的象征，殊不知这都是反映一个人目中无人、高傲自大的姿式，哪里是什么风度。还有人以为穿着奢华的时装招摇过市，在朋友面前显阔，在电话里故作"港台腔"都是风度，其实他已经陷入风度的误区，埋没了自身的质朴。

一个轻浮的人，会因为市侩气太重而得不到基本的尊敬。轻浮最能自贬人格、抵消风度。轻浮的人没有内涵，老年人尤其忌讳轻浮，因为人越老越应该达观稳重。

让自己言行友善、举止得体

有些人认为，一个人的行为举止、外在仪表无关紧要。事实上并非如此，在实现生活中，一个人的举止是否优雅、言行是否得体，对于一件事情的成败往往有直接影响。优雅的行为举止使人风度翩翩。即使最普通的职员，只要他们行为得体，举止规范，自然会使人肃然起敬。一个人的一举一动、一言一行都与他自己的风度仪表相关联，注意这些小节并使之规范化，会给生活增添无限的光彩。一般而言，良好的行为举止总使人感到愉悦畅快。优雅的行为举止能使社会交往更加轻松愉快，从而利于事情的成功。

一个人自己的行为举止与别人对他的尊敬息息相关，在管理支配他人时，

它常常比内在的、实质性的品性这类东西具有更大的作用。热情友好、彬彬有礼的言谈举止无疑会使人通身舒畅，在这种友好的交往中，成功往往就会到来。也就是说，亲切友好的行为举止会有助于事业成功。与此相反，不良的行为举止、粗鲁庸俗的言语只会使人顿生厌恶之感，这样一来，什么生意、交易都做不成；第一印象特别重要，而一个人是否有礼貌、讲客气；是否谦恭有礼往往对第一印象有十分重要的影响。

友善的言行、得体的举止、优雅的风度，这些都是走进他人心灵的通行证。无论老年人还是年轻人的心都是向举止得体、彬彬有礼的人打开的。态度生硬、粗鲁的言行举止只会使人倍生厌恶之情、憎恨之感，因此这种人在生活中必定处处碰壁，处处令人生厌，就像过街的老鼠一样，使人通身不快。

如此没有修养、举止粗鲁、容易冲动的人根本就不会尊重别人，他们只知道一味地放纵自己的言行，宁可失掉自己的朋友而不去收敛自己的放荡言行。这种只知道一时的自我满足，而不顾及别人人格的人，总是得罪自己的朋友，因此这种人是名副其实的蠢人。

那些明智的、有礼貌的人从来就不会表现出自己比朋友更优越、更聪明或更富有。他们从来不向别人夸耀自己高贵而显赫的社会地位，不向别人炫耀自己的职业，或者总是夸夸其谈地谈论自己的工作，三句不离本行，一开口就要炫耀自己的生活或工作经历。与此相反，那些明智和有礼貌的人们都是温良恭厚，他们总是特别谦虚谨慎，从不装腔作势、装模作样，不夸夸其谈，不招摇过市。他们总是通过自己的行为而不是通过自己的言语来证实自己的内在品性。他们总是默默无闻地做，而不是哗众取宠地说，真正有礼貌的人是朴实无华、默默无闻的人。

不尊重他人感情主要是因为自私自利，自私自利总是会导致种种生硬、粗鲁和令人厌恶的行为举止。当然，这种种令人厌恶的行为举止并非出自恶毒的天性，而是由于这种人缺乏必要的同情与体谅他人之心，忽视了日常生活中那些使人愉快欢乐或痛苦的细小之处，而自觉或不自觉地致使别人不愉快。可以说，一个人到底有没有好的修养主要在于个人有没有自我牺牲精神，在日常的生活中能不能够真正体贴、关心他人。

在日常生活中，那些没有一点自制力的人是令人难以忍受的。这种人总会给人带来莫名其妙的烦恼和痛苦，与这种人交往，没有一个人会感到由衷的畅快。正是由于缺乏自制力，许多人一辈子都在与自己制造的种种麻烦做斗争。由于他们的任性、倔强和粗暴，成功总是与他们无缘，苦恼和麻烦总是与他们形影不离，跟从不失。而其他一些天赋并不太高的人，由于他们具有耐心和毅力，心气平和，善于自我克制，因而总是一帆风顺，并取得非凡成就。

优雅的行为举止是相当自然的行为——它并不在乎别人的注意，而是不加矫饰，任其自然。矫揉造作与坦诚的举止是不相容的。真诚和坦率总是通过谦恭有礼、温文尔雅、友善和体贴他人等外在行为表现出来。优雅文明的行为举止总让人兴奋快乐，使人心悦诚服。正如一个人的内在品性一样，一个人的行为举止也是促进人成功的真正动力。

受人欢迎的说话态度

与人谈话态度如何，一定程度上决定你是否受人欢迎。一个与人和颜悦色交谈的人总能打动对方的心。那么，怎样才是良好的谈话态度呢？归纳起来有五点：

1. 表现出兴趣

别人讲话时，要注意倾听，如果你望天望地望别处，或是玩弄着小物件、翻弄报纸书籍等等，别人就会以为你对他的话没有兴趣，会很扫兴。

在人多的时候，你不能只对其中的一两个你熟悉的人发生兴趣，你要把注意力分配到所有的人身上；对于那些话说得很少，或是精神不太自在的人，你更要特别留神，找机会特别关照一下他们。你的注意，你的关心，对他们是一种尊重和安慰，正好把他们从冷落中挽救出来。

2. 表示友善

如果你对别人表现出刻薄的神情，或者你对别人所谈的话表示冷淡或鄙视，那么对方谈话的兴趣也就消失了。

哪怕你不喜欢听他的话，或者你不同意他的意见，但是你对他本人还应该表示友善，不要因为他说了一句不得体、不适当的话就否定了他的人格。你尊重他，并不妨碍你表示与他有不同的意见。没有经验的人，一听到不喜欢的话，立刻就表现出不快和不满来，把彼此的关系弄坏、搞僵，而失去了继续交谈、深入了解的机会。

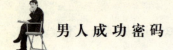

3. 轻松、快乐、幽默

真诚、温暖的微笑，是打开别人心灵的钥匙。人的心灵好像对温度有强烈的敏感，遇见抑郁的、冰冷的表情就凝结了起来，便硬了起来，但遇见了欢乐的、温暖的笑容就柔软了、融化了、活泼了。所以，真诚的、温暖的微笑，快乐的、生动的目光，舒畅的、悦耳的声调，就像明媚的阳光一样，使一切欣欣向荣，使谈话进行得生动活泼，使大家谈笑风生，心旷神怡。

至于幽默感，需要慢慢地培养，它是一种兴致的混合物，富于幽默的人，常常能使客厅中充满欢声笑语，有时一个笑语，或是两句妙语，就能驱散愁云，消弭敌意，化干戈为玉帛，化凶戾为吉祥。

4. 适应别人

跟自己趣味相投的人在一起就舒服，话多得很，一遇见趣味不投的人就感到别扭，不想开口。像这样依着自己的脾气去接近别人，真正投机的人就少了。

跟别人谈话多关心别人，重视别人的口味，善于适应。有的人喜欢讲大道理，有的人喜欢高谈阔论，有的人喜欢娓娓而谈，有的人喜欢深思，有的人拙于应对，你都要能调节自己去迁就一下别人的兴趣与习惯。有满腹经纶的，让他尽情地宣泄；守口如瓶的，由他吞吞吐吐；失意的，多给予一些安慰与同情；软弱的，多给予一点鼓舞和激励。假如对方对某一个问题发生特别强烈的兴趣，就让他在这方面继续发展，畅所欲言；假如对方对某一个问题不想多谈，就及时转换话题把谈话引到另一个方向，免得引起不快的局面。

5. 谦虚有礼

谦虚有礼绝不是说一些不着边际的客气话，谦虚有礼是一方面真诚地尊重对方、关心对方的需要，尽力避免伤害对方。另一方面严格地要求自己，对自己的意见与看法带着一种"可能有错"的保留态度，虚心地听取别人的意见，关心别人的感受和反应。

请记住吧，与人谈话态度的好坏，是你和别人谈话成功与否的关键。

因人而异的说话方式

与人说话，先要明白对方的个性，他喜欢婉转，应该说流利的话；他喜欢率直，应该说激切的话；他崇尚学问，就说高深的话；他喜谈琐事，就说贴近的话，说话方式能与对方个性相符，自然能一拍即合。

1. 与老年人谈话要谦虚

我们常听到长辈教育后辈时说："我走过的桥比你走过的路还多。"这是很有道理的，有些老人虽然接受的教育比你少，可是无论怎样，他的经验比你丰富得多。因此在与他们谈话时，必须保持谦虚的态度。

其实，与老年人谈话，是很容易的，因为他们很喜欢谈话。他们说话常滔滔不绝，你要打断他，就会显出无礼的样子。因此，有时与他们谈话很费时间，可是，只要你用心听，他们的话是极有裨益的。

2. 与年幼者谈话要保持深沉的态度

比你年幼的人，有些思想太超前，有些则知识不及你。在前一种情形下，你和他们谈话是毫不觉得困难的。你只需保持深沉的慎重的态度就行，不要降低你自己的身份。假如你不这样的话，那么，你再要把他拉回来，就很困难了。还要注意不要给他们机会直呼你名，那是很不好的。

不要同他们辩论，也不要坚持你的观点。你只要让他们都知道，你是希望他们对你有适当的尊敬的。你要知道，人们总是因你自己看重自己才尊重你，尤其是那些年幼于你的人们。

3. 与地位高于你的人谈话要保持自己的个性

你在与比你地位优越的人谈话时，须维持你自己的独立思考，不应该做一个"应声虫"。若你只说"是"，那么你的话就可能会使别人不悦。

与地位高者谈话必须注意以下几点：

（1）态度要表现出尊敬；

（2）对方讲话时要全神贯注地听；

（3）不要随意插话，除非他希望你讲话；

（4）回答问题要简练适当，尽量不讲题外话；

（5）说话自然，不要显得紧张。

当你在尊敬你的上司面前时，你也要显出你自己也是尊重自己的。

4. 与地位低于你的人谈话要庄重

在与一个地位卑于己者谈话时，你应使他觉得你正对他所说的话感兴趣，而且你必须请他说话，必须显得很和蔼可亲。

与地位卑于你者谈话时应注意要庄重、有礼、和蔼，避免一种统治者的

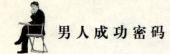

态度；赞美他一切完美的工作；讲话不得太多；不要太显亲密；不要以你自己优越的地位来阻止他。

5. 与女性谈话要以对方为中心

当你与女性谈话时，话题要以对方为中心，采取一种可使对方感情增加的谈话的口气、态度和方式，那么，你与她之间的对谈，就能很顺利而愉悦地进行下去。女人们喜欢谈她自己、她的家庭以及她的癖好，更喜欢发表她的意见，又喜欢告诉人家她是一个多么好的人。所以她需要一个好的倾听者。假使你想用谈话来吸引女人的话，那么你就不要有轻视她的态度。待他们至少要像对待一个与你有同等智力的人一样。不要以为她们知道的比你少，或她们的意见毫无价值。这样，就能迎合她们自重的天性，而使她们觉得与你谈话十分快乐。

和女人谈话时，你得先开个头，然后她就会接下去。询问天气；询问她的一个亲戚的健康；询问书籍、金鱼、花草或其他种种事物。总之，是她们所感兴趣的。

使你们之间的谈话能继续不辍，是你对你的能力的一种确信。你有你的思想和观念，不要沉默寡言，但也不要过分深入，不要使内容越拉越远使人讨厌，应经常记住你的谈话是在取悦对方。

因人而异的谈话方式不仅表现了你的素质修养，更能让对方在与你的谈话中得到尊重与信任。现代人不可不知，不可不学。

为人处事检点小节

与海外朋友交往还要了解他们的禁忌。你与他同坐一桌，双腿这样晃荡，他会忌讳的，认为这样会晃掉他的财气。

有的人认为"不拘小节"是一种潇洒、一种成就大事的风格。然而，我们于小节处更应检点。紧要的关头，大家都会以最佳状态小心应战，而日常琐屑细节，则是一个人的天性、本质、修养的自觉流露，这些地方往往将人的言谈举止反映得更客观、更全面。

今天，有的人很少注意检点小节，他们将轻浮视为洒脱，将放荡不羁视为追求个性。这种认识上的错误，使他们在人生中处处碰壁。有个人在单位上班、下班，与人见面时从来不与人打招呼，对面来人了，赶紧将头扭向一旁。他获得了一点成绩后，更加我行我素旁若无人；当他失败时，没有得到别人的一点安慰和帮助，大家的评语竟是："活该！""应有此报！"这样的结局多令人心寒。如果他平时能放下自己那副趾高气扬、不可一世的派头，与周围的人多沟通点，又怎么会落得如此狼狈的下场呢？

不要小瞧了和别人沟通这一细节。虽然与人沟通感情的最初阶段只是打招呼，但不要忘记，在人的内心里有思想和感情两个方面，心与心之间要想系上纽带，最初的方法就是打招呼，由陌生到认识再到熟悉。首先刺激感情，然后就易于沟通、交流思想了。如果连最简单的"您好"、"再见"等等日常招呼也不会的人，怎么能称得上是一个成功的社会人士呢？人生活在社会上，还得受社会环境的制约和诱导，不可能不与周围的人接触，你不拘小节，难道你周围一般交往的人也不拘小节吗？

在交往时，言行举止往往与人的内心世界联系在一起，因此对于个人言行举止，也必须注意。因为这些言行可能会使对方产生对你的好恶，从而在一定程度上影响交往的成败。尤其应该注意的是，尽量不要招致对方的不愉快，这种损人不利己的事情，一定要严加禁止。所谓"严以律己，宽以待人"，我们总要时时反省、检视自己的举止言行，这虽然只是一些小节，平时也应多加注意才会让对方对你有好感。

有的人电话交谈过于长久、习惯使用口头禅，甚至时常讲"不可以"、"不行"这一类否定词语，这种人给人的印象多半不是很好。此外还有一种人服装不整、不注意卫生，给人以不洁之感，或常做些不雅的动作，以及态度冷漠、公私不分等等，都必须好好注意、加以改善。

俗话说："衣裳是文化的表征，衣裳是思想的形象。"人们的言谈举止反映出人的精神需求和文化素养。即使小小的着装在人际交往中也有一定的作用。

衣衫不整、蓬头垢面让人联想到失败者的形象。而完美无缺的修饰，能使你在任何团体中的形象大大提高。

一个人的外貌对于人本身的确有影响，穿着得体的人给人的印象就是好，它等于在告诉大家："这是一个重要的人物，聪明、成功、可靠。大家可以尊敬、仰慕、信赖他。他自重，我们也尊重他。"反之，一个穿着邋遢的人给

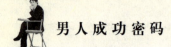

人的印象就差，它等于在告诉大家："这是个没什么作为的人，他粗心、没有效率、不重要，他只是一个普通人，不值得特别尊敬，他习惯于不被重视。"

在交际中，有时候，特别是由旁人介绍去访问别人，此时更须注意：要严格遵守时间，要明白告诉对方自己的访问意图，要选择一个彼此方便交谈的地点。自己的言谈若有诚意，便可在对方的脸上获得认可；同样，如果你以极亲切、自然的态度从事访问，对方也会表现出相同友善的反应来。有些参加各种面试的人都有这种深深的体会，每个求职者在面试时都想充分表现自己的热情，当然，这种表现并不是虚伪的、过分做作的，而是具有真实基础的。充分表现即是指不应藏而不露或少露。

"入乡随俗"，是一句大家都很熟悉的谚语，每个人的举止言行都是环境的产物，但人是能动可变的。要改造环境，首先必须适应环境。这点任何人都需要注意。

就表情而言，应注意克服的态度主要有：自鸣得意的态度，傲慢的态度，不屑的态度——这会伤害对方的自尊心；不稳定的态度——说一些没有自信心的话，而使听话的人无法信任你；卑屈的态度——被视为傻瓜、无能，会让人低估你的实际能力以致被人从骨子里看不起，过度热衷于取悦于别人，很难给人好印象；冷淡的态度、倔犟的态度——使人感觉不亲切，缺乏投入感，态度过于严肃，以使男性敬而远之的女性为多；不识时务的态度——如在酒席上谈论严肃的话题，如诉说悲哀的事情时，脸上无任何表情，或只知谈论个人兴趣，从不理会别人的感觉和反应；随便的态度——给人一种马马虎虎、消极的感觉；反应过激，语气浮夸粗俗，满口俚语粗话。

以上所举的态度，应该随时注意，应避免这些不良态度在与人交往中表现出来。

就动作而言，应注意的姿势或动作主要有：坐要有坐相，不要随便左右晃动，如果是女士的话两腿要并拢；站立时膝盖要伸直，腰板要直；不要抖腿，不要撅臀部；不要抓头搔耳，两手应自然垂放在两侧，或是轻放在前面；不要玩弄或吮吸手指，尽量不要跷脚；表情温和，有亲切的眼神和饱满的精神。

有的人说话喜欢将手插在口袋里，有时还坐在桌子上。这不是好的习惯，这是一种过于散漫、过于随便的讲话方式。在交谈时，将手插在口袋里，容易让人产生不良的印象，尤其是在多数听众面前，这种姿态会使周围的人觉得这位发言者只沉迷于自己的世界之中，而将他人看作较自己低下，且表现欲望非常强，使人感觉到别人不可超越他。不管你有没有这种傲慢的想法，但这种态度，很容易让人误以为你就是这样一种人。

上面说到的都是人际交往中需要注意的小节，但并不是提倡处处都谨小慎微、缩手缩脚、婆婆妈妈。如果有人要钻牛角尖、要钻死胡同，对付这种人最有效的方法只有保持沉默了。

工作上的道理与交际一样，在人的眼光看不到或易忽视的地方用心，才是真正的工作，要想工作不流于一般的人，应学会在细小处练功夫。

有时候，公司老板或业务员要出差，便会安排员工去买车票，这看似很简单的一件事，却可以反映出不同的人对工作的不同态度及其工作的能力，也可以大概测定一下今后工作的前途。有这样两位秘书，一位将车票买来，就那么一大把地交上去，杂乱无章，易丢失，不易查清时刻；另一位却将车票装进一个大信封，并且，在信封上写明列车车次、号位及起程、到达时刻。后一位秘书是个细心人，虽然她只做了几个细节处，只在信封上写上几个字，却使人省事不少。按照命令去买车票，这只是"一个平常人"的工作，但是一个会工作的人，一定会想到该怎么做、要怎么做，才会令人更满意、更方便，这也就是用心、注意小节的问题了。

工作上细心不容忽视。注意小节所作出来的工作一定能抓住人心，虽然在当时无法引起人的注意，但久而久之，这种工作态度形成习惯后，一定会给你带来巨大的收益。这种细心的工作态度，是由于对一个工作重视的态度而产生的，对再细小的事也不掉以轻心、专注地去做才会产生。能够成为大人物的人，即使要他去收发室做整理信件的工作，他的做法也会跟别人有所不同，这种注重细微环节的态度，就是使自己发展的营养剂。

工作上的这种细心，所需的另一方面就是亲切感、一点人情味、与人方便、一种替别人着想的心情。"若是我的话，就想这么做"，这就是亲切感。

一部名为《细节》的小说，其题记为："大事留给上帝去抓吧，我们只能注意细节。"作者还借小说主人公的话做了脚注："这世界上所有伟大的壮举都不如生活中一个真实的细节来得有意义。"

细节，就是小节，它不仅具有艺术的真实，而且更具有生活的真实。也许是生活的真实造就了艺术的真实，我们读小说时，总为作家笔下的细节，如人物的心理、动作、语言所激动。

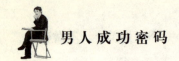

　　生活就像无限拉长的链条，细节如链条上的链扣，没有链扣，哪有链条？历史就像日夜奔腾的江河，细节如江河边的支流，没有支流，哪有江河？回味生活，翻阅历史，我们为什么不从真实的细节做起？

有个性的才是有魅力的

　　什么是个性？

　　别看人们经常谈论个性，并用它作为区分人的标尺，但真正了解个性内涵的人并不多。人们在这个问题上最爱犯的毛病是把个性片面化，把个性与性格片面性，认为个性就是指个人的性格，或一个人的脾气。其实，性格与脾气才是一回事，它们绝不等同个性。

　　个性，是你的气质、性格、能力及兴趣等特征的总和。你所穿着的衣服、你脸上的线条、你说话的声调、你体现的思想，你由这些思想所发展出来的品德，所有这一切都无不为你打上个性的烙印。

　　你的个性是否招人喜爱，是另外一个回事。

　　很显然，你个性中最重要的一部分，就是你的品格所代表的那一部分，也就是外表上看不出来的那一部分。你的衣服式样，以及它们是否适当，毫无疑问地构成了你个性中最要的一部分，因为人们都是从你的外表获得对你的第一印象。即使是你握手的态度，也密切关系到是否将因此吸引或排斥和你握手的人。

　　你眼中的神情也构成你个性中的一个重要部分，因为有些人能够由你的眼睛看穿你的内心，看出你内心深处的思想，看出你最隐秘的念头。你身体的活力，有时候称作个人魅力——也是你个性中的一个重要部分。

　　作为人，你如果没有个性，你就不复存在；你的个性如果受到压仰，得不到发展，你的灵性就得萎缩，人格就是苟且。这样，你虽然变得柔弱温顺，但却降低了创造的能力，丧失了竞争的能力。

　　你也许可以用最漂亮、最新款式的衣服来装扮自己，并表现出最吸引人的态度。但是，只要你内心存在着贪婪、嫉妒、怨恨及自私，那么，你将永远无法吸引任何人，却只能吸引和你同类的人。物以类聚，人以群分。因此，你可以确定，被吸引到你身边来的，都是品格与你相同的人。

你也许可以做出一个虚伪的笑容，掩饰住你真正的感觉；你也许可以模仿表现热情的握手方式，但是，如果这些"吸引人的个性"的外在表现缺乏热情这个重要因素，那么，它们不但不会吸引人，反而会令人逃避你。

一般说来，优良的个性具有如下特征：

诚意：它一般是指由热心、热情和兴奋等揉和而成的感情状态。一个对工作学习和他人抱有诚意的人，往往能弥补个性上的一些缺点。

友情：友情可以使你交游广阔，建立充满善意和体贴的良好的人际关系。但切记勿把友情与亲昵混为一谈。友情是一种互助的关系，它能激发朋友之间相互尊重。

理智：这就要开动人的思维机器，要多看、多听、多想，凡事都能以明确而理智的行为来进行。在处理事情的过程中，不随意埋怨、轻视别人，即使发生在你面前的是重大事件，也能冷静理性地应变，渡过难关。

英俊、潇洒、魅力：这和个人风采有关。清洁、整齐、英俊潇洒的风采，使你保持自然可亲的个性，再加上良好的教养，确能助人事业成功以一臂之力。

你想受人欢迎吗？那么，你的个性特征应表现为：尊重他人，关心他人，富于同情心；热心集体活动，工作可靠、负责；持重，耐心，忠厚老实；热情、开朗，喜欢交往，待人真诚；聪颖，爱独立思考，成绩优良，乐于助人；独立、谦逊、兴趣和爱好广泛；温文尔雅，端庄，仪表美。

你不想受人欢迎吗？那么，你可以这么做：以自我为中心，不考虑他人处境和利益、嫉妒心强；对集体的工作缺乏责任感，敷衍、浮夸、不诚实；虚伪、固执；吹毛求疵；不尊重他人，操纵欲、支配欲强；淡漠、孤僻；敌意、猜疑；行为古怪，喜怒无常，粗鲁、粗暴、神经质；狂妄自大，自命不凡，成绩好，但不肯助人或小看他人；自我期望极高，小气，对人际关系过分敏感；势利，巴结领导；工作不努力，无纪律，不求上进，情趣贫乏；生活放荡。

优良的个性能为你的魅力增添无形的美。你梳起最新潮的发式，穿上最时髦的新装，再加上身材窈窕，巧施脂粉，但如果没有魅力，你的身体也只是徒有躯壳。魅力不是一个东西，随你用的时候便拿出来，不用的时候便收起来，这不行。魅力就像明媚的春天，它的影响会注入到生命的每个瞬间。

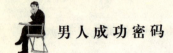

　　每个人都可能有独特的魅力，但是只有当我们与人交往时，魅力才会被感受到。

　　心理学家提供的几种培养个人魅力的方法值得我们参考：

　　博览群书，使自己不致言谈无物。

　　慷慨大度，这样才能获得别人的欣赏。

　　注重礼貌仪态，在任何场合中，谨记以礼待人，举止优雅。

　　和人交往时，经常与他们的目光接触，使对方产生知己之感。

　　和蔼可亲，态度开朗，特别是应该具有接受批评的雅量和自嘲的勇气。

　　对别人显示浓厚的兴趣和关心。大多数人都喜欢谈自己，因此在与人交际时应该懂得如何引发对方表露自己。

　　使人愉快的态度，是在与人交往中，你尊重对方，不向对方显示自己见多识广；交往中富有建议性的态度；并且多提具体有效的办法。不空谈，不吹牛。

　　现代哲学大师一致认为：人首先是一种把自己推向未来的存在物，并且意识到自己把自身想象为未来的存在。人之初，没有任何规定，只是存在、露面、出场；后来才由他自己规定自己。

　　你想改善自我个性吗？其实，这是一件比较容易的事情，没有任何秘诀，最重要的是要有坚定的意志，凭借一定的规则和计划来自我完善。每天只要肯花上半个小时，认真学习，并提出问题，那么你的个性就会随着你的知识增长而得到改进。

　　人并不是生活在过去而是生存在现在，生存于未来。过去是固定了死去了的，现在是把握个性的最好良机，而未来则存在着一切可能性。为了追求未来较佳的生存方式，你完全可以埋葬旧我，而把自我重塑得面目全非，以求去适应一种新的环境，开始一种新的生活，展示一种新的人生。也只有在这样的前提下，在你成为了某社会环境中的一员的前提下，你才能充分发挥你的聪明才智，实现你的创造，实现你改造社会、改造客观环境的理想和抱负。

赢得人心的魅力

　　学会跳舞、唱歌，以及一些交际技巧，就会让别人感到你极具亲和力，这样，不论你走到哪里，都是受欢迎的，也不论你走到哪里，与人相处总是愉快的。

1. 与人相处的"秘诀"

使一个人发挥最大能力的方法是赞赏和鼓励。真诚的赞扬可以使你结交很多朋友，轻慢和耻笑却会把事情弄糟。

2. 到处受欢迎的方法

一个人只要对别人真心感兴趣，在两个月之内，他所得到的是受所有人的欢迎。

3. 想钓到鱼，就要问问鱼想吃什么？

如果成功有秘诀的话，就是了解对方的特点，并且以他的角度来看事情的那种可能。

同样的道理，如果你想别人关心你，了解你，那你最好站在对方的立场上，尊重对方。这样你会收获更大。

4. 注意展示男人的魅力

不可否认，长得帅或长得美，确实比较容易让异性注意。但是当一位能让女人心动的男性，光是长得帅是不够的，也不是要你去健身房练出一身如斯巴达克斯一般强健的身体。男人吸引女人的原因有很多，在不同年龄层的两性，都会有各自散发的让异性迷恋的魅力，只是我们太熟悉自己，反而忘了自己的魅力所在。

5. 男人的微笑

长得帅当然好，但长得不够帅的时候怎么办？

告诉你，先练就一副迷人的微笑吧！有些男人的眼神加上笑容，所散发出天真孩子气的脸庞，对某些女性而言，这可比满身肌肉的猛男还要来的致命呢！因为刹那间女性会自然焕发出母性的光浑，想要好好呵护他。要不是如此，粉嫩稚气的小白脸哪里有得混呀！所以，迷人的笑容会给人留下美好的形象。也是你社交的重要"资本"。

6. 男人的外表

一位男人，足以让女性迷恋他的身体的某些部位，事实上还满多的。最常听到的有臂部、眼神、胸部，其他的还有下巴、迷人的微笑、结实的小腿等等。有一项有趣的国外研究报告，针对女性的观点，归纳哪一种脸部特征的男性最让女人倾心，结果是脸部棱角分明的男人名列前茅。事实上，这只

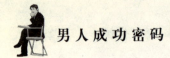

是就外表而论，帅哥还是得有内涵。

7. 认真的男人让女人心动

男人专注于某些事情上的用心的神情和精神，也是打动芳心的重要原因。或许这个理由也是在职场上，男女间产生相互吸引的重要原因之一。不过专注于某些事情的男人可得适可而止，严重到废寝忘食，遗忘身旁还有人活着，即使再有耐心的好女人也会离你而去。

对于让女人心动，你给自己打几分呢？还是你根本还没有让女人注意到你呢？得体干净的打扮，有风度的谈吐及内涵，都是可以靠后天努力的。想当一位让女人痴迷的男子汉，还是先做一个好男人吧。譬如说，学会保持"沉默"。

8. 沉默的男人令女人心动

一个少言寡语的男人常常令女人觉得他神秘，这是因为他看起来更有深度和涵养，女人可以容忍自己无知，但不能容忍男人肤浅。

一个男人有着极好的口才总归是一项优点，但是当女人们列举男人的优点时，却很少向外人强调，尤其当她们描述心爱的人的特征时。

事实上，在大众场合，很多女人宁可男人保持沉默，也不愿他们在那里肤浅地高谈阔论，即使是二人世界，女人也希望男人做倾听者。这种时候，女人并不一定要求男人做出其他反应，男人只需要坐在那里说："嗯"、"是这样"就足以使女人满足了。甚至男人一边看报纸或电视，一边敷衍两句"很好"、"不错"之类的话，女人未必会觉得被冷落。

这也就是为什么，一个少言寡语的男人常常令女人心动，除了神秘之外，还因为他看起来更有深度，更有涵养。女人可以容忍自己无知，但不能容忍男人浅薄。保险的办法是只对自己的事情发表意见。至少这令女人觉得可靠。

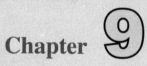

•••••Chapter **9**

拓展你的聪明才智

⇨ 让别人永远觉得你新鲜

⇨ 全面培养自己的能力

⇨ 每天读书至少10分钟

⇨ 提高阅读品味

⇨ 善于灵活使用知识

⇨ 手脚勤不如头脑勤

⇨ 智慧是男人最大的本钱

⇨ 给自己增添一点幽默

⇨ 训练你的机智力

⇨ 不要耍小聪明

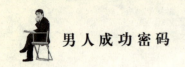

让别人永远觉得你新鲜

如果一个人每天过着怠慢懒散的生活，朋友就会逐渐远离的。作为一个人，应该拥有积极充实的人生，不断向未知世界挑战。事实上，向未知世界积极前进的生活是非常好的一种经验，让人佩服，一个人交友的范围愈广，愈会振奋自我挑战之心，否则别人会觉得你的魅力愈来愈褪色。

诗人拜伦塑造了风流浪漫的唐·璜，诗人自己也可以说是人间的唐·璜。但是他比自己笔下的主人公多了一种不幸，他是一个瘸子。尽管他终生残疾，却引来无数淑女美妇的青睐，甚至为他而神魂颠倒。拜伦曾不无自负地说："自特洛伊战争之后，还没有一个男人像我这样被抢夺过。"他简直成了男性的"海伦"。

是什么勾魂摄魄的魅力，使众多女子毫不介意他生理上的缺陷，而对他倾心痴迷呢？诗人优雅的气质风度，脱俗不凡的个性异禀，这些无疑闪耀出了魅力的光彩。当然更有一样不可忽略的特质，那就是他的才华横溢。

当时的英伦三岛和欧洲大陆不乏风流倜傥的美男子，但在众多痴迷拜伦的女人眼里，他们同瘸子拜伦相比黯然失色。拜伦若是毫无才华的平庸之辈，纵然他如何风流、如何会调情，恐怕也绝不会有那样吸引异性的神奇魔力。

才华、学识，是一种魅力。富有学识的人，从来就很受人们的赞赏和倾慕，学识能使他们获得一定的声誉，而超群的学识才华所赢得的成功，则更能使他们声誉卓著。女人往往最崇拜这样的男人。因为"男人的声誉在女人眼里，犹如一朵光彩照人、遮丑掩疵的红霞"。"一俊遮百丑"，有卓越的才华，甚至可以弥补身体自然素质方面的不足。

一个人读书读多了、读活了，思想就会达到一个新的境界。而这将深深地改变着你的气质，影响着你的形象。

有些人年轻时凭着英俊或率真，尚有几分可爱之处。但随着韶华流逝，除了徒增老态、暮气、平庸和懦弱之外，别无所有，这样的男子是不会有什么魅力的。

而许多浅薄的人恰恰忘记了：真实的魅力，最深刻的感人力量，往往来自千锤百炼，只有经过多次尝试，多次思考，多次百折不挠，方才焕发在人前。内涵，同样是后天努力培养的结果。

有一位作家曾说："所有成功的人，都是努力的人。"

内涵的养成，绝非一朝一夕的工夫，它有赖于日日夜夜不停的学习和积累，并没有可投机取巧的速成方法。

《孙子兵法》中说："吾闻拙速，未闻巧者久矣。"聪明的、巧妙的方法，看起来很快，其实也许是最慢、最笨的途径。

真实的内涵，需要时间的陶冶，更需要丰富的学识和智慧的感悟。有魅力的人物所散发出的光彩，最持久、最深刻的一种，来自内涵。而内涵正包括了一个人的见识、修养、能力等许多方面。

见识狭窄的人，就像井底蛙一样，不论他自己如何自吹自擂，别人见了只觉得可笑。而见识宽广的人，即便一言不发，也自然有令人折服的力量。真正见过世面的人，会收敛起自大与浮夸，不由自主地显出深沉的气质，那就是真实的内涵———一种确实的吸引力。

全面培养自己的能力

一位美国学者指出，一名成功者至少必须具备 9 种能力。他的观点得到了世界学者的广泛认同。这位学者强调的 9 种能力是：

1. 技术能力

技术能力是指一个人在进行某种特定活动（如企业）的过程中所运用的方法、程序、过程和技术等知识，以及运用有关的工具、设备的能力。

干大事业者必须具备技术能力。一个人只有具备了技术能力，才能在立业的过程中训练和指导部属，才能处乱不惊，从容应对困难。这种能力最实在，也最容易获得。在正规教育中，一些专业如会计、营销、法律、财务、计算机、外语等均有这方面的训练，此外还可通过社会上众多的培训班及自我养成的社会经验获得。

2. 概念性能力

概念性能力就是抽象力，即一般分析能力，逻辑思考能力，善于形成概

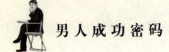

念，即将复杂的关系概念化，在构思和解决问题时有创意，能分析事物和捕捉其趋势，预测其变化，具有确认机会及潜在问题的能力。

概念性能力是有效地计划、组织、协调、制定政策、解决问题和确定发展方向的基础。老板的一个重要职责，就是协调其企业、公司内部各分散部门和经营环节的相互关系。为了有效地完成经营目标和获得利润，老板必须了解并掌握其公司各部门的相互关系。同时也必须注意外界环境，注意了解投资环境、市场变化及其可能带来的影响。

3. 交际能力

交际能力可以说是人际关系能力的简称，意指有关人类行为和人际交往的知识，了解别人所说所做背后的感觉、态度和动机的能力（设身处地、社会敏感性），明确而有效的沟通能力（口齿伶俐、说服力），以及建立有效的合作关系的能力（机敏、圆通、对可接受的社会行为的认识）。

人际关系能力是人生在世所不可缺少的。一个人要想在现代社会立足，必须与上司、同事、部属及外界人士等形形色色的人打交道，更不能少了这种能力。要想出人头地，必须对他人的态度、感觉和需要相当敏锐，否则将无法正确地估计人们对他的所说所做将作何种反应。

真正与人共事的能力，必须变成一种自然而持续的活动，因为它不仅包含于决策时的敏感性，也包含于一个人日常生活中的敏感性。

4. 正确发现问题的洞察力

洞察力也即一个人多方面观察事物，从多种问题中把握其核心的能力。它迫使你去抓住问题的实质，而不只是看到表面现象。缺乏洞察力的人会只见树木或只见森林，而不能两者俱见。缺乏洞察力的决策者，会浪费宝贵的时间、资金和人力，因为他无法抓住问题的根本，因此无法制定有效的方案。一个具有洞察力的人，在生意场上往往是成功的。

5. 影响他人的敏感力

显而易见，对于任何一个想创业的人来说，人力资源是至关重要的，因此一名新时代的创业者必须了解如何把大家聚集在一种文化氛围内，使企业的员工都能自动自发地上进，追求高目标。面对面地与员工进行沟通、持续地训练和发挥员工的工作能力、创造性，奖励以及工作保障，都显示出一个人培养有利于自己事业的文化氛围的敏感力。每一个强有力的企业文化都来自其老板的敏感力。少了它，员工就会觉得没有动力，缺少干劲。

6. 开创未来的远见力

具有远见的创业者能在内心里从已知推断未知，综合运用事实、数字、梦想、机会甚至危险等因素，进行创业活动。他不会为眼前的蝇头小利所吸引，也不会为目前的困难所吓倒，而是在心中始终怀有远大的目标，勇往直前。

7. 应变力

应变力是一种很难得的技能，它能使你事先预测应该注意的目标，而不是企业正面临的问题。它能使你从容应对创业过程中所出现的种种不曾预见或意想不到的情况，顺利适应各种变化。

8. 有效执行计划的集中力

社会生活中发生的一切事情或情况，都会或多或少影响到创业者所进行的工作。集中力可以使你把可用的资源集中用于最有效的部分，避免不分主次、盲目从事。

9. 忍耐力

创业者一定要有超越别人的想法和行动，并有为自己事业的未来献身的能力。只有对自己的长期目标深信不疑并极有耐心地长期努力，才能最终实现目标。

由于新时代的创业者置身于各种不同的社会环境和各种不同的组织内，且由于许多影响社会环境的因素是不断变化的，因此你应该根据情况，采用不同方式，有目的、有侧重地全面提高自己的综合能力，以适应新时代的要求。

那么，该怎样培养上述能力呢？至少应该从以下三个方面努力：

1. 自省

要修炼自我，必须乐于自省，严于解剖自己。省是察看、检查的意思。自省即是对自身的察看和检查，这是自身修养完善的手段，也是通过修养而达到的一种习惯和美德。

孔子曰："吾日三省吾身：为人谋而不忠乎？与朋交而不信乎？师传而不习乎？"意思是：我每天都要反省：为人做事是不是忠实？与朋友交往是不是讲信用？老师传授我的学业是不是复习了？创业者通过自省，进行自责，

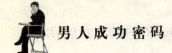

能够及时检查并发现自己的每一个细小过失，进一步有目的地严格要求和提高自己，防微杜渐，不断鞭策自己前进。

乐于自省的人是工作、生活中深思熟虑的人，乐于自省是一个人自觉性的表现，能这样做，其进步必然快，古人云："反己者，触事皆成药石"。一个人只要多反省自己，任何事都可以变成自己的借鉴，作为自己行为的标准，不断总结经验教训，提高自己。

2. 自控

自控是控制自己的感情和情绪，控制自己的行为，使自己的行为以最适当的方式进行。与自控相反的是失控，如感情冲动、表情异常、言行出格、一反常态，以及平时的魂不守舍等。苏轼曾言："天下有大勇者，猝然临之而不惊，无故加之而不怒。"古语云："大量能容，不动声色。"这就是自控。

自控不等于凡事都无动于衷。该喜不喜，该悲不悲，该怒不怒。人的正常的喜怒哀乐都是理所当然的，但关键是要程度适当，不能有失分寸。

善于自控有气质、性格上的因素，但主要是后天实践、修养的结果。见多识广、看通看透、理性明智，再加上心底无私天地宽，自然能处乱不惊，能容常人难容之事，善待常人难待之人。

对于自控和自省素质的培养，应多从实践中学习，严格要求自己，不断锤炼，逐步建立起优良的个人风范。

3. 多读书、多实践、多思考

读书是生活中最值得也最合算的投资，支出少，收获大。读书可以明理，可以开阔视野，可以启迪思维，也可以指导工作。有些书籍似乎对你的工作没有多大联系，但其中闪烁的智慧和思想潜移默化地推动着一个人智慧的发展。从长期看，多读书有助于提高一个人的综合素质。当然，"纸上得来终觉浅，绝知此事要躬行"。要熟悉、掌握经营的特点和规律，必须在长期的管理实践中反复锤炼。多实践包含两层含义：一是要敢于实践，二是要敢于面对困难。实践出人才，只有在实践的过程中经过检验，有能力的人才能被信任和赏识，只会空谈、不动手投入的人不可能有大的作为。多思考可以帮助我们从书本上总结知识和经验，并把这些知识和经验变成自己的智慧，为我所用。读书和实践的意义也就在于此，多思考与多实践、多读书相辅相成，缺一不可。

每天读书至少 10 分钟

读书破万卷，下笔如有神。每天抽了一点时间为读书，将为你今后的工作、生活带来精神上的极大丰收。

高尔基曾说："书籍是人类进步的阶梯。"对于这个"阶梯"的理解应该是，人们一生的经历有限，不可能每件事情都通过自己的行动来获得知识，那么就只能依靠书籍。书籍是人类知识载体，它记录了人类千百年来的每一点进步，通过阅读不同的书籍，掌握各个时期、各个种类的知识，这就是读书的真理。一个没有书籍、杂志、报纸的家庭，是缺乏动力的，人们只有通过经常接触书本，才能对学习产生兴趣，才能在不知不觉中增长各种各样的知识，才能不与社会脱节。

耶鲁大学的校长海德雷说："在各界做事的人，无论是商业界、交通界还是实业界，都这样向我说，他们最需要的人才是大学学院培养的、能善于选择书本、能活用书本知识的青年，而这种善用书本、活用书本能力的最初培养，最好是在家庭中，尤其是在那些具备各类书籍的家庭中。"可见，一个家庭的藏书对于自己、对于孩子的未来都是十分重要的。

一位原来只是补习班讲师的英文教师，后来成为一家著名英文杂志的发行人，他说他一共买了三套英文百科全书，一套缩写本随身携带、一套放在家里、一套放在工作岗位，随时阅读。他以随时随地提高自己为目的，也慢慢把自己带向成功之途。

聪明的人在学生时代就养成了一种重要的能力，那就是怎样从一个汗牛充栋的图书馆中辨别选择书籍，以供阅读，这种能力将对他的一生产很大的影响，因为掌握了如何在图书馆里寻找自己需要的书籍、资料，就等于掌握了怎样学习的方法。"工欲善其事，必先利其器"。这就像是一个工人善于选择工具一样。

"人，若是能养成每天读 10 分钟书的习惯，20 年后，必判若两人。"一位前任的哈佛校长这样告诫他的学生。但是，读书不能不求甚解，对书籍的钻研是一个人从书本中获取新知识的重要途径。

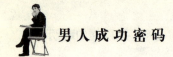

南宋朱熹开创了中国儒学的一个新篇章，他大半生的时间致力于学术研究和教育工作，成就斐然。

朱熹读书十分刻苦用心，与他同龄的孩子仅满足于读书、识字、背诵，他却更倾向于用心去体会圣人所讲的道理。他常常为一句话所含的意义而食不甘味，夜不安寝。一旦他领悟了个中道理，便又高兴得不能自禁。朱熹不仅读书刻苦，而且非常善于总结学习方法。他喜欢博览群书，但从不贪快。他认为，读书不明其中道理，就算读得再多也没有用。早年他在读《周礼》时，听人说《周礼》的每一句话都仿佛从圣人心中自然流出，但当时不甚理解。后经多年研读、揣摩，终于豁然开朗。他曾比喻说这就好像以前只听说糖是甜的，盐是咸的，今天亲自尝到了，才真正明白了何为糖甜、盐咸。他还形象地把读书比作射箭，刚刚练习时，只要射到箭靶上就行。但经反复训练，最终要射中靶心，否则也就不能说学会了射箭。朱熹认为，读书的目的在于弄懂书中的义理，而后照着这些义理去做。

他说，十七八岁时读《孟子》，到20岁，只能逐句去理会，以后才明白，书中很多长段是首尾相连的，不能割断了它们的联系，只有把大段的文字综合起来理解，才能领会其中的真谛。

朱熹读书还十分讲究循序渐进的方法。他认为，读书都有一个由浅入深的过程，比如要先读《论语》，再读《孟子》；先读《论语》的"学而"篇，再读"为政"篇。读某一本书或某一篇时就要读到把它弄懂为止，再接着读下面的内容。这样，读到融会贯通的地步，就可以说把知识学到手了。

朱熹不仅爱读书，而且会读书。他早年兴趣广泛，禅、道、楚辞、诗、兵法样样涉猎。但后来，他又转向进行儒家经典研究。这"一博"、"一专'，为朱熹的学术研究打下了坚实的基础。

读书破万卷，下笔如有神。每天抽出一点时间来读书，将为你今后的工作、生活带来精神上的极大丰收。

提高阅读品味

书籍是从浩瀚的人类文明中逐渐积淀下来的瑰宝，如果我们想要使自己的思想更丰富，必须从这里吸取养料。

阅读不只是读的问题，更重要的是丰富自己，提高品位。正如我国古人所说的"修身养德"，让自己具有更高的修养水平。

每天用一定的时间坐下来，品品香茶、读读好书，这样在不知不觉中提高了自己的文化品位。

所以，一定要读好书，读较高水准的书，而不要在一些低级下流书刊中寻找刺激，那对提高自己的人格魅力和文化品位是毫无帮助的。"读一本好书就是与一个高尚的人交谈。"反之，读一本坏书就是跟一个思想下流的人交谈，长期受他的影响，那就会"近墨者黑"，所以一定要警惕自己休闲的品位。

提高阅读品位并不是要你读一些晦涩难懂的书或者找一些较前卫的连自己也不懂得什么意思的作品来读。阅读毕竟是在欣赏，是在休闲时间，是为了使自己心情更放松更愉快。因为只有更放松更愉快，你才能坚持下去，所以，也要注意可读性，除非你感兴趣，要不然就丢掉它。因为世上有太多好书要你去读。

1. 好小说使你轻松快乐

有些人一提阅读计划时总是郑重其事，其实却老是因为计划无法完成或是兴趣转移而告终，其实阅读是一件让人轻松的事。

特别是读不属于需要"思索地阅读"之列的小说，这并非因为小说不足以引人深思——世界上一些伟大的文学作品也包括小说这种文学形式，原因在于：不好的小说不应该被阅读；而优秀的小说不需读者花费太多精力就可以欣赏。小说中有一些败笔的地方读起来可能比较困难，但读一部优秀的小说如同乘一叶扁舟飞流而下，在到达终点时，你可能会稍有些喘息，但是决不至于精疲力竭。最出色的小说往往最不需要你费神。在通过阅读陶冶自己的精神时，通常会感觉到疲惫和困难。对你来说，它就是一项任务，一方面你渴望有所建树，另一方面，你又想要逃避行动。然而，读小说的时候就不会有这种感觉，为了读《安娜·卡列尼娜》，你不至于要咬紧牙关吧。

在读小说的时候，你可以使自己的精神全面放松，融入小说中的叙述和对情节的幻想之中，有时候边读小说边猜想接下来的故事情节也是一种非常有意思的休闲方式，它可以解除你脑力工作中的压力，使你身心放松，进入对情节的创造性幻想中。你还会发现，有时读小说比看电视剧更有趣，因为

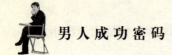

你在头脑中想像出的情景，远比同名电视剧更有创造力。

阅读不是工作，是享受，尽情地享受阅读的快乐吧。

2. 品味诗歌重在品

诗歌不仅是古老而优美的文学形式，更是心灵的呐喊，心血的结晶。读诗可以给我们更多的美感和智慧。

读诗可以从三个方面来读：

（1）进入诗歌的意境。诗歌的意境，读者都很容易轻松地进入。读诗，只需同诗人的感情一并波动，同诗人一起联想，让想像自由飞翔，激发起你的再创作感，不论你是否也能创作出诗，只要你能感到美，感到激动就是进入意境。

（2）品味诗的韵律美。读诗，一定要读出声来，或吟诵，或轻读，要仔细体味诗的韵律美。

（3）感受诗的语言美。多读诗，可以极大地帮助我们学会如何推敲、锤炼语言。

诗是跳动的语言，诗是语言的精华。如果你能在自己的言谈话语中引用出名人的经典诗句，那么你的魅力便不是一般，你受人欢迎的程度自然而然就高了。

读诗重在品味，品出其中的诗韵，感受其中的美感，长此以往你会发现，读诗是会上瘾的。

3. 读散文重在悟

散文作品从根本上说，也是一种语言的艺术。文学阅读的另一个重要方面，便是对作品语言的感悟，说白了，欣赏散文作品，就是欣赏用语言描绘的图画，欣赏用文字创作的音乐。真正的文学大师笔下的语言，是有生命的，有灵性的，它有声，有色，有味，有情感，有厚度、力度与质感，需要你细心地去体味，去感悟和欣赏，并从中感受到一种语言描绘出的美和情。有一位文学巨匠说过："生活阅历的丰富，为欣赏文学作品提供更深的理解，感情的丰富，才能对作品产生共鸣。"因此，对语言的敏感和驾驭能力，也是衡量人的精神素质的重要标尺，是提高人的精神境界，使人变得更美好的不可或缺的方面。

读散文除了感受散文的语言魅力外，还要从散文中感受作者的思想感情，这样你便会在每一次散文阅读中获益，提升你人生的价值。

4. 阅读无定式

一提起阅读文学名著、诗歌散文，可能会使许多人头疼。其实，就像俗话中说的那样："爱骑马的不骑驴，爱吃萝卜的不吃梨"。不喜欢文学不一定就是有失高雅，阅读也完全可以选一些自己感兴趣的作品来读。

阅读是必要的，它包括你所喜欢的每一个方面。当然，无论如何，没有书籍的帮助，要想正确地学习某件事情是不可能的，或者至少也是相当困难的。可是，如果你极欲详细地了解打桥牌的高明技巧和游船操纵技法的时候，你不会因为对文学毫无兴趣而放弃阅读介绍这类方法的最好书籍吧。不爱好文学既不能算是一种罪恶，也不能成为愚蠢的佐证。

除文学之外，还有相当广阔的领域可以对人类的精神产生巨大的影响。

有些书可以帮助你欣赏音乐，有些书可以帮助你识别古董，有些书可以帮助你自助旅游，告诉你必要的饮食文化，这样，你可以随时把它们变成你结交朋友的见面礼，提高你的人生品位，让别人对你钦佩不已。其实，你并不像他们所想的那么博学，只是仔细读了一两本书而已。

读了传记，你便可以谈名人，谈历史，甚至，读了一些文学家的传记，你便可以对文学有了更高一层的欣赏品位，而且，还可以作为你的谈资，包括一些对文学的评价，以致于让一些文学爱好者或作家朋友都对你"另眼"相待了。

善于灵活使用知识

人生实际上是在无知和求知之间的一场斗争。一旦一个人停止寻求知识和信息，就会变得无知。因此，人们需要不停地与自己做斗争：是通过学习打开自己的心扉，还是封闭自己的头脑。

学校是非常非常重要的地方。在学校，你学习一种技术或一门专业，并成为对社会有益的人。每一种文明都需要教师、医生、工程师、艺术家、厨师、商人、警察、消防队员、士兵等等。学校培养了这些人才，所以我们的社会可以兴旺发达。但不幸的是，对许多人来说，学校是终止而不是开端。

在今天的世界，每个孩子都需要得到更多的教育，他们需要知道真实生活中的游戏规则。这就是今天为什么简单地说"努力学习，找好工作"是"危险的"。我们今天需要更加持续的教育，而现在的教育体系并不足以供应这些。

事业之路应该是拥有企业而不是为企业工作。仅仅学习好，然后找个好工作的想法是陈旧的。我们需要新思想和不同的教育。也许设想努力做个好雇员同时努力去拥有自己投资的企业会是一个更好的主意。

1996年，研究智力的一流权威之一美国的罗伯特·J·斯特恩伯格博士出版了《成功者的智力》一书。该书指出：分析能力与各种成功之间几乎不存在内在的联系。斯特恩伯格博士发现，成功者的智力包括三个方面的内容，分析能力只是其中之一；此外还有创造能力和实践能力，或实际经验。

在成为百万富翁的人当中，有许多并不是成绩最优秀的A等生，但他们在学校里的确学到了许多东西。那并不只是非常关键的基础课，自我约束与坚韧顽强也是学校经历中所学到的重要的东西。

很多人以为读工商管理硕士（MBA）是做生意赚钱的捷径，很多没有大学文凭的经营者，也往往羡慕那些高学历的人，他们总觉得高学历等于财富，学历高的人赚钱自然会很容易，财源也会滚滚而来。这其实是一个很大的误解。

如果你没有大学文凭，千万不要泄气，虽然说高学历有助于你的事业成功，但真正的成功与高学历之间并非完全是个等号。不要以为有高度的书本知识水平，便是成功的象征，许多大学生因为高不成、低不就而最终一事无成，就是因为他们误解了学问与成功的关系。

能够踏上高等学府的台阶，只是代表你对课本知识的领悟能力比较高，仅此而已。至于在社会上能否取得成就，则是另外一回事。读书成绩好的人，未必能够在商场上得心应手，特别是那些死读书的"书呆子"，在商场上的成绩，很可能跟在学校里的成绩截然相反。谁也不敢保证一个医学硕士在商场上肯定会强过一个初中生，也没有人能够打保票，一个哲学博士可以在商场上赚个大满贯。正如一个读书不成的小伙子，不一定必然穷困潦倒一生一样。假若学历能够为经营者带来利润，那么大学的教授岂不统统都成了商场巨子。

实际上，当今许多富可敌国的超级大亨，真正是高学历属于知识分子的并不是很多。全球闻名的"松下电器"创始人松下幸之助的人生经历可说是非常坎坷的。他出生时家境贫寒，刚上到小学四年级就不得不离开父母，来到大阪，开始了个人独立生活的历程。刚到大阪时，松下在一家小店当学徒；当今世界首富比尔·盖茨，可谓当今尖端技术领域最叱咤风云的人物，他的名义学历也不高，充其量只能算是个"大本"吧，可他所取得的成就却让一个个博士望尘莫及。知识本身不是力量，知识的力量在于使用、在于创新、在于活学活用。知识创新是真正强大的力量，只有知识不断创新，才能使认识不断深化，转化为改造世界的力量。

对于经营者来说，从书本上获得的知识固然重要，但是实地走访厂商，向各地挨家挨户推销，可以获得更实用更有益的经验。因此，没有学历不可怕，关键是自己不要看轻自己。因为一个人在学校里所学的知识毕竟是有限的，有很多知识是在社会这个大课堂所学到的，而且许多真正管用的"生意经"也是不可能在书本里学到的。

手脚勤不如头脑勤

成功从根本上讲，是"想"出来的。只有敢"想"，会"想"，善于思考，才会是成功者的候选人。青年人，应该是善于思考，把别人难以办成的事办成，把自己本来办不成的办成。当别人失败时，你如果可以从他人的失败中得出正确的想法，并付诸行动，你就可能成功。当你自己失败了，你能够转换到一个正确的想法上，再付诸行动，你同样可以获得成功。

如果你想要少做一些工作但仍能得到想要的东西，那么你就一定要比普通人思考的更多。当然，如果你的思考本来就是错误的，那再多的思考也是无益。你所想的一定要具备高质量、积极向上并具有创造性。

平庸的人往往不是懒得动手脚，而是不爱动脑筋，这种习惯制约了他们的发展。相反，那些成大事者无一不具有善于思考的特点，善于发现问题、解决问题，不让问题成为人生难题。可以讲，任何一个有意义的构想和计划都是出自于思考。一个不善于思考的人，会遇到许多举棋不定的情况；相反，正确的思考者却能运筹帷幄，做出正确的决定。

世界首富比尔·盖茨在接受中央电视台专访时谈到，他作为微软公司的总裁，再也没有编写软件的时间了。但是无论多么忙，他每周总会抽两天时间，到一个宁静的地方呆一呆。为什么呢？他说，面对繁重的工作和激烈竞争的IT市场，他作为一个企业的管理者，不能把精力浪费在烦琐的小事上，他必须在专门的时间去思考，以作出具有战略意义的决策。

我国近代史上的名臣曾国藩也有这样的习惯。无论战事多么紧张，或政务多么复杂，他每天都会挤出一个时辰在一间静室里静坐，有时是为了平静自己的情绪和心态，有时是为了理清自己的思路。

从上面的两个例子我们可以看出，成大事者不善于思考是不行的。只有专注的思考才能集聚自身的力量、勇气、智慧等去攻克某一方面的难题，才能取得良好的效果。

所有计划、目标和成就，都是思考的产物。你的思考能力，是你惟一能完全控制的东西。你可以以智慧，或是以愚蠢的方式运用你的思想，但无论如何运用它，它都会显现出一定的力量。没有正确的思考，你不可能克服坏习惯，也防止不了挫败。

一个人要想做出一番特别的大事，必须善于思考，多向自己提问。青年人要成就大事，首先得先思考你的事业，思考你自己，向自己问问题，只有养成了这样的习惯，在事业的开创过程中，不断地思考自己，思考自己所做过的、正在做的和将要做的事情；不断地向自己提出问题，看一看哪些是需要弥补的不足之处，哪些是应该改正的错误之处，哪些是该向人请教的不明之处……只有这样，才会不断前进，走向成功。

向你自己或别人提出迷惑不解的问题，可能使你获得丰厚的报酬。这种方式曾经导致了世界最伟大的科学发现之一。

我们都知道这样一个故事：一个年轻的英国人在他家的农场里度假休息，他仰卧在一棵苹果树下思考问题，这时一只苹果掉到了他的头上。

"苹果为什么会朝下落呢？"他问自己。这个年轻人就是牛顿。从此他对这个问题进行了不懈的研究，终于发现了万有引力定律。

任何刚开始创业的青年人，都要养成的最有价值的习惯就是在下决心之前，一定要对自己多发问，注意整理自己的思路。这可以让人有一次机会，来合理地整理自己的思绪，或回想自己为什么或怎样会有这种决定，这个过程虽然看起来简单，但却会在处理问题的过程中收到实效。

积极思考是现代成功学非常强调的一种智慧力量，如果做一件事不经过思考就去做，那肯定是鲁莽的，也是会栽跟头的，除非你特别地幸运。但幸运并非总是光顾你，所以，最稳妥的办法是三思而后行。

思考习惯一旦形成，就会产生巨大的力量。19世纪美国著名诗人及文艺批评家洛威尔曾经说过："真知灼见，首先来自多思善疑。"爱因斯坦也非常重视独立思考，他说："高等教育必须重视培养学生具备会思考、探索的本领。"人们解决世上所有问题用的是人脑的思维本领，而不是照搬书本。

智慧是男人最大的本钱

人类之所以被称为社会化的动物，那是因为人类可以用高度的智慧，共建精神文明、物质文明。

一个人的智慧是神奇的。智慧能改变自己，能改变他人，能改变万物，能改变大地，能使世界产生神妙的奇观，能使人类的文明、文化产生日新月异的进步。所有的历史文化，所有的伟大人物，无一不是智慧的产物，无一不是智慧的结晶。

莫泊桑说："智慧与天才是一种恒久运用的耐心。"

谚语说："智慧出于勤奋，知识在于积累。"智慧越用越多，这是千真万确的真理。智慧不但越用越多，而且越用越明，越用越高。智慧是每个人的潜在本能，用之就有，不用就无；用之就巧，不用就拙。天才与智者，就是善于使用智慧，而不使它荒废；愚蠢与笨拙的人，就是不好好利用智慧，而任它荒弃、埋没、与躯体玉石俱焚。

人类充满了智慧，但是若不懂得利用它们，那么就失去了拥有它们的意义，有时甚至会导致严重的后果。

智慧是一种相当微妙的品质，我们很难精确地对其进行定义，而且这种品质很难通过后天教育的方式进行培养。但是，对那些渴望迅捷地在这个世界上成就一番事业，并取得成功的人来说，这种品质是必不可少的一个条件。

人类对于任何事情的见解，都是形形色色、见仁见智的。某一个正确的见解未必始终正确。必须顺应"时"与"地"而改变自己的见解。心理上要是有所拘束，就会丧失这种自由自在的境界。因此，过于固执而不知变通，

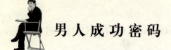

无异作茧自缚而动弹不得。在这种情况之下，还有什么发展可言呢？

万事万物无时不在变化，今天的情况与昨天的情况已经不同，因此一定要有新的见解。

总之，我们要避免陷于拘泥，对事情要以舒畅的心情机智地观察和思考。条条大路通罗马，不要局限在自定的一条思想胡同中而走不出来。

或许你接受过高深的教育，或许你在自己的专业领域得到过最尖端的训练，或许你在自己所从事的行业是一个真正的天才，然而，你仍然可能在这个世界上郁郁不得志或是难展宏图。但是，一旦你能够在原有才干的基础上增加智慧这种品质，并与才干结合起来，你将惊奇地发现前途是多么地坦荡光明，而你在发展自己的事业时又是多么地得心应手。

不管一个人是多么的才华横溢、天资过人，如果他缺乏足够的智慧来对才华和天资进行有效的引导，如果他不能够在适当的时间说适当的话做适当的事，那么他还是无法有效地施展和运用自身的才华。

鲁斯金说："上帝给我们每个人以充分的力量，充分的智慧，只要你肯运用，它就能为我们做一切事情。"所以智力低下的人，千万不要自卑自贱，自叹自怨。必须明白，任何一个人的智慧都是用之不竭、取之不尽的。试以著书为例，你越写会写，下笔万言，倚马可待。越是不动笔，越是不能写，越感到笔重如山，一言难成。如越是写，智慧与灵感，就会像长江大河滔滔滚滚不尽而来；如越是不写，智慧与灵感，便像枯井死水，一点也不肯渗透出来。

落士比亚说："愚笨的人以为自己是聪明智慧的，然而真正聪明智慧的人懂得自己是愚笨的。"愚笨的人，常常不肯学习而至于愚笨，所以他的愚笨越来越历害；聪明智慧的人，总是不断地学习而无终止，所以他的智慧越来越高。

萧伯纳说："常识是本能。有丰富的常识，便是天才。"也就是说，积累的常识越多，积累的智慧越深厚。

智慧在人们的心中，就如同太阳照耀在天地间，永远光明，永远存在。生命有衰老死亡，智慧却永恒存在，并且随着年龄的增长而增长。智慧的积累，越积越多，越积越明。学问增长智慧，经验增长智慧，常识增长智慧。所以一方面要事事用心，一方面要事事学习。有人说："智者因为常常用心而智，愚者因为不肯用心而愚。所以人生而智时，不得矜于智而忽略了用心；生而愚时，不得拘于愚而怠慢了用心。"又说："学习于书本的人，因书而智慧；学习于实践的人，因实践而智慧；求教于人的人，因他人的教导而智慧；学习于外物的人，因外物而智慧。无所不学，则无所不智。"

聪明的人从愚笨的人身上得到的智慧，相对说来，比愚笨的人自聪明的人身上得到的多得多。因此说，学习不能拘泥于一个人，每个人都有可学的方面。

也许你极具才干，并过着刻苦努力的生活，然而，由于个性中缺乏机智这种卓越的品质，你的努力几乎要付诸东流。你好像无法与他人和平共处，但你又不得不与你的同事和下属尴尬相处。尽管除了机智之外，你似乎已经具备成为一个领导者的全部品质，然而正是这一不足构成了你的致命缺陷，使得你的生活波折重重、坎坷颇多。你总是做那些不该做的事，说那些不该说的话，并在无意之中伤害他人的感情，所有的这一切都抵消了你的刻苦努力所取得的结果，使得其他的努力变得毫无意义，因为在你的头脑里压根就没有"机智"这样一个概念。你一直都在不断地得罪和冒犯他人。也许我说得过份了些，其实不是这样，因为这个"你"之中也会有我。

爱迪生说："即使一个人可能既没有太多的学识也没有太多的才能，但是，如果他具备基本的常识，并在其行为举止中表现出宽容友善，那么，与那些思想深刻却缺少基本的常识和友善的人相比，他们的身心更能够得到全面的调和。"

弗洛伊德说："一个机智灵活的人不仅能够最大限度地利用他所知道的一切事情，而且能够巧妙地利用许多他所不了解的事情，通过熟练圆滑的技巧，他可以机敏地掩饰自己的无知，并比一个企图展示自己博学的老学究更能赢得人们的尊敬。"

人与人存在差别，这话谁也不否认。有人的善于随机应变，关键时候，灵机飞动，能够立刻脱口说出十分得体的话，赢得他人的赞誉。可有许多人却只在心感受，关键时候说不出让人赞誉的话。这些人多半是心慌、腼腆、胆小的人。

他们拙于社交，不善辞令。其实，这些人虽然拙于交际，但他本人却渴望，这是十分奇怪的事。

任何人都不是天生善于交际的。人如果要理解别人，先要理解自己，否则，休想对客观事物操纵自如。因为无法战胜自己的人，绝对战胜不了别人。

因此，要提高你的能力，需要对自己加强精神训练。精神的秘密在人脑

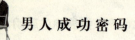

里，如果大脑受到消极情感支配，人就会精神不振。

人的情感和意识活动，主要分为需求的满足感，以及需求未遂的不满足感。如，憎恶感、嫌厌感之类令人感到不愉快的情感，这种需求上的不满，如果非常强烈，它就顽强地占据在大脑里，这些令人感到不愉快的情感，如不趁早从大脑中消除，你就无法使大脑发挥神威，做出应变。

而那些机智的人，在任何时间，任何场合都能扮演妙语连珠的角色。机智的人真是令人羡慕，这种人简直就是天造地设、出神入化的。

给自己增添一点幽默

每天睁开眼睛，你好像总是难免碰到一些不如意的事：开车上班，路上车子抛锚了；到了办公室，被主管责怪；昨天的企划方案做得不够好，而隔壁的小王却摆出一副幸灾乐祸的样子；下班回家，路过商店顺便买些东西，到家之后才发现是过期的，你生气地回去找店家讲理，对方的态度却十分恶劣……

仔细想想，我们每天生活在这种复杂而纷乱的环境里，好像很难维持一种好心情，很难快乐起来，但是，你甘心这样逆来顺受地过日子吗？有没有什么方法可以帮助我们改善呢？有，培养你的幽默感。

幽默是一种人生态度，也是一种生存的技巧，幽默能产生一股力量，以对抗周围不如意的境况。幽默能使人放松心情，减低压力。除此之外，凡是具有幽默感的人，通常在生活满意度、生产效率、创造力以及工作士气等方面都胜过那些没有幽默感的人。

美国的一些企业就曾经做过实验，证明幽默确实能够改善生产力，提升士气，并有助于团队合作。某些企业甚至让员工接受幽默训练，想尽办法增加员工的幽默感。在科罗拉多州的迪吉多公司，参加过幽默训练的20位中级主管，在九个月内生产量增加15%，病假次数减少了一半。

中国近代的幽默大师林语堂先生就曾经说过："幽默"对一个民族来说，是生活中非常必要的条件。他认为，德国的威廉皇帝就是因为缺乏幽默的能力，才丧失了一个帝国。在公共场所中，威廉二世总是高翘着胡子，好像永远在跟谁生气似的，令人感到可怕。有些伟大的领袖或者政治家，如富兰克林、林肯、罗斯福、邱吉尔等就非常具有幽默感，并且普遍受人爱戴。

当然，我们不可能每个人都成为伟大领袖或者政治家，但这并不表示我们就不能像这些伟人一样拥有幽默感。至少在你生活的周围，你可以因为幽默感而变成一个受欢迎的人，使别人乐于和你接触，乐于与你共事。你可以把幽默当成礼物，到处送人，并且绝对不会遭到拒绝。

我也许想问，想增加幽默，有没有什么秘诀呢？有，而且非常简单——只要随时怀着好玩、有趣的心情看待每一件事。电梯坏了，就开始爬楼运动；碰上塞车，就趁机欣赏路旁风景；隔壁的邻居老是想看你的"笑话"，你就真的好好说个笑话给他听……，用这种趣味和游戏的幽默方式替你自己打气，你就会豁然发现，每天出门都是那么神清气爽。具体说来，下面几个方面值得你注意：

用幽默反击命运——什么才叫做有幽默感？这个标准实在很难把握，因为每个人对事情的感受程度不同，有人碰到某些状况会认为好笑，因为他有过相同的经验，但另一些人可能就会觉得无聊。

大多数人的生活是很苦闷的，而"幽默感"则是人对于悲惨命运唯一的反击。我们每天只要一出门就会看到一大堆令我们不舒服的事，何不利用幽默感来放松自己？有一句话说："幽默感就像男人的前列腺一样重要。"因为，它是人与生俱来的一种天赋，也是人非常珍贵的资产。

听说国外有一种"幽默感训练"，这个主意不错，但是一个人的幽默感不一定完全可以训练出来，顶多只是观念的启发，恐怕无法传授技巧。因为幽默"感"本来强调的就是一种"感觉"，这是很个人主观的东西，必须靠自己去修行。不过，如果你自认为没有什么幽默感，也不必沮丧，只需记住一个原则：历史上所有的最荒谬的事，只有人类做得出来。你只要经常到人多的地方，保证随时都可以看到笑料。一旦你觉得好笑，就大声地笑出来吧。

机智是幽默的源头——有人批评中国人没有幽默感。其实中国历代以来很懂得幽默，尤其是一些君主，常常有一些诙谐睿智的言论，但是由于中国人受太多传统教的束缚，凡是"装疯卖傻"就会被视为不够庄重、不够威严，所以，得摆出一副道貌岸然的模样。

一个国家的元首如果不够幽默，那么这个国家一定很悲哀。观察古今中外的例子，越是在民主的国家，元首就越有幽默感；而那些独裁国家，独裁

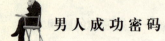

者总是摆着一张冷若冰霜的脸孔。如美国总统常常成为电视节目主持人公开挖苦的对象，却丝毫不以为意；英国首相邱吉尔也非常有幽默感，有一次，他到国会发表演讲，一名女性议员对他的演讲内容极不满意，站起身说道："如果我是你太太，我一定想办法把你毒死。"邱吉尔的回答则更绝："如果你是我太太，不必等到你下手，我会先把自己毒死。"

对中国人来说，"幽默（humor）"这个词是不折不扣从英文直接翻译的"舶来品"，中国人向来使作的形容词则是"诙谐"、"滑稽"等等，所有的幽默都来自"机智"，这和"搞笑"不同，好笑的事情不见得就是幽默，幽默可以反复咀嚼，值得一看再看，一想再想。好的幽默题材更令人拍案叫绝，出乎意料，甚至让人笑出眼泪，因为它触碰到人的内心底层，你觉得它说的根本就是自己。

幽默与天生的性格有关，但也可以培养。有一句话："能每天对着镜子微笑的人，就会有幽默感。"幽默感应该是日常生活的累积，多看有趣的书，听有趣的事，接近有趣的人。你可以常常利用散步和搭乘公车的时候观察他人的表情，有着急的，有忧愁的，有无奈的，有若有所思的，也有面无表情的，同时你也可以猜猜他们可能发生了什么事，自己忍不住就会笑起来！

幽默必须言之有物，不能光耍嘴皮子，那叫做刻薄。刻薄的人总是拿着剑去刺伤别人，却不检讨自己，这种人十分惹人厌恶，应该送到地狱去拔舌。幽默的人，给别人的感觉是温暖、仁慈、敦厚，说出来的话能让人哭、让人笑、让人反省、回味无究。即使是讲笑话，除了令人发笑之外，也要讲究深度，如果只是为了开玩笑而已，那会令人倒尽胃口。

还有，幽默应该是一种手段，而不是目的。好像小孩子玩游戏，虽然表面看起来轻松愉快，但是他们的态度却很认真。

如果你想成为一个受欢迎之人，如果你想增添自己的魅力，如果你想让自己变得轻松快乐，那就学一点幽默术，做一个幽默之人吧！

训练你的机智力

机智是成功的跳板，它是一个人成功打造自己聪明智慧的结晶。那么，你的机智力是什么呢?

　　谁能够精确地估算出由于缺乏机智而导致的损失呢? 那些人生旅途上的跌跌撞撞、磕磕碰碰,那些生活中的弯路和陷阱,那些跌倒后的辛酸、苦涩与困惑,那些由于人们不知道怎样在合适的时间做合适的事情而导致的致命错误! 你经常可以看到蓬勃横溢的才华被无谓地浪费或者是得不到有效的利用,因为这些才华的拥有者缺乏这种被我们称之"机智"的微妙品质。

　　与那些有着卓越才干却缺乏机智的人相比,成千上万的人尽管才能平庸,但却由于其机智灵活而取得了很大的成就。

　　你处处都可以看到这样一些人,他们仅仅因为不能主动寻找致胜的契机而备受挫折,遭受友谊、客户和金钱方面的巨大损失,他们所付出的代价是极其惨重的。由于缺乏机智,商人因此流失了自己的顾客;律师因此而失去了富有的客户;医生则因此病人骤减、门庭冷落;编辑为此牺牲了订户;牧师则丧失了他在讲道坛上的说服力和在公众心目中的崇高形象;教师在学生中的地位因此一落千丈;政治家也因此失去民众的支持和信任。

　　机智在商业活动中是一笔巨大的财富,对一个商人来说那就更是如此。在现代的大都市里,有无数的诱惑在吸引着顾客的注意力,因而机智所起的作用就更为重要。

　　一位著名的商界人士把机智列为促使其成功的首要因素,另外的三大因素是: 远大的抱负、专门的商业知识和得体的穿着打扮。

　　试想一下,由于银行的出纳员或营业员缺乏机智,有多少富裕的储户因此而愤愤离去,另投他门啊!

　　如果一个人想要在自己的业务活动或职业中获得成功的话,那他就必须拥有这种能赢得同事信任并帮助他结交可靠朋友的才能。一个真诚的友人会利用一切机会赞扬我们所写的书,会不遗余力地向他人仔细描述我们在最近一次开庭中的精彩辩护,或者是我们在治疗某个病人时的神妙医术;他们会在我们的名誉受到恶意的诽谤时挺身而出、仗义执言,并反驳和痛斥那些卑劣的小人。然而,如果缺乏机智的话,我们是不可能交到这样肝胆相照、莫逆于心的知已好友的。

　　在历史上,借助于机智成就大事者不胜枚举。以林肯为例,机智使他得以从内战期间无数不利的困境中解脱出来。事实上,如果缺乏这一重要因素的话,美国内战的结果很可能会完全改变。

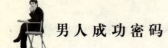

"在运用机智和谋略的过程中，幽默始终在发生着作用，幽默还会滋养我们的心灵。很多时候，我们在想到那些灵巧高明的技法时，情不自禁地想笑，这些技法在日后总是被证明为恰当的。在机智地运用谋略时，并不需要任何欺骗，我们所需做的就是展示一种正确的诱导，从而最有效地吸引和说服那些尚在徘徊观望的人。应该说，这种在恰当的时间内把应当完成的事情处理好的技巧是一种艺术。"

有人曾经说过："每一条鱼都有它的钓饵。"正如任何鱼都有它的钓饵一样，只要我们具备足够的机智，就可以在任何人身上找到突破的地方，从而接近他们，不管他们是如何的怪僻乖戾，如何的难以靠近。

不要耍小聪明

北宋文学家苏东坡，天资很高，过目成诵，出口成章，被誉为："有李太白之风流，胜曹子建之敏捷。"苏东坡官拜翰林学士，在宰相王安石门下做事。王安石很器重他的才能。然而苏轼自恃聪明，常多讥诮的言辞。

一次王安石与他作解字游戏，论及坡字，坡字从"土"从"皮"，于是王安石认为"坡乃土之皮"。苏东坡笑道："如相公所言，滑字就是水之骨了。"。王安石心中不悦。

又一次，王安石与苏东坡谈及鲵字，鲵字从"鱼"从"儿"，合起来便是鱼的儿子的意思，苏东坡又调侃说："鸠可作九鸟解，毛诗上说：'鸣鸠在桑，其子七兮。'就是说鸠有七个孩子，加上父母两个，不就是九只鸟吗。"王安石听了不再发话，但心中对苏东坡的轻薄非常反感。不久把他贬为湖州刺史。苏东坡因言词巧诈而被贬，实为遗憾。

苏东坡在湖州做了三年官，任满回京。想当年因得罪王安石，落得被贬的结局，这次回来应投门拜见才是。于是，便往宰相府来。此时，王安石正在午睡，书僮便将苏轼迎入东房等候。苏轼闲坐无事，见砚下有一方素笺，原来是王安石两句未完诗稿，题是咏菊。苏东坡不由笑道："想当年我在京为官时，他写出数千言，也不假思索。三年后，正中江朗才尽，起了两句头便续不下去了。"把这两句念了一遍，不由叫道："呀，原来连这两句诗都是不通的。"诗是这样写的："西风昨夜过园林。吹落黄花满地金。"在苏东坡看来，西风盛行于秋，而菊花在深秋盛开，最能耐久，随你焦干枯烂，却不会落瓣。一念及此，苏东坡按捺不住，依韵添了两句："秋花不比春花落，说与诗人仔细吟。"待写下后，又想如此抢白宰相，只会惹来麻烦，若是把诗稿撕了，不成体统，左思右思，都觉不妥，便将诗稿放回原处，告辞回去了。第二天，皇上降旨，贬苏轼为黄州团练副使。

苏东坡在黄州任职将将近一年，转眼便已深秋，这几日忽然起了大风，风息之后，后园菊花丛下，满地铺金，枝上全无一朵。东坡一时目瞪口呆，半晌无语。此时方知黄州菊花果然落瓣！不由对友人道："小弟被贬，只以为宰相是公报私仇。谁知是我的错了。切记啊，不可轻易讥笑人，正所谓经一事长一智呀。"

苏东坡心中含愧，便想找个机会向王安石赔罪。想起临出京时，王安石曾托自己取三峡中峡之水用来冲阳羡茶，由于心中一直不服气，早把取水一事抛在脑后。现在便想趁冬至节送贺表到京的机会，带着中峡水给宰相赔罪。

此时已近冬至，苏轼告了假，带着因病返乡的夫人经四川出发了。在夔州与夫人分手后，苏轼独自顺江而下，不想因连日鞍马劳顿，竟睡着了，等到醒来了，已是下峡，再回船取中峡水又怕误了进京时辰，听当地老人道："三峡相连，并无阻隔。一般样水，难分好歹。"便装一瓷坛下峡水，带着上京去了。

苏东坡先来到相府拜见宰相。王安石命门官带苏轼到东书房。苏轼想到去年在此改诗，心下愧然。又见柱上所贴诗稿，更是愧惭。倒头便跪下谢罪。

王安石原谅苏轼以前没见过菊花落瓣。待苏轼献上瓷坛，书僮取水煮了阳羡茶，王安石问水是从哪里取的，苏东坡说："巫峡。"王安石笑道："又来瞒我了，这明明是下峡之水，怎么冒充中峡的呢。"苏东坡大惊，急忙辩解道语听当地人言，三峡相连，一般江水，但不知宰相是怎么辩别出来的。王安石语重心长地说道："读书人不可道听途说，定要细心察理，我若不是到过黄州，亲见菊花落瓣，怎敢在诗中乱道？三峡水性之说，出于《水经补注》，上峡水太急，下峡水太缓，唯中峡缓急相伴，如果用来冲阳羡茶，则上峡味浓，下峡味淡，中峡浓淡之间，今见茶色半天才现，所以知道是下峡的水。"苏东坡敬服，王安石又把书橱都打开，对苏东坡说："你只管从这二十四橱中取书一册，念上文一句，我答不上下句，就算我是无学之辈。"苏东坡专拣那些积灰较多，显然久不观看的书来考王安石，谁知王安石竟对答如流。苏东坡不禁折服："老太师学问渊深，非我晚辈浅学可及！"

苏东坡乃一代文豪，诗词歌赋，都有佳作传世，只因恃才傲物，口出妄言，竟三次被王安石所屈，从此再也不敢轻易讥诮他人。东坡如此，而才不及东坡者，更应谨言慎行，谦虚好学。一个人读不尽天下的书，参不尽天下的理。古人说："宁可懵懂而聪明，不可聪明而懵懂。"

Chapter 10

强健的体魄是干事业的本钱

⇨ 上帝给了男人强壮的体格
⇨ 让自己充满活力
⇨ 体力和精力为成功之基石
⇨ 身体是一个人的无价之宝
⇨ 失去健康就失去了一切
⇨ 男人应拥有的生活习惯
⇨ 积极参加运动健身
⇨ 适合男性的休闲运动
⇨ 科学合理地用脑
⇨ 良好的爱好使人健康长寿

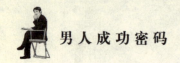

上帝给了男人强壮的体格

只要你留心，就会发现，站在你面前的男人，无论他个高个矮，或胖或瘦，即使是在最谦虚的时候，他那飞扬的眉毛、光彩熠熠的眼神、自信的谈吐、刚毅的微笑，也都掩藏不住身为男人的天然优越感。

生为男人，也许是上帝的另眼相看，自然地拥有浑圆的双臂、宽阔的胸膛、发达的肌肉、强壮的身体，这些成为力量的象征。自古以来，女人崇拜力量，敬畏男人，历经几千年而不衰。在漫长的人类发展史中，男人作为社会的主宰者牢牢地占据着统治地位，传统文化也在不断地向人们灌输男权思想，又在精神上确立了男人的不可动摇和至高无尚。身为男人，没有理由不为此感到骄傲。

男人体格健壮，为纤弱女子所不及，这是男人的自豪。面对女人，他们喜欢充当保护神，用他们那宽阔的胸膛，为女人作避风港；用他们那坚实的臂膀，抚慰女人心灵的创伤。他们总是以强者自居，哪怕事业受挫，哪怕是情感失恋，呈现在女人眼前的，永远是一张坚毅的脸。

健康的体魄，使男人养成独立自主的品格，争强好胜的个性。他们有思想、有主见，遇事冷静，处理问题果断。他们很少感情用事，思维重在理性，所以他们敢于面对挑战，敢于去战胜困难。在感情上，一旦投入，他们则一往无前，不获全胜决不收兵。如果对方坚决反对，对男人的打击将是十分沉重的，但是他们仍会很快振作起来，因为事业才是他们的生命。

男人的体魄及个性，表现在气质上就是阳刚之气。男人的阳刚之气，有与生俱来的，受荷尔蒙影响，男人在感知事情时就与女人不同。也有家庭教育的作用，男孩子和女孩子的启蒙教育，是在性别区分之中进行的，从小便被告知各自应该遵循的原则。还有社会环境的关系，"男尊女卑"的思想一直根深蒂固，虽然"男女平等"的思想已提倡多年，但若想彻底改变现状，还有待时日。多种因素的影响，各种环境的熏陶，男人自然地形成阳刚之气，也以拥有阳刚之气而自豪。

作为男人，并不是人人都阳刚，个个都健壮。那些身材瘦弱、眉清目秀的男人，也大有人在。他们没有因此而自卑，同样充满了身为男人的优越感与自豪感。究其原因，这是由男人的特质决定的。男人的本色，既包括外表的强壮，也含有内心的坚定。两者兼具，能更好的展示男人的魅力；只具其一，也不失男人的本色，仍有极强的吸引力。身材瘦弱男人，有着坚韧不拔的意志；眉清目秀的男人，有着丰富的内涵。这都不同程度地冲淡了其天生之不足。

让自己充满活力

一个男人要想成功，成就一番大事业，或赚大钱，或出大名，需要他具有出众的才华、过人的胆识、良好的机会等，但健康的身体比这些都重要。我们虽然不能说所有高智商的人都有健康的身体，但是，一个高智商的男人，就要寻找和培养健康成功的生活方式。

按照生理学的原理，男人的身体变化是一种生理规律，我们本身无法阻挡。当我们中的大多数人完成大学学业，开始走上社会时，我们的身体发育就已经基本上到达了顶点，当然，这有一个过程。人在 25 岁到 30 岁之间，也就是人常说的"吃不饱，累不垮"的阶段，对于身体的变化，我们还不是十分敏感，但一到而立之年，便会明显地感觉到体力不如从前。过了 40 岁，身体的零件就明显地开始变得生涩起来。而到了知天命之年，身体状况就更差了。对于大多数人来说，事业是否有成，主要就取决于这几个阶段。如果平素十分爱惜自己的身体，在这几个阶段事业就会蒸蒸日上，尝到了甜头，体会出"身体是革命的本钱"的意义。而那些不注意自己身体的人，这时候就会真正体会"力不从心"和"心有余而力不足"的含义，甚至，有不少人在自己事业的巅峰便猝然倒下，上演了一出英年早逝的悲剧，给家庭、社会、事业都带来无法弥补的损失！人，作为自然的产物，当然遵循着自然的规律。每个人总有一天会衰老，这是自然规律，谁也违背不了；但同时人又是社会的人，作为几万年进化的结晶，人不仅仅只是消极地顺应自然，他可以通过自己的心态调节，来延缓衰老，保持一颗永远年轻、充满活力的心态。所以，我们可以看到有些人虽然生理年龄已经进入了老年，然而其心态仍然很年轻，

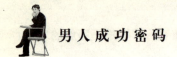

充满了活力。

他们有什么灵丹妙药吗？有！这灵丹妙药就是他们的积极的滋润。

对一切好奇。好奇，是大脑年轻、有活力的具体反映。对待新鲜事情要保持一种积极的探求心理，不断地为自身打开一个又一个通向新世界的窗户，不断地从新世界中汲取抗衰老的"长生不老药"。

一个具有高智商的人，一定会找到一种健康的生活方式，使自己永远充满活力。因为只有这样，才会有辉煌的人生，也才是成功的人生。

体力和精力为成功之基石

有些人很谨慎地保护家里的钢琴，使得钢琴音律很准。但是，他们却不肯费些精力去保护他们自己的身体，使身体的各个部分不致损坏。如果他们身体这部活的乐器已经从根本上被损坏，他们又想靠这部活的乐器来弹奏人生的大乐章，则他们所能发出的往往就只是混乱不堪的杂音。

人生的第一要事，就是要发展自己的力量，保持自己的精力，维持自己的健康，为将来可能出现的一切事情作好充分的准备，这是每一个人的神圣职责。

我们经常可以看到一些青年，终日为着平凡的工作而劳碌。以他们的才能，的确能够成大事，但是实际上为何干着这种平凡琐碎的工作呢？一个重要原因就是他们缺乏旺盛的生命力和充沛精力，这样就难以克服前进道路上的艰难险阻，无法在成功的阶梯上继续迈进。

一个人要充分发展自己的能力，第一个条件便是自尊。"一个人心中怎样看他自己，他就成为一个怎样的人。"一个人心里的一切意念，都可由他的身体表达出来。如果立志要做个非同寻常的人，那么在思想上和行动上，就不能再有卑微怯懦的表现。

在各行各业中，处处可以看到一些雇员，过着一种醉生梦死、花天酒地的生活，可以说他们生活在错误里，有人还流露出卑鄙的思想、沾染了种种恶习，实际上在他们的身体里充满着有害的细胞，难怪终其一生表现不出伟大的力量来。

　　有些人平时把体力和精力白白地浪费，等到有利的机会来临时，他们往往又缺少勇气和自信力，只是表现出颤栗、怀疑和胆怯，这是导致失败的直接原因。

　　只有少数人懂得身体健康的重要性，他们像保护一部无价的机器一样保护自己的身体。

　　在人体中，消化器官的作用在于供给全身动力，但好多人无法使自己的消化器官正常工作。很多的消化力，都费在消化各种不是身体必需的食物上；另外有一些人，不吃富有营养的食物，因此面黄肌瘦，好似不得饱食的饥民。

　　还有好多人操劳过度，由于终日忙碌，竟然连休息和娱乐的机会也没有，这对于身体无疑是有害的。

　　一个有才能的人如果不能使其才能发挥出来，这才能就会失去意义。而有了才能又要使之充分发挥，一定得有充足的精力、强健的体力。如果身体羸弱、精神疲惫，那么便无法发挥出应有的才能。

　　有些作家的作品淡而无味，无法引起读者的兴趣，这往往是由于作者的身体羸弱、精神萎靡。一个传教士在讲道时不能获得听众的注意，也因为他言辞缺少力量和生气，究其原因，也是由于他缺乏强健的体魄和旺盛的精力。一个教师在授课的时候不能引起学生们的注意，也很可能是因为他缺乏勃勃生机和热忱。一个人的精力衰败、体力羸弱，这都是平日不善保重身体的缘故。

　　体力与精力为任何事业成功的基石，欲成就大事者，必先珍惜自己的体力和精力。一切的工作都应劳逸结合，这不仅有助于保养身体，还会提高工作的效率。另外，一个舒适快乐的家庭对一个人的体力和精力也是一种极大的保证。

　　与浪费金钱相比，浪费宝贵的体力和精力更为可惜。因为浪费了体力和精力，等于丧失了努力的机会，无异于慢性自杀。

　　工作的效能是获致成功的一大要素，而体力和精力都是增进工作效能的资本，所以千万不要轻易浪费。

　　无论做什么，都应慎用体力和精力，要持之以恒，好似溺在海里的人，紧抱着飘流水面的木杆一般。人人都当懂得，体力和精力是成功的资本，有了强健的体力、充沛的精力，即便赤贫如洗，也比那些拥有财富而把体力和精力消耗干净的人富裕得多。与人的体力和精力相比，黄金钻石便是一堆无

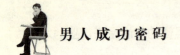

用的废物；至于房屋地产，更不能与人的体力精力相提并论。

身体是一个人的无价之宝

健康的身体是一切成就的源泉，我们要爱护身体这架机器每一个细小的部分，切实地关爱自己。

许多立志要成功但最后壮志难酬的人，往往就是因为不能战胜一个最大的敌人，这个敌人就是他自己。

他们常常不以为然地欺骗自己，他们从不按时去吃一餐可口的饭，他们好像也从来没有注意要有好的睡眠或休息。等到他们的身体、精神开始衰退，出现了大的损伤，他们才感到惊讶：自己的头发怎么就白得这么快？自己的胃口怎么不好了？年纪轻轻身体怎么就如此不济呢？他们不懂，使自己吃这些苦、受这些麻烦的，正是他们自己贪多求快的欲望以及急功近利的好胜心。

你可以有两种方式的生活选择：一种是过乱七八糟、毫无规律的日子，你拼命地要求自己，日以继夜地埋头于工作，你剥夺了自己所应有的休息时间，即使因此而病倒或折寿十年八年也在所不惜；另一种则是过规律的健康生活，使自己有更好的身体，活得也更长寿。

一个人的身体是他的无价之宝，千万要好好地珍惜。强健的体魄，才能成为你成就大事业的最得力助手，才能成为推进事业的最大动力。

精力是一个人惟一的靠山，所以你一定要好好地爱护它。无论在哪里，我们都可以看到许多萎靡不振的人，他们的年龄不过四十岁上下，可是看上去已经背驼腰弯、鬓发斑白了，一副暮气沉沉的样子。以前，他们也都是志向远大的人，他们多么希望一鸣惊人！但现在呢？他们已经把自己所有的资本——精力和体力都消耗干净，他们那架惟一能够促使他们成功的机器——身体，好像已经锈迹斑斑，不能再用。从年龄上说，他们应该是"大有作为"的时候，但是从生活状态来看，他们好像已经末日将临了。

世上有很多自作聪明的人，为了节省几个钱，不肯多给自己增加一些必要的营养。他们总是吃得十分简陋，真不知他们拿自己当什么！他们从来不注意自己身体的健康。否则，他们应该好好地坐下来，慢慢地吃上几种有营养而又可口的饭菜，再好好休息一会儿，让胃里的东西好好地消化一番，然后再去接着工作。

过度地吝惜金钱而毫不考虑到自己的身体，这实在是一种得不偿失的做法，根本谈不上"节俭"两个字。一个真正懂得节剑的成功者，他随时随地都用心去设法增加自己的体力，保养自己的精神和头脑，使自己浑身充满无限的力量。他明白一个道理，只有凭借充沛的能力、精力和体力，他才能完成伟大的事业。

我们的身体和跑车一样，如果不按时加油保养，再好的车也会提前报废。在我们的社会中，这种人真是多得要命。他们尽管雄心勃勃，但由于不知爱护身体，以致无法积蓄起足以使自己成功的能力。就好像他们手里拿着一柄钻子一样，把自己那储藏伟大生命力的宝库钻了无数个漏洞，让他们那宝贵的生命力大量地泄漏出去——如果说他们不是疯子，那还是什么呢？其实，在我们的周围，这样的疯子真不知道有多少——他们拼命地在生命的宝库上钻洞，打算让自己成功的所有生命资本泄漏干净。

他们不但无限制地挥霍掉自己天赋的生命力，还不珍惜自己后来积蓄的一点精力。就是这样的人，还总对自己为什么没有成就表示惊讶。

很多习惯会成为一个人精力大量泄漏的漏洞，比如：睡眠不充足，不经常做体育运动，不肯吃有营养的食品，不肯在工作中作一定时间的休息，不肯把负担过重的工作放在一边等等。

一个人的身体状况和精神状态是最能影响他的姿态和气质的。在街头巷尾，我们偶然看到一个昂首挺胸、气宇轩昂、步伐稳健的人，谁都可以看出他是什么人——海军军官或是陆军校尉。人人都会羡慕他们那种健康的姿态。但实际上，只要是躯体没有残疾的正常人，都可以通过有规律的生活、适度的运动，来获得这种优雅的姿态。

要养成良好的姿势，只要下定决心就能做到。走路或站立的时候，身体必须挺直，两肩向后退，胸部稍微向前挺。经过这样严格的训练后。一旦养成习惯，你的姿势就会自然而然地显得美观而有生气。与此同时，威仪严整的姿势还会对你的健康与自尊心带来有益的影响。

走路时两腿必须挺直有力，步伐坚定。千万不要像穿了拖鞋一样，两脚拖拉着。走路时两臂摆动要自然，不要太急也不要太缓。总之，走路的姿势要像行云流水一般，美观而自然，千万不要东倒西歪、摇摆不定，或是一路

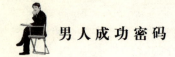

跑跑跳跳。

有许多不注意自我训练的人，坐的时候总是弯着腰，这也是很多人的通病。他们整天把全身埋在椅子上或沙发里，等到走路时，当然就不可能有良好的姿势了。最不利的是，这种懒洋洋的姿势还会钝化人的思想和志趣。

一个人的才能学识往往与身体的各个部分有很密切的关系，有时身体的某一部分出了毛病，就会使全身不舒服。同样，一个人如果有坐立不稳的习惯，那么他的性格也容易受到不良影响，他的学识和才能就难以再进一步得到提高。

长时间坐在电脑前的人，很少自始至终挺直腰杆的，很多人都是一幅慵懒的样子，更有甚者成了驼背。我们非常年轻，为什么不能挺直胸膛？

一个人常常背驼腰弯，其消化力不会太强。因为这种不良的姿势很容易妨碍血液的循环，会减低心脏的活力。而且养成这种姿势的人大都不能吃苦耐劳，稍一工作就浑身难受，就要伸懒腰来舒展筋骨。

如果一个工程师只因为要省一点儿润滑油，而任凭他的机器和发动机损坏，你一定要嘲笑他是一个大笨蛋。可是，在我们的社会中到处都有这样的大笨蛋，他们舍不得用那舒适、休息、运动的油来润滑自己那宝贵的身体机器。他们不知道，舒适、休息、运动对于身体，正如润滑油对于机器一样重要。

我们要成就一番事业，最需要的就是精力。一个人一旦有了精力，无论怎样艰难的事情都不成问题。但是，很多人往往把他们自己宝贵的精力随意挥霍掉，把精力用在一些毫无意义，甚至是自寻烦恼的事情上。要知道，那些事情对他们的成功是没有一点益处的。如果能掌握控制自己的心智和精神的方法，使自己的精力得以积蓄和扩充，而决不让一点一滴的精力无谓地泄漏到那些毫无意义的事情上去，那么我们的前程一定会灿烂辉煌。

但世上仍然有无数的青年人不知爱惜自己的精力，随意地消耗挥霍自己的精力。

在农村，春天的时候河水的水位很高，这时农夫往往就在河道里修筑水闸，使水不至于完全流失；因为一到夏天，河水的水源容易干涸，如果在春天预先修筑水闸，把水积蓄起来，等到夏天就不怕闹旱灾了。

做人的道理其实也一样。在人年轻的时候，全身都充满精力，正如春天的河水丰富充沛。所以，我们应尽快修筑起意志的水闸，不要让宝贵的精力白白地一点点漏掉，以致到了中年就因精力衰弱而无法继续工作了。

一个人如果丧失了自己的脑力，他就不会再有创造力。那些由于狂嫖滥赌、操劳过度或是太无聊而使自己的脑力受到极大损害的人，他的健康、他的智慧、他的判断力、他的发明能力和创造力都将因此受到巨大的损害，甚至会丧失殆尽，这样一来，他们就再也没有成功的希望了。

失去健康就失去了一切

拥有健康并不等于拥有了一切，可是失去了健康却等于失去了一切。健康不是他人的施舍，健康是对生命的不懈追求。

很少有人会彻底明白体力与事业的关系是何等重要、何等密切。人们的各种能力，特别是各种生理机能的充分发挥，人们的生命效率的增加，都有赖于体力的旺盛。

体力的旺盛与否，能够决定一个人的勇气和自信的有无；而有勇气与自信，是做大事的必需条件。体力衰弱的人，多半是胆小、寡断和没有勇气的。

若想在人生的历程中获得胜利，首要的条件，就是每天都能够以一副体强力健的状态，去向一切迎战。可是，有些人却以有气无力之躯从事着事业，其无法取得胜利，又能怨谁呢？

对于你的事业，你要付出全部的力量，才能获得成功。仅仅发挥出你的部分能力从事工作，这种工作肯定干不好。你要以一个精强、完全的"人"去干工作，工作对于你来讲，是兴趣而不是痛苦；你对于工作，是主动的而不是被动的；如果你因为生活不知谨慎而以筋疲力竭的身体去干工作，你的工作效率肯定衰减。结果，你所做的事情，都带着"弱"的印记，而在弱的印记上，无法获得成功。

很多人就失败在这一点上。干事业的时候，未能发挥出他们全部的力量，一个没有活力、精神衰弱、情绪波动的人，永远都不能作出什么事业来。

明智的将军，不会在士气不振的时候，率领自己的军队去对付大敌。他会秣马厉兵、充足给养，接着才肯率军去参加大战。

在人生的战斗中，能不能取得胜利，就在于你能不能保重身体，能不能

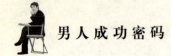

保持你的身体处于"良好"的状态。一匹有"千里之能"的骏马，如果吃不饱、睡不好，在竞赛的时候，往往会败于"常马"。

一个具有一分本领的体力旺盛的人，能够胜过一个因为生活不知道谨慎，而导致体力衰弱的具有十分本领的人。若在你的血液里，缺乏火焰的燃烧，在你的身体里，缺乏精力的储存，那么，你在人生的战斗中一经打击，往往会失败的。

一个人有雄心大志、有自信，并且具有足够应付任何险境、抵挡任何事变的旺盛体力，那么他肯定能从那些烦闷、忧虑等各种精神束缚中得到解脱。

旺盛的体力能够增强人各部分机能的力量，使其更有效率；强健的体魄，能够使人在事业上得心应手、得到体力上的帮助。

只要是有志成功、有志上进的人，都会爱惜、保护体力和精力，而不会使稍许精力浪费在不必要的地方；因为体力和精力的浪费，能够减少人获得成功的可能性。

有很多人有志成就大事，可是因为没有强壮的体力作后盾，而酿成了壮志未酬身先死、遗憾终身的惨剧。

有很多人拥有强壮的体力却不知谨慎，任意挥霍在无意义的地方，从而摧毁了珍贵的"成功资本"。

如果美国总统罗斯福，当初对于身体不注意补救，他以后能成就什么呢？罗斯福的一生，或许会成为可怜的失败者吧！罗斯福曾经对自己说："我是一个软弱多病的孩子。但我后来决意恢复我的健康，我立志要变为强健无病，并竭尽全力以做到这点。"

健康的维持取决于身体各部分的平衡；而"成功"的取得取决于身体和精神两方面的平衡发展。因此，你要尽一切可能，以求得到身体上的平衡；身体上的平衡得到了以后，那么精神上的平衡往往就容易获得了。人们患病的部分原因，是因为身体各部分中的发展不平衡。

比如，对于某一部分的细胞不需要过度的刺激和活动；可是有些部分的细胞，却亟待刺激。

身心不断地活动，是除病健身的好方法。要维持身心的健康，活动是必需的。

人体中的各部分机能，如果没有经常活动，就无法保持健康。可见，工作中所有行动、过程都是生命中机制调节的结果。"空闲"最耽误事了，人们的犯罪行为，往往是在空闲的时候才发生的。一个在正当的事务上忙碌的人，他是相对安全的。他可以避免很多在空闲的时候作出伤害你的各种不良引诱和试探。

有一个著名的英国医师曾经说过，人如果想长寿，必须除了睡眠时间外，让脑部不断地活动。每个人必须在职业或者工作以外找一种正当的嗜好。嗜好给他带来兴趣，能够使人在愉快的心情下活动其精神。"行动"的意义相当于"生命"，"静止"相当于"死亡"！

男人应拥有的生活习惯

从智商角度讲，健康的良好状态是指人的身体上、精神上、情感上、信仰上、社会环境和生活规律上的状况良好，包含了人类所有生存因素上的健康，也指生命质量和生活习惯的状况良好。健康，一般年轻力壮的人并不太注意。只是害了一场严重疾病或人到中年，才觉得健康重要。但往往健康已受到损害或潜在的威胁。虽然"亡羊补牢犹为未晚"，总不如未雨绸缪早早预防的好。

首要的是对健康须有个清醒的认识。"健康是人生第一财富"是爱默生的感悟。我国著名教育家陶行知说过："健康是人生的一个重要的目的，也是学问的一个重要目的。学生是学习人生之道的人，学习厚生则可，学习伤生是断断乎不可的。""我深信健康是生活的出发点，也是教育的出发点。"

现代学者梁实秋先生认为："健康的身体是做人做事的真正的本钱。"这些观点是深刻的，也是很现实的。纵然你有经天纬地的超世之才或气吞山河的宏图大志，如没有一个健康的身体，一切都将枉然。我们强调为国家、为民族创业绩、作贡献，并不是提倡人们不要健康，甚至去做无谓的牺牲。一个人一旦为国家、为民族作为出了贡献，他的生命就不再完全属于个人，而是同国家、同民族休戚相关的。英年早逝的著名作路遥的几位朋友在痛惜之余，说了这样一段说：即使是一项伟大而紧迫的事业，在完成它的时候也要量力而行，不可太急太紧，在太多太重的繁忙中马虎了自己。因为过分负荷的劳伤，过量超常规的消耗，丢失了自己，也断了千百人的期盼。

健康养生是中华民族文化瑰宝的重要组成部分。大思想家、教育家孔子不仅在这方面多有论述，而且身体力行，在当时物质医疗条件都十分落后的条件下，他能活到 73 岁，可算得上是"古来稀"了。他的养生之道主要是动静结合，生活有节。具体表现为：保持精神乐观、重视体育锻炼、讲究卫生、坚持生活有节。

随着时间的推移，现代文明使人们的物质生活大为改善，这也许是古人们不曾估计到的。但是，物质生活的优裕，医疗条件逐步好转，并不等于健康。人类正经受着新的环境问题引发的各种疾病和死亡的考验。我们必须足够重视自身的健康问题，然而，生活广阔无边，人生多姿多彩，健康受多种因素所制约。世间没有一把万能的健康钥匙，也没有一张放之四海皆准的长寿秘方。人生要求我们：热爱生活，积极生活，勇敢地去寻找自己恰如其分的生活方式，探索自己的健康之路。

生活习惯是影响人们健康的重要因素。世界卫生组织前不久公布一份研究报告表明，工业化国家将有 75% 的人死于与生活方式有关的疾病，如癌症、心血管病、呼吸系统疾病等。在发展中国家，导致死亡的原因不仅仅是传染病和遗传病，而且还有与生活不良习惯有关的疾病，如吸烟、过于肥胖、缺乏锻炼、精神紧张和吃不卫生的食品。不良生活习惯导致的疾病已经成为影响世界人民健康的第一大问题。

科学研究发现，有 10 种生活习性或习惯最有害于健康。

（1）嗜烟如命；

（2）心胸极度狭窄，嫉妒成性、动不动大发脾气，极具报复心；

（3）经常酗酒；

（4）个人生活规律无常，根本不讲养生之道；

（5）生一点小毛病，就吃药，一年里打针吃药不计其数；

（6）有了毛病硬撑，不诊治，听之行之；

（7）性生活无节制，纵欲过度；

（8）整天心神忧郁不振，闷闷不乐或悲喜过度，对任何事情都不感兴趣；

（9）没有一个朋友；

（10）从不参加任何体育活动。

可见，养成一个好的生活习惯是健康的前提条件之一。这也说明健康掌握在自己手中，虽然人的健康是由先天遗传因素与后天生活方式共同决定的。但某种长期的行为方式，会使遗传因素变质。这需要人用坚强的意志和毅力去掉陋习，培养起符合科学规律和自身情况的生活习惯。敢于并善于同命运抗争，古人云："我命在我不在天"就是这个道理。

健康有其规律性。世间万事万物，都有其内在不可抗拒的规律。如地球围绕太阳公转，缘于二者适度的距离，适度的引力场，适度的质能转换比例。再如，树木花草的各种对称，动物身体的左右对称，无论直立着的挺拔粗壮，还是运动中的敏捷矫健，都处于力的平衡和协调中。细细分析，原来这简单的，或复杂的生命都共同遵循着在短和长的不断变化中，保持对称与平衡的规则。可见，适度、对称与平衡就成了宇宙间的重要法则。正因为地球在宇宙的适度位置才造成了它适宜生命存在的大气、泥土和水，成为孕育生命的摇篮。而生命的总体则在对称和平衡框架内保持着动态的和谐，人作为地球上一个独立物体，也是一个构架复杂高智能系统。人的生存、发展也必须遵循适度、平衡等自然法则。否则，"物竞于天，适者生存"的自然法则也将会把人送往另一个世界。

长期以来，人们对于这些自然法则自觉不自觉地遵守着，因而，保证了社会的发展、种族的延续。当然，如果人们都自觉运用这些规律指导生活，那么，人类整体的健康水平会有一个大的提高。遵循养生之道，从小就得在各方面注意，因为这是打基础的时期，切忌过分劳累或受硬伤。人的衰老总是从头、脚两端开始。按这个道理，每天临睡前用热水泡脚，再搓脚心，以加速血液循环、阳气上升。

你要对自己的生活有一个正确的理解，在崭新的健康知识基础上建立起自我保健、良好的生活方式和习惯，你就能够远离疾病，健康、长寿、幸福。

积极参加运动健身

运动健身不单强健身体，在运动的过程中，心智亦会被改造。

许许多多的成功人士，在事业中成就不凡的人，大多知道运动的好处。

已故船王包玉刚表示，他每日清早都做 45 分钟的运动，最喜欢的运动是

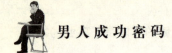

跳绳和游泳。跳绳是常规的运动，经常跳，游泳亦一样，他甚至喜欢冬泳。

李嘉诚也喜欢运动，他经常游泳。他每天清早打高尔夫球。恒基地产的巨头李兆基和李嘉诚一样，也喜欢游泳及打高尔夫球，在每年冬天，他会到瑞士去滑雪。

霍英东喜欢的运动是网球、足球和游泳。新世界集团的巨子郑容彤，则喜欢高尔夫球及游泳。

其实，人的健康状况不仅取决于全身各器官、系统的功能和相互协调能力，而且还取决于整个身体对自然和社会环境的适应能力。经人们长期摸索，终于得出这样一个结论：生命在于运动。

实践证明，科学地从事体育锻炼、适量的运动对中枢神经和内分泌系统有良好的刺激作用，能够促进新陈代谢、改善血液循环、增强呼吸功能，提高机体的抗病能力；可以减缓机体适应能力的降低，推迟生物体各组织器官结构、功能所发生的退行性变化，使人保持旺盛的精力。

世界知名的大科学家和文学家，大多毕生重视身体锻炼。居里夫人年过六旬还到大海中游泳；托尔斯泰设有专门的健身室，每天坚持锻炼身体。运动大大促进他们智力的开发。居里夫人说得好："我们力求脑力与体力的平衡。"所有从事脑力工作的知识分子都应该从中得到启发。

为了保持健康，脑力劳动的人可参照以下方式进行锻炼：每天早晨运动15~20分钟，内容为步行、慢跑及拳操等；每天认真做好两次操（班前操及工间操）；下班后视情况要做些球类活动；晚饭后散步15~20分钟；晚上有条件可做些肌肉力量型练习。此外，还可视各人情况选择一些活动，如节假日做些郊游、爬山、游泳、球类等活动，上下班时步行1~2公里路，家住楼上的可将爬楼梯作为锻炼项目等。

现代医学研究发现，供血不足乃万病之源。运动有改善血液循环，改善局部因长期静坐而缺血的状况。为了提高脑力劳动的工作效率，改善脑血流量，每次工作1~2小时后应略休息数分钟，站起来活动活动，伸展一下肢体，做几次深呼吸等。

做运动不能欠缺恒心。以健康为目标，务必要定时定点定量地做运动；不能只是偶然地练一趟，然后又停止三四个星期不做，那是没有什么效果的。每星期至少应该有三四天做运动，最好就是日日做。如果怕日日做同一样运动感到枯燥，不妨不同的日子做不同的运动，但定要把运动当做生活的一部分，视保持健康为人生的长远目标。

身体活动时虽然会消耗精力，但这并不像加减数那样简单，以为只要不动就可以保留精力，那是绝对错误的。适量的运动，可以令身体产生强大的动力，做起事来精力充沛。

做运动最直接的效果，就是强化心肺。肺部功能强健，可以增加吸氧量。氧气是身体活动所必需的。有足够的氧气，可以令身体保持在较佳的状态，从中医学角度来讲，空气中带有生命能量，通过肺部，可以吸收较多生命力，提高抵抗力。

心的功能强健，可以促进血液循环，使身体内的养分更有效地流经身体各部位，使身体维持在最佳状态。另外，运动亦会刺激内分泌腺，促进内分泌，提高身体机能，诸如消化机能、排泄机能、泌尿机能、肝动能等。

运动有很多种，每一个人可以按照自己的喜好去选择。但一般来说，以下几种运动对身心健康最具好处：缓步跑、步行、游泳、拳术、八段锦、柔软体操、瑜伽术等等。

适合男性的休闲运动

快节奏的生活方式和繁忙的工作压力使得男人越加注重休闲度假，那么哪些才是适合时尚男人的休闲运动呢？

1. 跆拳道

跆拳道练习推崇"以礼始，以礼终"的尚武精神，练习中要以"礼义廉，百折不屈"为宗旨，因此，可以培养人顽强果断、耐劳的精神，磨练人坚忍不拔、积极向上的品质，养成礼让谦逊、宽厚待人的美德。

强体防身，练就人健全的体魄，跆拳道运动紧张激烈，对抗性极强，可使人强壮筋骨，提高各关节的灵活性及肌肉的伸展性和收缩能力，提高人的速度、反应、灵敏、力量和耐力素质，提高人体内脏器官的机能和人体神经系统的灵活性，增强人体的击打和抗击打能力。通过攻防练习，可以学习掌握实用技术和防身自卫的能力，为保护自身安全和维护社会正义学习真正本领。

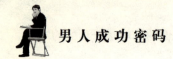

观赏竞技，享受击打艺术的美感，跆拳道比赛时，双方腿法技术在对抗中高来低往，表现得淋漓尽致，不仅给人以美的享受，还能激发人的斗志，鼓舞人奋发向上的精神，陶冶人的道德情操，使人在欣赏的同时潜移默化地受到良好的意志品质教育。

2. 极限运动

对于每个喜爱冒险的男人来说，征服恐惧是一种最大的收获。攀岩、蹦极、登山探险……一个又一个极限运动就成为他们表现自我、尽情地展示自己的另一个舞台。每当到达顶点，那种超越自我的快感是一种难以忘怀的乐趣。

3. 国外旅行

鼓鼓的腰包和越放越长的假期，让许多中国人有了走出国门去游玩的机会。当然，最先酷一回的还是那些舍得拿出大把金钱的年轻人。旅行归国后，他们拿着一大把照片与朋友分享，真是乐趣无穷。

4. 享受赛车

喜爱车和喜爱赛车的绝大多数都是男人。

传说中男人的心会在身体停止运动时衰亡，于是他们总是不顾一切地加速飞奔。赛车俱乐部能令男人感到开车真实的刺激，随时向速度和极限挑战，同时又有一种安全的保障。

5. 走近热舞

热舞的盛行可能与年轻人喜好创新的个性和热辣的生活有关。推门而入，大块大块鲜艳的色彩便扑入眼帘，喧闹的音乐声震得人耳鼓作响，一种跳动的生命力豁然而出。在这里，你尽可以调动全身的细胞狂舞，让自己热舞起来。跳舞是陶冶性情、愉悦身心的一种活动，也是一种易学难精的技艺，无论是现代舞还是交谊舞，一旦爱上，的确让人难舍难弃。

6. 郊外垂钓

这是一种训练个人耐力的休闲活动，所需的装备也很简单，一根钓竿、一把鱼饵加一个水桶就可以出发了。钓翁之意不在鱼，为了松弛一下紧张情绪和有意磨炼毅力和耐力，通过垂钓的静心休养，以积蓄精力，为图谋大业做准备。坚持垂钓，不但可以陶冶性情，培养耐力，调剂生活，消除疲劳，而且还会使你精力旺盛，体力充沛地去学习和工作。休息日当你离开繁忙的都市，到郊外空气新鲜的去处去垂钓，使自己沐浴于和风暖日之中，欣赏大自然的景色，呼吸着清新湿润的空气，亲身体验一下张志和《渔歌子》中"西塞山前白鹭飞，桃花流水鳜鱼肥，青箬笠，绿蓑衣，斜风细雨不须归"的垂钓意境，一定会让你流连忘返；而在垂钓时的全神贯注，静观水面鱼漂的沉浮动静，定会备感心旷神怡，别有一番情趣，也大有益于你的身心健康。

7. 策马奔驰

骑马是一项激动人心，充满阳刚之气的运动，似乎是一种专属男人的休闲运动方式，因而越来越受到男士的喜爱。在绿茵茵的草地上策马奔驰，实在是都市人惬意、浪漫的享受。

8. 打高尔夫球

乡村高尔夫因其价格昂贵、远离都市，被人们称为贵族运动。随着健身游的兴起和城市高尔夫的出现，高尔夫球运动，将逐渐被更多的"绅士"熟知和喜爱。

9. 温泉游泳

大凡热爱自己、热爱生活的人都洗过温泉浴。由于温泉富含各种对人体有益的微量元素和矿物质，所以沐浴温泉也是这一世纪人们推崇的时尚。然而，只是沐浴温泉还不够，于是每到周末、假日，男人们就会去度假村或温泉游泳馆，在蓄满温泉的游泳池中游泳。

科学合理地用脑

一个人的脑力是否有限？大脑是越用越灵还是越用越衰退？为了保护脑功能就应该少用脑吗？

现代脑科学对这几个问题的答案是明确的：就一个人对他的脑的使用来说，其潜在能力可以说是无限的；脑不是越用越衰，而是越用越灵；为了保护脑，应该多用脑，勤记忆，勤思考。这些回答并非是凭空的心理安慰，而是基于科学的观察和研究。

从结构上看，人脑150亿个神经细胞之间有着复杂的突触联系，这种联系的组合用天文数字都难以表达。此外，有人发现，学习、记忆的结果，可使神经细胞的微细结构发生变化，表现在树突上会"长芽"。

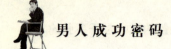

　　这样的结构特点就使脑成为一个庞大的信息储存库。有人估计，一个人的大脑在一生中储存的知识，有可能达到相当于美国国会图书馆藏书（有10多万册）的50倍。这就说明，每个人的记忆容量就其现实性来说是无限的，是总有空余的地方的。随着年龄的增长，机械记忆的效果虽然逐渐降低，但有意记忆和意义记忆的能力却在增长。另外，从二三十岁以后，人的大脑皮层神经细胞估计每天要死去十万，但到八九十岁，留下来的神经细胞仍然很多，大量的神经细胞还潜在未用。

　　根据日本的调查资料，工作紧张多用脑的人，智力比懒散者高50%；平常智力负荷很少、没有学习和思考方面的压力，甚至整天无所事事、思想懒惰者，智力衰退较早，老年时易出现反应迟钝、脑力不济，以至老年性痴呆。还有不少心理学研究证明，学历及职业的智力水平高的老人，比历来智力活动较少的老人脑的老化和智力的衰退要慢得多、轻得多。因此可以认为，懒于学习思考会使大脑出现废用性萎缩，而追求知识、勤于思维，则是精神还童的妙药。儿童少年期、青年壮年期是否努力学习、记忆、思考，不仅关系到事业的成败，也关系到脑的健康。

　　要多用脑，这是从整体来说的，但就每天、每次的脑力活动来说，又必须注意保护脑，不可使脑过度疲劳。合理用脑需要注意下面几点。

　　（1）及时做短暂的休息。脑力活动是脑内旺盛的代谢过程，时间长了，消耗的营养物质和堆积的代谢废物增多，达到一定程度，就会感到疲劳。一般说来，大脑连续进行紧张智力活动的时间不宜太长——学龄前儿童15分钟左右，中学生0.5～1小时，成年人约1.5小时，便应当有一小段休息时间。

　　（2）学习和工作穿插安排。交替学习内容差别较大的不同课程，比长时间读一门功课的效率高。这样做，可使大脑管理不同功能的部位得到轮流的兴奋与抑制，避免长时间使用一个区域，以保持大脑的高工作效率。

　　（3）生活要有规律。有人通过试验证明，长期生活在没有阳光和钟表的地洞里的人，体温、心率、活动情况等很难保持着大约24小时一个周期的正常睡醒节律。如果我们的生活作息制度与睡醒节律相一致，那么，只要我们一上床就会很快入睡，一到起床时间就会自然觉醒。相反，不定时起床就寝，任意颠倒睡醒节律，就会影响身体健康，甚至产生神经衰弱和其他疾病。

　　有规律的生活还有利于大脑皮层把生活当中建立起来的各种条件反射形成固定的"动力定型"。也就是说，如果每天的各项活动经常以相同的顺序和固定的时间间隔出现，就会通过大脑皮层的综合作用，把一系列活动联系起来，形成一个内部神经过程的系统，即"动力定型"，从而使各种脑力和体力的活动进行得更容易、更熟练、更省力。

（4）保持足够的睡眠。睡多长时间才算够？成年人每天平均要睡7~9小时。睡眠的好坏并不全在于"量"，还在于"质"，即睡眠的深度。深沉的、质量高的睡眠，消除疲劳快，睡眠时间可减少。总之，不能一律规定每人每天睡眠时间为8小时，而应该根据睡醒后的自我感觉是否良好来判断睡眠时间是否足够。过多的睡眠不但没有必要，反而有害，会使头脑昏昏沉沉，不能保持正常工作所必需的兴奋水平。

人体是一个统一的整体，脑的最佳状态自然要依赖于健康的身体。体质健壮、精力充沛，大脑的工作效率和对疲劳的耐受能力也强。而为了身心健康，坚持体育锻炼、保持积极的情绪、培养多方面的兴趣、讲究卫生、防治疾病，都是十分必要的。

（5）适当从事体育锻炼。体育活动是一种积极性休息，此时管理体育活动的脑细胞处在兴奋状态，而掌握紧张思考的脑细胞得到休息。运动能够锻炼神经系统对疲劳的耐受力，加强大脑中供应能量的高能磷酸化合物的再合成过程，从而保持大脑的正常机能，使疲劳延期出现。工作间隙做短时的运动，还可使已疲劳的视觉和听觉感受力提高30%。由于活动促进血液循环和呼吸，脑细胞可以得到更多的氧气和营养物，因而代谢加速，脑功能有所增强。这些都是体育活动对脑功能的即时性良好影响。从积累性长期效果来看，体育锻炼可以改善循环、呼吸、消化等各个系统的机能，增进身体健康，延缓脑力衰退，提高大脑活动的灵活性和准确性。

（6）保持积极情绪。人们把情绪分为消极的和积极的两类：前者是不愉快的，如愤怒、悲伤、焦虑等，有损身体，也有损脑的工作能力；后者是愉快的，如喜悦、自信、安宁等，对身体有利，也有利于脑的工作。

良好的爱好使人健康长寿

爱好，特别是良好的爱好，会使你的生活之舟鼓满风帆。一位诗人曾经

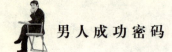

这样说过："为了您的身心健康，请培养至少一种爱好，而健康的身心正是快乐的惟一依托与内在体现。"

爱好可以给人一种对快乐的期望与感受，而且，爱好越是强烈，这种期望与感受也越强烈。兴趣和爱好都是人所不可或缺的，它们对人的需求是一种满足、调剂与丰富。任何需求得到满足，都会给人一种愉快的感觉。但是，犹如同样一顿饭对饥饿者和饱食者的感受并不相同，需要本身的强烈程度也直接影响到人的快乐程度。这就是兴趣、爱好的程度越是强烈，当它满足时给人的快乐也越强烈的原因所在。

我们提倡人至少要有一项爱好，而且最好是强烈的爱好，因为这种爱好增加了人获得快乐的途径与机会。"天朗气清，风和日丽，仰观宇宙之大，俯察品类之盛，所以游目骋心，足以极视听之娱"。爱好大自然的人，不就为了享受这快乐的天地吗？当然，兴趣、爱好得不到满足时，也会有痛苦的感受。所以，作为业余的兴趣、爱好来说，一般应该选择比较容易得到满足的项目为宜。

强烈的爱好也是不愉快情绪的润滑剂。月有阴晴圆缺，人有喜怒哀乐。一个人有快乐的时候，当然也会有不快乐甚至痛苦的时候。要消除不快与痛苦，无非两种办法：一是外泄法，即把不快与痛苦通过发脾气、找人倾诉等方法发泄掉；二是内消法，也就是把不快与痛苦自我消化掉。德国音乐家梅亚贝，有一次和妻子吵架，场面有些不可收拾，这时忽见梅亚贝坐到钢琴前，弹起他喜爱的乐曲来。他选择弹琴，一则是为了分散自己对坏情绪的注意力，让自己冷静下来；二则也是让快乐的乐曲转化自己的情绪。结果乐曲终了，他的妻子也为优美的乐曲所感染，情不自禁地坐到了他身边，为他轻声伴唱，使得眼前一场异常紧张、硝烟弥漫的"内战"平息下来。这一小故事可供人们借鉴。

良好的爱好能使人健康长寿。张学良是现代中国历史上的一位独特的政治人物。他的经历极不平常，特别是被幽居 50 余载，是一般人承受不了的，但他竟能保持长寿健康，这跟他的三大爱好有很大关系。

张学良喜欢垂钓一直鲜为人知。少帅幼年时就爱上了垂钓，经常邀一些垂钓迷去河边湖畔扬竿。1930 年，他在沈阳筹建东北大学时，特邀著名教授张伯苓担任东北大学董事。两人经常结伴去沈阳南湖扬竿，以此缓解身体疲惫。震惊中外的"西安事变"发生后，1937 年 1 月 13 日，张学良被软禁在浙江奉化雪窦山。这里溪流飞瀑，湖泊众多。在这种特定环境下，张学良同赵四小姐每天去武林公园垂钓，通过垂钓强身健体，随时准备重返沙场，消灭日本侵略者。

少帅当年在德国学习航空驾驶时，爱上了网球运动，他常去网球场挥拍上阵，练得一手很不错的球艺。回国时他带回一副质量不错的网球拍，从此，这个心爱的网球拍便与他相伴。

奕棋作为一项体育活动，深得张学良先生的喜爱。尤其是进入暮年后，张学良时常邀棋友对弈，雅兴上来时一边下棋一边轻声哼唱京剧助兴。

毛泽东72岁时还能畅游长江，其高超的游泳技艺已是现在很多影视作品中不可缺少的内容。运动医学认为，游泳是一种促进心肺功能极好的运动方式。

古今书法家不乏长寿之人，医学研究也认识到书法对健康长寿大有益处。书法是毛泽东的又一大爱好，工作间隙他时常揣摩古代名家碑帖或写上一阵，这或许就是他特殊的休息方式吧。

邓小平在80岁那年，回答德国总理科尔提出的长寿秘诀是什么时说："没有秘诀，我一向乐观。"他还对人说过："天塌下来我也不怕，因为有高个子首先顶着。"邓小平业余时间喜欢游泳和打桥牌。他说："我能游泳，证明我身体还行；我能打桥牌，证明我脑筋还清楚。"他正是靠体力和脑力的交替锻炼，保持了健康的体魄和旺盛的精力。

努力培养自己对厌烦事物的兴趣与爱好，这是享受快乐的一大良方。面对讨厌的事物，理所当然是难以感到快乐的。其实不然，当你培养起对厌烦事物的兴趣与爱好时，神奇的变化发生了：这些事物赋予你的将不再是烦躁，而是无穷的乐趣。

爱好作为一种情感倾向，是可以培养的。在发掘厌烦的事物的有趣内涵之前，尚不能对它产生趣味；然而，我们可以预先设想它的有用成果来激发对它的兴趣。这就叫兴趣、爱好的"效果预先反馈"。你是不是讨厌做家务事呢？想一想完成这些家务后所带来的焕然一新，也可能受到家人的赞赏，对这些乐趣进行预先的评估和反馈，你对家务劳动的情感就会发生变化。当你充满期望与感情来从事家务时，家务本身所蕴含的多变内容，又会进一步激发你的兴趣；渐渐地，厌烦转化为爱好，不快为喜悦所代替，快乐便由此而生，身体也会越发健康。

男人成功密码

　　积极行动起来吧！从现在起找一项适合自己兴趣的事，投入你万分之十的力量，致力于你所动心的某项爱好，这样你对生活就不会再感到乏味，你的身心就不再疲惫不堪。每天早晨一睁开眼，你就会感觉又是一次新的诞生，因为你的爱好里有许许多多的迷恋正等待着你，热切地等待着你帮它们注入更多的爱。

Chapter 11

充当女性的保护神

不做无用的小男人

女人"没用"并不一定会妨害一生的幸福，男人"没用"却注定一生无幸福可言，不但朋友、上司、同事瞧不起，就连自己的女人也会认为自己大倒霉嫁了一个"没用"的男人，光这一生的唠叨和抱怨，就足以使一个男人一生毫无快乐可言。没有哪个男人喜欢做"没用"的男人，可在女人心中存在着这么9种没有用的男人。

1. **家里一切事都由女人出头的男人**

孩子办入学手续，开家长会，与邻里周旋协商，付水电煤气费，仍至决定重大投资……凡涉及社交公关的事都由女人出头的家，有些阴盛阳衰，懦弱、胆怯于社交的男人心理上有些问题，他怕自己出面会办不好事，但也不想想凡事由老婆出面，也是枉为男人汉呢！

女人强悍得像男子，男人懦弱得似小脚老妪，这样"阴阳失调"的家，别人瞧着也有些奇怪不美吧？什么事都要女人出头，女人自然少了小鸟依人、温柔可人的娇媚，这也是暴殄天物呢！即使现在学着独当一面也来得及呀？

2. **一切家事都不会做连榔头也敲不好的男人**

手笨的男人难免给人不聪明、不务实的印象。应变能力差，对机械原理一无所知，家里什么东西坏了，都要仰仗别人来修或一拖几个月的男人，谁与之生活在一起，都会有另一种意义上的不安全感。动手能力强是男人的长处，这虽是传统观念，但男人这方面确比女人内行，会修的人知道，其实一切装置都不复杂。所以连简单的小毛病都不会修，敲把榔头也不像样的男人就如小孩一哭就毫无办法、对家务一点都不称职的女人一样，仿佛是个"不合格"的男人。

3. **离不开妈妈的男人**

成人了还在精神上依赖做妈的，谈女友要听妈的主意，换工作要听妈的意见，离开了妈妈的指挥就心慌空落的男人是女人共同嘲笑的对象。过多受母亲宠爱溺爱的男人长大了会没有出息，连婚姻也少美满。总以母亲对其的关切无私来衡量一切人际关系乃至妻子，心理容易脆弱失衡，行为上言谈上多阴柔之气，"娘娘腔"、小男孩样，缺乏独立的人格与独立的判断，或许会引起男人的同情，但绝不会受人尊敬。如果年纪大了，自己做了爸离不开妈妈，那是要酿成人生悲剧了。

4. 整天捧着书本对外界不闻不问的男人

眼镜片越来越厚，与世事越来越隔膜的男人整天活在书堆里，对一切的人和事都缺乏热情与兴趣，除了手上的书和自己钻研的学问，他几乎没有与别人聊天的话题。有些男人在专业里有所成就，人们对他的不问俗务似乎还可以原谅，至多是形象不够"完美"，而有些男人只是书蛀虫，枉自清高，连基本的人情世故也不懂，那就是属于性格有严重偏差的了。

5. 不会花钱的男人

不会花钱、只懂存银行的男人，也是没有生活情趣、不会享受的男人。他的存折是越来越丰满了，但对时尚与生活细节却一无了解，乏味刻板。会花钱，把钱用得恰到好处是男人的魄力和魅力。连与妻子的结婚纪念日也不送礼物，连老母小孩的生日都淡漠忽视的男人，不知是小气还是呆脑瓜。确有些男人以为吃饱了饭就满足了一切，这也是一种农民心态。消费的男人往往也是会赚钱的男人，缺少刺激的生活，会使人的内心变得没有上进的动力。

6. 一辈子甘心做小职员的男人

不笨不傻年纪轻轻的男人不求进取，满足于平庸，一辈子甘心做小职员，多少有些没有出息。"职员心态"会使有潜力的人变得唯唯诺诺，得过且过，对孩子也没有个良好的奋进的榜样。

7. 老婆有外遇仍听之任之的男人

老婆有外遇仍听之任之的男人基本出于两种心理：一是惧怕老婆，家里外头都是老婆在拿主意，在能力、性格、魄力及经济收入上男人都次于女人，妻子有外遇，便也见怪不怪，企图以宽容、温厚之心来使老婆回心转意。二是死要面子，如果事情捅大了，鱼死网破、言论纷纷，所以男人若不想离婚也就眼开眼闭。有些婚烟裂痕起先并不严重，但棉花性子的男人、没有拿出人格尊严的男人反而刺激了做妻子的逆反心理。

8. 只窝在本地不出去旅游的男人

有些男人宁愿窝在家里看电视剧、打麻将，有个钱就喝酒赌博，也不愿去外旅游，以增加见识，开阔心胸。没有出去闯荡过见识过的男人肯定眼界狭窄、内心苍白。没有力量感不说，言谈必粗浅乏味。所谓读万卷书，行万

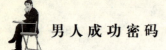

里路，对男人来说，气质的熏陶是更为重要的。

9. 除了亲戚关系没有男性朋友的男人

男性之间的友谊、交往是男人心胸开阔、见多识广的原因之一。出色的优秀的男人具有一种凝聚力，其周围通常有各种层次身份的"好哥们"。男人比女人更重同性之间的交情，那交情不仅培养了男子汉的魄力，同时也是能够助事业一臂之力的，有人缘的、重义气的男人通常就是事业红火的男人。若除了亲戚关系，就没有男性朋友，连同学之间也不来往的男人必呈呆状，形同孤鸟，永远没有豪情的大笑与诙谐的幽默。有本事的男人会把"陌生"的朋友弄得像亲戚般热络，而刻板的男人甚至连男亲戚也搞得只不过场面上过过，根本无法交心。

以上这九种男人根本无魅力、气质可言，看来的确该反省反省了。

女人评判男人的标准

女人一般不怎么看重外表，如果你长得一表人才，倜傥风流，女人或许会多看你几眼的，但这不足以拨动她们那敏感的心弦，尤其发现你表里不一时，你的美貌也成了罪恶，引起的是更大的厌恶。女人也追求美，但这美必须是建立在坚实的基础之上，当二者不可得兼时，美对女人吸引力就变得十分有限。

女人不看重外表，不等于她喜欢那些邋遢的男人。女人天生爱整洁，对于衣冠不整、脏乱有味的男人，尤其不爱刷牙洗脸、蓬头垢面的男人，女人是很讨厌他们的，相反，那些着装讲究得过分，整日油头粉面的男人，女人也同样不喜欢。

女人生性勤俭，反对铺张浪费，当生活必需时，她们又能慷慨解囊。所以，好吃懒做的男人，只知吃喝玩乐的男人，没有本事赚钱只会花钱的男人，只能遭到女人的鄙夷。而花钱吝啬、十足小气的自私自利之徒，更让女人倒胃口，女人的要求是：女人做不到的，男人应该做到；女人做得到的，男人更应该做到。这是在很低的水平上提的要求，并不是深奥，男人连这一点都做不到，让女人又怎么来高看你吗？

　　女人性格柔弱，需要强悍的男人来庇护。在娘娘腔的奶油小生面前，女人没有安全感，当然不会选他做保护神。在性格暴戾的男人面前，女人好像站在地雷区，随时都有可能炸伤了自己，内心充满了恐惧，躲之惟恐不及，谁还会考虑其他？有的男人性格倒不可怕，但是喜欢斤斤计较，小题大做，整日喜怒无常，说翻脸就翻脸，看之则烦，处之更厌，女人怎会喜欢上他？

　　女人敬佩有独立主见，做事雷厉风行的男人。认为遇事毫无主见、做事优柔寡断的男人不值得依靠，那么爱在领导面前打小报告的男人，没有真本事却满肚子的坏水，最让女人瞧不起。

　　男子汉大丈夫，襟怀坦荡，光明磊落，其品格令女人倾倒。但是偏偏有些男人，就喜欢在女人面前装腔作势，卖弄儒雅，一遇见真强人，便嗫嚅猥琐，着实可气，还有一些人，见到强者就夹起尾巴，碰见弱者就耀武扬威，一副欺软怕硬的丑态，对于这样一些人，女人实在挤不出爱的感情来。

　　不爱便不爱，倒也没什么，女人最憎恨的是，那些品质恶劣，道德败坏之徒，一边拈花惹草，一边出卖朋友，却不知羞耻，非要死磨硬缠，要尽各种手段对女人进行人身威胁和骚扰。女人明知斗不过，但至死也要抗争，显示了女人爱憎分明的决心。

　　在女人眼中，没有十全十美的男人。如果你的弱点不那么明显，不那么明显的弱点又不那么让她讨厌，就算过得去。至少，你们可以成为朋友，至于能否发展成恋人，那要看你的努力了。如果你的弱点有些刺眼，恰恰又是她最反感的，那么你所有的优点也都丧失殆尽了，我奉劝你尽快离开她，否则只会招来不尽的羞辱。

　　一旦发生这样的事，请不要怪罪人家。要知道，女人的眼睛里是容不进一粒沙子的。要怪就怪你自己吧，或为了她而改正自己，或放弃她而选择能接受自己的人。现在，你们肯定不是最理想的一对。怎么办？自己选择吧！只有你最了解自己。

展现你的绅士气派

　　美国好莱坞著名影星凯瑟琳·赫本曾经大叹当今男士的"退化"。其表

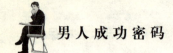

现在于对女士们不够尊重和关心。在现实生活中，我们常常可以看到一些小伙子与老人、孕妇争夺座位，对女士们出口不逊，粗言秽语，这些都是现代文明所不屑的。正如一个女孩子所言："我衡量好男人的标准是：他对女人仁慈而亲切。我讨厌粗暴而无礼的人"。对此，应该引起每位男士的注意。我们也应该提倡点"绅士"气派。

那么，"绅士气派"应该是怎样的呢？这具体体现在与女性的交往中。

1. 充满自信，坦然相处

例如小张刚工作不久，在与女孩子的交往中总是窘迫拘谨、心情紧张，很不自然，到后来索性不愿和异性结交了。他自己也不知道什么原因造成的。

其实，有这种心理的人，他往往把这种正常的社交活动看成一种神秘的事情。特别是未婚男女，心里存有顾虑，以为和异性交往总需涉及到婚恋和隐私上去，或者太注重自己在对方心目中的形象，结果所表现出来的又往往适得其反，因此，导致对女性过分敏感和紧张，小张就是一例。

所以，关键在于端正认识，把与女性交往作为扩大社交面的正常途径。记住这样一条原则：爱人只有一个，朋友却可以无数。有这种心理态度，在与女性交往时你也就坦然得多，自信得多了。

而自信和坦然是男士气派的一个标志。女性最不喜欢男孩子腼腆和胆怯，她们以为这是最不成熟的表现。

2. 积极主动，注意分寸

在与女性的交往中，传统的习惯是男性持积极主动的态度，这也是对女士们的一种尊重。

比如，在一个舞会上，你被介绍和一个女性认识，你应该有礼貌地点头致意："你好，张小姐，认识你很高兴。"但注意不要先伸出手去，否则是欠妥的，需等对方伸出手来后，轻握对方的手，热情而不失分寸。既不能碰一下就赶紧缩回，敷衍了事，显得不尊重对方，也不能像见到分别已久的好朋友一样，握得太紧时间太长，而又因为一时找不到适当的话题而使对方陷入尴尬境地。从这一点说，握手也是一门学问。

介绍以后，男士不妨主动找些适当的话题。刚开始认识，话题当然不能涉及到私人问题。譬如年龄、收入、婚恋等等，这些都是私人的秘密，除非她愿意主动告诉你，否则，冒然询问这些是很失礼的。交谈过程中需随时注意对方的神色，注意话题能吸引对方，使对方愿意与你交谈下去，否则，就不需唠唠叨叨，喋喋不休，令人生厌。

双方认识以后，如果你觉得彼此印象都不坏，就可以提出进一步的交往。为了减少对方的顾虑，约会的地点不妨找个人多的地方。譬如，请她看电影、去公园赏花、或是参观画展、雕刻展什么的。当然，节目内容最好是女方感兴趣的。如果她喜欢轻音乐，你硬拉她去听流行歌曲演唱会，这显然是不识相的。在没摸清对方爱好之前，不妨多提出几个方案，由她挑选。

3. 彬彬有礼，礼貌周道

当你和女友约会时，如果你能礼貌周道，她就会觉得跟你在一起很光彩，别人看在眼里也会暗自赞叹。

但有的男士却习惯大大咧咧，比如下面一些男士们常犯的毛病，不能忽略。你和她一起出游，路上碰到你的熟人，不要一个劲儿地拉着朋友闲聊，而把她冷落一边，应该马上为她和你的朋友作介绍，先把她介绍给你的朋友，再把朋友介绍给她，顺序不可颠倒。

在公共场合，千万不要挽着她横冲直撞，或是大声和她讲话，这样会使她感到尴尬。如果人多拥挤，你需牵着她礼貌地请人让让，甚至必需的回头致谢。

约会时不要迟到，稍稍提前一点点到达约会地点。女士往往矜持一点，迟到一百回也无伤大雅，如果男子也要耍耍性子，故意迟到，那就有失气派了。让一个亭亭少女在那里闲等，有些过意不去吧？所以，如果真的迟到，见了面一定要马上说明情况并道歉。

如果她硬是得理不让人，千万不要生气，你可以用幽默的口吻来缓和这个问题。譬如她埋怨说："人家已经等了足足30分钟呢。"你不妨说："30分钟算什么，我从上次约会结束一直等到现在呢，你算算，有多少分钟啦!"尽管把她逗得破涕为笑，但不管怎么说，迟到终究是不好的。没有时间观念的人，女孩子怎么会喜欢呢？

4. 女士优先，照顾周全

从生理上看，男人体格强壮，动作敏捷，所以，帮助女性，减轻她们的负担，是男性"绅士"风度的一种突出表现。

比如在餐厅就餐，一定要让女士先落座，方能坐下。点菜时，先询问女士的意见，倒茶递纸巾就更不必说了。就餐完毕，男士应先站起，等待女方离座，再帮她取下衣服，为她穿上。进出门口，务请走在她前面，替她开门。

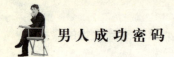

　　如果到电影院的时间已经晚了，你应该牵着女方的手走在前面，如果有服务员，就麻烦他带路；没有服务员，也不必心慌，先在戏院里停留几分钟，等眼睛能适应室内的环境时，再牵着女友的手，很小心地去找自己的位子。

　　搭乘公共汽车时，上车的时候，男士应该站在后面，扶持女方坐下，下车的时候就必须先女方而下。总而言之，尊重女性是男子汉的"绅士"风度，它能使每位男士魅力倍增。

男人魅力的九个方面

　　有人把最受女性喜欢的男人魅力概括为九个方面：

　　（1）可靠。男人可靠，说明他待人处世可信度强。男人在事业上发展，缺乏令人信任的品质，就很难获得成功的机遇，没有一个上司愿意任用不可靠的下属，没有朋友愿意找不可信的人合作。在情场上常打败仗的，恰是那种不能赢得女人信任的男人。不被信赖，这是男人最不成功的人生。

　　男人为何不被信赖？

　　他或是能力低下。事业上，上司不敢委以重任，怕他力不从心，难当大用；情场上，女人寻找不到力量，难以委托终生。

　　因此，可靠是男人的第一美德，也是男人的最大魅力。

　　（2）温和。情性暴躁、脾气乖戾的男人，人人都会对他敬而远之，女人更是避他惟恐不及。没有好人缘，更没有情缘，他处处被人孤立，时时受冷遇，他就像从野蛮之地冲入人群的困兽，没有人情味。

　　而性格温和的男人，深怀一种和善之心，那么易于亲近，处处显示一种体贴、关怀的善意。戒心强烈、容易受伤的弱女子，投靠温情的怀抱，感受和风细雨温存，她将沐浴幸福，深受陶醉，爱便油然而生。

　　（3）深沉。深沉是内在的精神修养，是阅历丰富的男子经过磨练获得的独有魅力。为什么女性选择伴侣喜欢成熟的男人？正是被他深刻的内涵所吸引。

　　深沉并不是沉默寡言，有的女孩最初也被沉默不语的男性迷惑，但是经过接触她可能发现，他的沉默，或是无思想，或是拙于言辞，或是无主见。

真正的深沉是一种经验，是一种深思熟虑。男人切忌夸夸其谈，口无遮拦，作风轻浮，被斥为"嘴上无毛，办事不牢"。深沉还是一种稳健的风度，他不以年龄为标志，更不是老奸巨猾。这是一种少年老成的魅力，是担大任的素质。女人热爱深沉，看重的是这种男人的发展潜力，终身相许的，自然是能成大器的男人。

（4）坚强。坚强是一只铁炉，能够将男人炼成钢。

百炼成钢的男子，站在女人面前是一只擎天柱，他百折不弯，任凭风吹雨打。人们常说，爱情是经不起一发炮弹的木帆船，哪个女人敢于登上这样脆弱的木船去经历几十年的婚姻风雨？坚强的男人能造大船，他能挺立船头为女人遮风挡雨。感情的波折，家庭的困难，一遇刚强，都化险为夷。这种安全感是只有从坚强的男人那里才能得到，他永远不会做逃兵。

（5）果断。按照东方人的传统观念，男人在社会中应该处于领导地位，男人都应该是女人的领导。有人说，日本为什么发展那么快，就是因为合理高效的男女分工，男主外、女主内，男人主宰社会，女人为男人服务，所以男人都自信心极强，富有决断力。姑且不辩论男人的果断力是怎么丧失的，是不是被参与社会生活的女人埋没了、吓跑了。总之，中国的女人是喜欢处事果断的男人，女人从根本上决不想缠磨得一个个男人都优柔寡断，办事拖泥带水。

果断的男人令女人尊重。

大多数女人骨子里是愿意处于从属地位的，特别是在情侣眼里，唯唯诺诺的男子汉大丈夫，显得软弱可欺，没有骨气，一个连女人都能欺负的男人准没出息。男人一挺起腰杆，说话掷地有声，女人就顿起敬意。有主见的男人，遇事勇于做主张的男人，都获得女人的尊重。

果断的男人令女人崇拜。

果断的男人有魅力，叱咤风云，指点江山，有领导者风度。女人遇到这样的男人就会乖乖地驯服，女人那些婆婆妈妈无理搅三分的招法就都失灵了，女人反而崇拜他。

男人在单位树立威信，才能赢得地位。

男人在家里树立威信，才能赢得爱。

（6）责任感。责任感强的男人不自私自利。

社会赋予男人以神圣的使命，他要创造价值，推动历史进程。因此，男

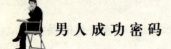

人勇于挑重担，他迎难而上，决不推卸责任。他不讲享受，不图安逸，不损人利己，助人为乐，关怀弱小，疼爱妻儿，他处处获得尊重。与这样的男人相恋相爱，女人会有无上的荣誉感，而这是一笔巨大的精神财富。

责任感强的男人尊重他人。

责任感是男人拥有的最高尚的品德，富有责任心的男人一定是个好丈夫，他会尊重爱情，忠于职守。得到尊重的女人，能够保持人格独立，获得身心自由，追求价值人生。想得到的已都拥有，付出了已得到尊重，这样的女人无怨无悔。

（7）事业心。有事业心的男人以事业为重，追求发展前途，他把爱情与家庭摆在从属地位，但不能说他不重视，他反而更加需要温暖舒适的家，令他栖息，令他放松，他相信书本上所总结的：一个成功的男人背后，必定有一个好女人。

为什么对于男人来说，事业是人生第一目的？事业心是最值得骄傲的品格，而女人却把男人的事业心排在她们欣赏的诸多优点之后。

这是时代的变迁，导致女人审美观移位。过去，夫贵妻荣，男人的功名利禄，带给女人以炫耀和尊贵。现代社会，女性解放，与男人比肩同行，许多女人的事业心、成功欲不亚于男子。女人自己能够得到的，她就不再感到弥足珍贵了，而且共同追求事业，容易怠慢缠绵的爱情，也容易产生家庭隔阂。个性强的女人是时时都想与男人换位的。

但是男人的事业心，仍是女人相当看重的。男人不思进取，懒惰消沉，甘拜下风，女人则脸上无光，虚荣心大受伤害。女人真是难满足。

所以，男人不能按照女人的心意塑造自己。事实证明，社会千变万化，男人仍然是社会的中坚，无论女人叫得多响，她最终也不愿意选择一个在社会上、在家庭里都无足轻重的男人为夫。不是吗？女人仍把事业心作为男人的一大美德。

（8）独立性。独立性是男人成熟的标志，是男人的立身之本。男人最重要的是精神独立，树立独立人格。

女人不喜欢没有主见的男人。有的男人总被别人左右着，或是谈朋友、找工作都听父母的，整天我妈说如何如何，我姐说如何如何，令女友极其反感。还有的男人整天混在人群里，到处充当随从角色，没有号召力，也没有凝聚力，因此也无足轻重。

男人有了独立人格，才能安身立命，才能发展自我，也才能保护自己心爱的女友，让女友放心地追随你，归属你。

（9）细心周到。细心周到的男人有长者风范，他像守护神一样陪伴女人，他是生活型的男人，与他在一起，女人会受到悉心爱护，他令女人备增幸福感，这样的男人有女人缘。

他善于倾听，乐于解答，和风细雨，温情脉脉。他喜欢家庭生活，热爱孩子，倾注心血教养子女。

他顾全大局，懂得谦让，忍耐力强，不争不抢，不强迫别人意志。

他会做家务，勤快主动，一切做过的事情都能达到井井有条。

细心周到的男人极讨女人欢心，也许他做不成什么大的事业，但他会全心全意地爱家、爱老婆、爱孩子。

与女性职员相处四不要

1. 不要乱开玩笑

人们在相互交往中，免不了要开些玩笑，以融洽关系，沟通情感，给生活增添些乐趣。这些玩笑，就其内容而言，有高雅和粗俗之分；就其动机而言，有善意和恶意之别。无论男女，谁都反对粗俗的、恶意的玩笑，这是不言而喻的。可是，有些女性，有时候尽管你开句玩笑觉得无所谓，但却惹得她极其恼火，甚至被你气哭了。这又是什么原因呢？

道理很简单：你开的玩笑明显失当，已经无意中触及了她的讳区，引起了她的烦恼。

让我们不妨来举几件生活中的真实例子：

A 姑娘身材高大，体态臃肿，虽然年逾 30，却迟迟未成婚事。她将择偶难的原因主要归结为自身的形体条件差。因此，平时她内心一直十分痛苦，无论衣着打扮，还是言谈举止，都尽量避免露胖。这一天，公司里举行文娱活动，大家说说笑笑，忽然将话题转到健美上来。有一位男老板笑着对 A 姑娘打趣："唉呀，你要是参加健美运动，不早就变成一只轻盈的小燕子了！"

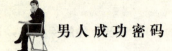

这句隐含着责怪她胖的打趣话，一下子触及了 A 姑娘的讳区。只见她脸刷地红了，一声不吭，扭头就离开了会场。回到宿舍，她趴在枕头上暗自流泪，气得整整一天不思茶饭。

类似上述情况，在生活中经常可以遇到。同样是开玩笑，如果搁在男性身上，也许不会惹什么麻烦，可是倘若搁在某些女性身上，那就很难预料了。只要场合不妥，分寸失当，内容又涉及到女性的讳区——诸如对女性的年龄、长相、身体、衣着、心态、人格……乃至一切威胁到女性自尊心的话题，都应该小心谨慎，尽量避免随便开玩笑。既然每个女性都有各自的讳区，那么，人们在与女性的交往中，为什么要无视它的存在，去自寻烦恼呢？

2. 不要触痛伤疤

在漫长的人生旅程中，每个人都曾经历过一些挫折、痛苦和不幸。每当回想起这些令人不悦的往事，当事者内心就会掀起一阵阵滔天巨浪。一般说来，在对待不幸方面，男性要比女性坚强、冷静和克制。相比之下，女性的多愁善感，意志脆弱，往往使她们难以忍受对痛苦往事的回顾，以及由此而产生的极其复杂的感情折磨。因此，作为老板，如果你事先已经探知某个女职员的坎坷经历和不幸遭遇，或者已经摸清她的某些令人不悦的往事，那么，你就应该时时提醒自己，千万不要有意无意地去触痛她的伤疤，误涉讳区。否则，必将严重伤害她的感情。

女性的伤疤，涉及面极其广泛。事业上的挫折，生活上的不幸，家庭中的痛苦，婚恋中的失误，乃至交友中的过失，竞争中的失败……无论小事大事，只要曾在她心中刻下伤痕的，都可视为讳区。

3. 不要过分热心

所谓过分热心，是指超越两人之间现有关系的一种反常的热心行为。在与女职员相处时，过分冷淡当然不好，但是过分热心，也容易引起女职员的不安和她的亲人的猜疑甚至招惹是非，诱发矛盾。因此，可以说，男老板对女性过分热心，无论行为主体是出于什么动机，其行为方式都是不妥的。

男老板对女职员的热心关怀和帮助，必须严格受到以下四个因素的制约：

其一，时间因素——在此时此刻，给予女职员以某种方式的热心表示，是否合适。

其二，地点因素——在这一地点，这一场合，对女职员表示某种方式的热心，是否合适。

其三，人际因素——女职员本人，以及她的亲友，包括客观舆论，对这种热心方式是否接受。

其四，行为因素——采取这种热心行为，是否必要。或者说，这种热心行为，是否必须由我来采取。

4. 不要强人所难

强人所难，是一种缺乏修养、不讲礼仪道德的行为。强女职员所难，更是一种有悖精神文明的行为。

女性特有的生理构造和心理状态，决定了她在社会活动和人际交往方面，存有许多有别于男性的苦衷和不便之处。这些有别于男性的苦衷和不便之处，构成了另一块较为广阔的女性心理行为讳区。

女性体质文弱，体力和爆发力小于男性，不适合长期在高温、高寒、阴冷、潮湿的环境中从事强体力劳动。在经期、孕期、产期、哺乳期和绝经期五个特殊时期，女性的生理、心理、性格、情绪也会产生许多微妙的变化，需要进一步得到老板的理解和照顾。此外，女性的矜持、羞涩和胆怯，以及传统观念对女性的要求，往往使女性的行为方式受到一定程度的限制。许多男性可毫无顾忌干的事，女性就不便去干。男老板在与女职员相处时必须时刻牢记女性特有的苦衷与不便，切勿强女职员所难。

赞美能博红颜笑

只要是女人她必定爱美，爱美是女人的天性。她们喜欢美丽的环境、美丽的事物，见到美丽的风景会惊叹不已，见到漂亮的蝴蝶或者是可爱的饰物会爱不释手。由此，也总是希望自己在别人的眼中同样也是美丽照人的。

当然，女人的确是美丽的。无论是先天还是后天，她总有她的美丽之处。先天之美首推容貌，然后有皮肤、头发、身材等等；后天之美首推服饰，然后有化妆、首饰等等，没有一个女人不喜欢别人称赞她漂亮，她们认为只要漂亮就拥有了征服男人及世界的本钱，从而对未来充满了希望。

切记，男人眼里的女人应当是总有美丽动人之处的。或者是眼睛大而明亮，或者是皮肤光滑细嫩，或者是头发乌黑亮泽，又或者是身材阿娜多姿，还有服装新潮得体，再加笑容灿烂迷人，这些都能成为你赞美的对象。对一个女人而言，她不可能没有一点优点，她的举止、她的气质都可能有吸引人之处。只要你善于去发掘她、去捕捉她，并赞美她，定能取得女人的赏识与青睐。

赞美一个女人的漂亮也有很多的学问。一般的女性不管多美，对自己都会有所怀疑，对一些小小的问题也会耿耿于怀、自卑不已。所以要赞美一个女人漂亮时，不要用太过笼统的词，如"你很美丽"、"你很漂亮"等。最好是选出一些具体的地方，用"你身材真棒"、"声音真迷人"等等比较好。当然，要是对方是一个真正的美女，那么就另当别论了。还有要注意的是女人总不会希望只有你一人赞美她漂亮，她们希望大众都赞美她，从而十分在意别人在背地里如何评价她。所以，你在赞美一个女人时，说："听别人说你非常迷人，今天见来果真名不虚传。"或"听同事说这里来了位俏佳人，我猜得没错的话就是你吧？"这些用语，肯定在女人心里特别受欢迎。

女人属于感情至上的高级动物，她们善于思辩，同时更敏于直察，对于外界的任何变化，如四季的更换、树叶的更新，对有些动物的活动习性等都能表现出强烈的欣喜或忧郁。她们有极其敏感的直觉，不仅能察觉出这些外界环境的变化、动态，也能感觉出外界的任何变化对自己的影响。所以，即使她们的外表看来有多平静、坦然，但她们的内心却在考虑着非常复杂的东西。她们渴望外界能够了解自己，也能感受到自己所感受到的；渴望对方能够聆听自己的心声，处处安慰自己、呵护自己；并渴望得到赞美，尤其是男性的由衷的赞美声。在这些种种的要求能够实现的情况下，他们会得到喜悦，感到希望，觉得生活是极具有意义的事情。

然而，一旦一个女性认为这个世界不认可她，有她无她均可，更重要的是男人对她漫不经心、毫无热情、无耐心与她交流，不善于捕捉女性的情感变化，甚至是连一点优点都发觉不出、赞美不出时，就会感到彻底的失望、对一切都失去了信心。这种未被满足的心态的变化，会变成对男人的抱怨、指责，甚至是对天理的不满。这样，久而久之，就会引起感情冲突。

在此，大家也该了解到，对一个女人而言，男人的赞美是如何的重要。女人会把一个男人的赞美声当做事业的催化剂，也能把一个男人的赞美当做社会对自身价值的肯定，更能把一个男人的赞美当做对未来的希望。男人的赞美不仅是女人的信心，也是女人用来征服自己、征服世界的尺度。赞美越多，她们就认为尺度越精确，而自己赢得的把握也就越大。

所以，你若是男人，可千万不要吝于赞美女人，只要你了解到她一丁点的感情特征，看出一点点的优点，寻出值得称赞的地方你就应大胆地去赞赏。无论你赞得够不够细腻，够不够精彩，她都会回报你一个幸福美满的"天堂"。

精神上的美永远高于表面的美，你若真心想获取对方的芳心，不如试试在修养、性格、品质上赞美其人。精神上的美是具有永恒性的，它对男人的吸引力远远超出了表面之美。无论男人还是女人，都会重视这种精神上的美，而以此来做评定一人到底如何的基准。而且，一个男人若是真的关心其人、爱护其人，则也应当更欣赏她精神上的美，同时她也会因为你赏识她的精神之美而对你刮目相看。所以，重视其内在的美，用以赞美女人的同时也标志着你是一个具有内在之美的男人。

做一个好丈夫的方法

"怎样做一个好丈夫"，这是一个值得议论的问题。要做一个好丈夫，首先要做到以下几点：

1. 对妻子忠诚，爱情专一，始终对妻子满怀热烈和深沉的爱

这是做好丈夫应具备的美德。缺乏这种品德，结婚后又接受第三者的爱，这是不道德的。这种人不会是一个好丈夫。但是，婚后虽然没有爱过其他女人，但对妻子冷若冰霜，这也很难说他是一个好丈夫。

2. 对妻子充分信任，胸怀豁达，宽容大度

夫妻之间互相信任是爱情巩固、家庭稳定的重要因素。失去了信任，互相猜疑，就会使家庭蒙上阴影。"长相知，不相疑。"做一个好丈夫应该信任自己的妻子，特别是对于妻子结交异性朋友，不要疑神疑鬼，更不应该横加干涉和限制，否则特别容易刺伤妻子的自尊心，造成夫妻感情的破裂，在生活上可能有些事情做得不合自己的意，或者做错了某件事，做丈夫的应该表现出宽宏大量的气度，不要斤斤计较。妻子知道自己错了，做丈夫的要加以

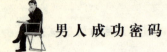
安慰。

3. 和妻子共同承担家务

家务劳动十分琐碎，很不起眼，但是如果只甩给妻子一个人去做，她就会有意见，特别是夫妻都要上班的家庭，由一个人干家务是不行的。有些男尊女卑的观念，总认为煮饭、洗衣、刷碗、叠被都是女人的事，男子汉不屑于干这些事。通过彼此协作处理家庭的日常事务，这样会增进家庭的融洽气氛，使夫妻感情加深。

4. 和妻子志同道合，做妻子的好伴侣

丈夫和妻子不但是生活中亲密伴侣，而且应是事业上志同道合的支持者。可能双方的职业不同、受教育的程度不同，但在事业上还是应该互相支持和鼓励的，妻子在工作中遇到困难，碰到不顺心的事情，做丈夫的应该耐心地进行帮助，一起交流情况、分析原因、商量解决办法。对于妻子的缺点、错误，也应善意地进行批评，帮助她提高认识，尽快地克服和改正，不可包庇纵容。不能为了怕伤害夫妻感情，明知妻子是错的，也说是对的，这是害妻子而不是爱妻子，从长远来说，对家是不利的。

5. 注意克服自己的不良嗜好和坏习惯

夫妻共同生活要想和睦、融洽，彼此的一些不良嗜好和坏毛病，都要注意克服，否则很容易引起对方的反感。比如，有的人下班后就打牌，一玩就是半夜；有的去赌博；有的爱酗酒；有的烟瘾很大，把家里弄得乌烟瘴气；有的不讲卫生，等等。不管是从爱妻子、维护家庭关系方面考虑，还是从自己身心健康出发，这些坏习惯都是应该加以克服的。

6. 有了孩子的家庭，一个好丈夫还应该是一个好父亲

孩子既寄托着父母的希望，也寄托着社会的希望。一个好丈夫应该和妻子共同把孩子抚养教育好，既做慈父，也做严师，使孩子从小就能受到良好的家庭教育，将来能健康成长。

不必迁就"陆小曼"

男人们总有这样一种观念：自己是个男人，应该照顾好自己的妻子，所

以，只要妻子有所要求，就要尽量满足她；否则，就是自己没本事。许多女人也是这样要求自己的丈夫。以至许多男人为了自己心爱的妻子"敢上九天揽月"，甚至牺牲自己也在所不惜。其实，这是一种误区。

男人对女人的关心、体贴，并非只表现在对妻子的满足上。有时，过多的迁就、体贴，反倒成了毒药。

对男性来说，不被需要是种慢性死亡，但付出太多又容易疲惫不堪。对女性来说，上面的话也是成立的。矫枉过正的体贴，自己容易疲惫，对方也容易疲惫。

著名诗人徐志摩和陆小曼相识后，徐以为他找到了自己理想中的美人，而陆以为她遇到了自己的知音。虽然都是有家室的人，两人还是不可救药地爱了起来。徐志摩在《爱眉小札》中写道"我只要你，有你我就忘却一切。我什么都不想，什么都不要了，因为我什么都有了。"

终于，两人冲破了重重阻力，踏入了自己的乐园。

婚后的生活，并不像徐志摩原来想象中的那样。

陆小曼过去就是北京出名的会花钱的小姐，婚后，她对物质的欲望有增无减，而徐志摩最初又极"体贴"陆小曼，不忍拂违她的心意，以致债台高筑。为此，徐志摩不得不同时在光华大学、东吴大学和大夏大学三所大学讲课，课余写书赚稿费。

陆小曼住的是十分考究的洋房，玩儿上海所有好玩儿的地方，唱戏、捧角，一掷千金，毫不吝惜。而徐志摩不仅要给陆小曼捧戏子，有时还投其所好，参加演出，凑个角为她配戏。

陆小曼本来就体弱多病，像林黛玉似的。她的美是和病相伴而来的，"没有小半天完全舒服"，这不仅多了一笔巨大的开支，也使徐感到悲伤。

逐渐地，徐志摩困惑于陆小曼的近于堕落的生活，他也曾反复规劝、批评陆小曼，甚至吵架，但陆依旧我行我素。

徐志摩的前妻张幼仪是父母为他包办的，可以离异，而陆小曼是他自己找的，并且是在一片反对声中执意选择的伴侣，为此，他只能自己承担，装作若无其事，倜傥潇洒，一派绅士风度，内心则疲惫不堪。这次爱情最终在徐志摩飞机失事之后得以永久的解脱。

徐与陆的爱情，不能不说带有浪漫的味道，它的失败，原因应归咎于陆

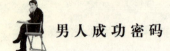

小曼的任性，但徐志摩也有责任，就是一味地体贴、尊重她，他原来的打算，是在他的帮助下，使陆小曼成为中国的伊丽莎白·白郎宁的。

体贴爱人，并不仅仅是供她一切的享受，若这样的话，久而久之，会习惯成自然，一时满足不了，就会闹矛盾。

体贴要有定位，放纵了就成了溺爱。

为对方包办一切，衣食住行、吃喝拉撒睡，都样样操心，却忽略了对方需要的是个爱人，并不需要保姆或者父亲。

所以说，男人们应该学会对妻子的有求不必都应。

给女人花钱要讲策略

一个锱铢必较的男人会让女人心寒，也会令男同胞所不齿。换而言之，一个连金钱都不愿意付出的男人又怎么会付出情感呢？但钱包的"内存"是有限的，而开销是无穷的。想做一个让人接受的"花花"公子，就不能无所顾忌地花钱，而应该根据自己的经济情况制定花钱策略。

策略一：厚积薄发式

有的男人平时没有机会也没有条件表现他的慷慨和大度，无奈之下只有采取暗暗积蓄的方法，让好钢用在刀刃上，一旦有机会有条件，他们会为女人一次花个够。让女人在平淡的节奏中体会瞬间的眩晕，觉得在那一刻她是世界上最幸福的女人，拥有男人最大方的爱。平时的缩手缩脚只为了这关键时刻的集中投入。让我一次爱个够，让你一次花个够。

策略二：细水长流式

同样的条件下，有的男人体现出的是细腻和柔情绵绵，没有大起大落的磅礴气势，没有画龙点睛的神来之笔，有的是无处不在的星星点灯。也许从来没有什么特别昂贵、特别突出的奉献，不在乎一朝一夕而是天长地久。一张卡片，一件精致的工艺品……每时每刻让女人都能感受他的体贴，每一份小小的投入都如耳边轻轻的呢喃，让女人心醉神迷。这种男人花钱的方式是细水长流，爱意永存。

策略三：稳重智慧式

有的男人从不张扬为女人花的每分钱，他们总是在女人还没反应过来时便付清账单，你决不会看见他在女人眼前出示钞票的一幕。从他们的嘴里女人很少听到钱这个字眼，这是一种高贵和非凡的气质。尽管他们经济上是个平凡的人，但他们看上去比实际情况富有。这种男人往往深刻、智慧、稳重，他们的爱沉甸甸的，决不浮华也不琐碎。在为女人花钱的问题上，他们总是做得自然而然，顺理成章，不事声张，也不刻意强调什么。一切被他们控制得极有分寸，似乎没有花钱这个过程，只有让女人感到妥贴和平静的事实。和这种男人在一起，女人眼里只有爱，只有款款深情，只有安全感和陈酿一般的醇香。

策略四：戏剧创意式

哪个女人不希望戏剧性的情感和那种心跳加速的惊喜，有才华有才情的男人花钱的方式往往出奇不意，钱半功倍。在他们看来花钱是一种智慧，是一种创意，也是一种行为艺术。也许他会花钱很省，只花十几块钱为女人买回她儿时遗失的那只小熊玩具；也许他会请一个小提琴手在女人的窗前婉转演奏，让美妙的音符拨动女人的心弦；也许他会送女人一只活泼可爱的小宠物，陪伴女人独自一人的时光；也许他买不起九十九支玫瑰，但他会买九十九根蜡烛摆在女人的面前，在月色朦胧中，拼成一个巨大的心形，然后一根根点燃蜡烛……

女人最想要什么

下面这个著名的故事，想必热爱文学的人都听说过。

年轻的亚瑟王在一次与邻国的战争中战败被俘。王妃看他英俊潇洒，不忍杀害他，于是提出一个条件：要求他在一年内找到一个让她满意的答案，就可暂时把他释放；如果一年后没有找到让她感到满意的答案，亚瑟王要自愿回来领死；如果不答应这个条件，就要被终身困禁。

她的问题是："女人最想要什么？"

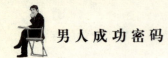

这个问题恐怕连最有知识的人也很难回答，何况年轻而涉世未深的亚瑟王。

信誉是男人的第二生命，既然已经答应了人家的条件，说什么也要找出答案来。

他回到自己的国家，做了无数次的调查，一再地请教智者、法师、僧侣、母亲、姊妹甚至妓女，但是他还是找不到一个令人满意的答案。

有一个相士告诉他，可以去请教一个神秘的女巫，她一定有答案，但是她喜怒无常，而且是价钱昂贵。一直到最后一天，亚瑟王无奈只好硬着头皮跟着随从找到女巫。女巫似乎预先知道他会来，很快地就开出了价钱："我保证给你一个可以过关的答案，但条件是我要葛温娶我为妻！"

葛温是皇宫圆桌武士中最英俊潇洒的一个骑士，也是亚瑟王的最好朋友。亚瑟王打量着眼前的女巫；面目狰狞、驼背如钟、牙齿稀落、口气恶臭，还不时发出淫荡的笑声。他心里想着绝不能卖友求生，所以当下就拒绝女巫，准备明天动身去领死。可是随从把当天的情况告诉了葛温，葛温有感于亚瑟王对朋友的义气，决定牺牲自己，于是他就偷偷去见女巫，并且答应娶她为妻。

女巫也言而有信，把答案告诉了亚瑟王："女人最想要的是能够主宰自己的一生。"亚瑟王带着这个答案去见王妃，王妃欣然接受，释放回了亚瑟王。

亚瑟王回国后，正逢葛温和女巫在举行盛大的婚礼，亚瑟王看到朋友为自己做了这么大的牺牲，简直痛不欲生。其他参加婚礼的圆桌武士和宾客，看到女巫令人作呕的仪态和举止，也都愤慨不已。

葛温却保持着骑士的风范，把自己的新娘一一介绍给大家。到了洞房花烛夜，葛温还是依照习俗，把女巫新娘抱进新房，女巫羞怯的把脸转过去，等到葛温把她放到床上，他赫然发现刚才的女巫，突然变成了一个容光焕发、美丽温柔的少女。

葛温忙问是怎么一回事？"为了回报你的善良和君子风度，我愿意在良辰美景恢复我的本来面目。但是我只能半天以美女姿态出现，另外半天还是要变回令人厌恶的女巫面貌，不过亲爱的夫君，你可以选择我到底白天和晚上以什么面貌出现，我一定照你的指示去做。"

可以想象，葛温面临的是一个两难的抉择：如果太太晚上回复天仙美貌，当然他可以抱着美人享受人生最美妙的体验，但是白天却必须面对周围朋友对丑妻的厌憎，但反过来却要终生忍受孤枕难眠的痛苦。

各位男性读者，假如你是葛温，你的选择是什么？

各位女性读者，假如你是葛温，你的选择是什么？

当事人的葛温又会怎样选择呢？"亲爱的太太，我觉得选择的结果对你的影响要比对我的影响大得多，你大有资格决定这件事情"葛温想一想，以坚定的语气回答。

"亲爱的先生，全世界只有你真正了解女人最想要的就是主宰自己的一生，所以我要一天二十四小时都恢复我原来的美貌来报答你。"

其实，不只是女人最想做自己的主宰，男人亦是。

愿大家做好自己"心的主宰"，勿迷失方向，白白浪费人生。

此外，有几件重要的事情女人应该告诉自己心爱的男人。

（1）礼物不在贵重，而在于真诚。从女人的观点来看，最好的礼物是那些较平实的，而不是那些浮华夸张的。有个丈夫专门收集情人卡，随时送给太太，每当她心情不好时，他就把一张卡放在她可能发现的地方，这使太太非常开心。

（2）不少女人真的怕自己不够漂亮。女人需要明确的赞美："我喜欢那个发型"，或者"你穿红衣服很好看"。这种赞美的话能给女人鼓励，使她注重打扮，使爱情不断得到滋润。

（3）女人也重视工作。女人希望她们的丈夫或男友重视她们的工作，就像他们重视自己的工作一样。每次太太谈论她自己的工作时，丈夫应竖着耳朵细听。不用说，在这方面沟通好了，他们之间的感情会越来越深厚。

（4）女人需要男人耐心倾听她说话。男人心目中的交谈是研究问题、辩论是非，找出解决办法的途径。为了达到这个目的，他也许会一再打断女人的话，要她"明白"他的意思。然而，女人宁愿男人友善地倾听，而不愿他们老是发表意见，她们会说个不停，直到觉得心里恢复舒畅为止。

（5）女人不像男人那样容易坠入爱河。女人择偶时，通常较重视各种实际的因素。女人也许亟需爱情，但她们内心仍有位专家在问：这个男人可靠吗？因此，男人除了要注意头发、衣服和礼貌等外，还要具有仁慈大方和忠

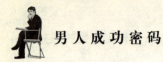

实可靠的品德。

（6）女人希望跟丈夫成为朋友。女人希望这个能和她偕老的男人把她视为地位同等的人，尊重她的人格，容忍她的缺点，而且希望他也这样的地待她。

Chapter 12

死缠烂打拼世界

⇨ 男人要多谋善断
⇨ 能一把抓住问题的要害
⇨ 厚脸皮做人，硬头皮做事
⇨ 脸皮厚度，决定成就的大小
⇨ 努力克服书呆子气
⇨ 拒绝成为"阿斗"
⇨ 主动推销自我
⇨ 敢于和强手过招
⇨ 做最好的准备，做最坏的打算
⇨ 磨练你的先见之明
⇨ 男人要善于战胜无聊

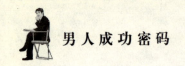

男人要多谋善断

　　杰出男人的突出特点就是性格果决，多谋善断。

　　决策果断是人格心理的优良品质，它影响到人的行为的成败。

　　缺乏果断品质的人，遇事优柔寡断，在做决定时，往往犹豫不决，而在做出决定之后，又不能坚决执行。缺乏迅速果敢和机动灵活应变能力的人，只能坐失良机。

　　在《三国演义》一书中，关于诸葛亮多谋果断的故事，有很多描述。

　　西蜀的街亭被司马懿夺走之后，司马懿又率大军 50 万去夺取诸亮驻守的西城。当时城中只有 2500 名老弱残兵，这是一座空城。面对强大的敌人，战也不能战，守也守不住，又不能逃跑。在这千钧一发的困境中，诸亮毫不犹豫地隐匿兵马，城门大开，令少数几个老兵装作平民百姓打扫街道。他自己登上城楼，面对城外而坐，弹琴、饮酒，怡然自得，好一派永庆升平的景象。正是这"空城计"，使司马懿仓惶逃走，诸葛亮扭转了战局，由败转胜。诸葛亮决策果断，堪称典范。

　　影响果断品质的因素有多种：

　　第一，有广博的知识和丰富的经验。谋略与知识是密不可分的，只有知识面广才能足智多谋，孤陋寡闻的人，只能导致智力枯竭。诸葛亮在未出茅庐之时，就上知天文下知地理，对天下大势了如指掌，就已经制定了东联孙吴，北拒曹魏，三分天下有其一的对抗战略。可见他能果断地制定"空城计"的谋略也就不足为奇了。

　　第二，果断是经过充分估计客观情况，认真研究和掌握交往对象的各种情况而产生的谋略。曹操率领百万大军进犯江东孙权疆界，东吴朝野上下，主战主降者各执一词，孙权也犹豫不决。出使东吴的诸葛亮，详细分析了曹操的各种情况。诸葛亮认为，曹操号称百万之师，其实不过四五十万，而且降兵将多，军心不稳，没有战斗力，曹兵皆北方人，不服南方的气候、水土、不习水战，难以致胜。这样的分析，使孙权点头折服，接受了诸葛亮的东吴与西蜀联手抗曹的谋略。这从降到战的转变，正是由于分析和掌握作战对象的情况而制定的。

诸葛亮设计"空城计"，也正是他经过深思熟虑后对司马懿心理状态的正确判断。正如诸葛亮后来所说："此人料吾生平谨慎，必不弄险，见如此模样，疑有伏兵，所以退去，非吾冒险，概因不得已而用之。"

第三，对较为复杂的交往活动，为了实现谋略，往往需要同时设想多种方案，以便能得以选择最理想的交往谋略去指导交往。

第四，要把握时机，适时地做决定。俗语说："机不可失，时不再来。"交往的谋略要适合一定的机会，一定的谋略总是在特定时间和地点，在特定条件下才能成功，谋略也是随着时间、地点，条件的变化而变化。

在《钢铁是怎样练成的》一书中曾讲述过这样一段故事：保尔·柯察金在途中见到自己的战友朱赫来被敌人的一个士兵押解着。这时，保尔的心狂跳起来，猛然想起自己衣袋里的手枪。于是决定等他们从身边走过时，开枪射死敌士兵，但是一个忧虑的念头又冲击着他："要是枪法不准，子弹万一射中朱赫来……"就在这一刹那之间，敌士兵已走近面前，在这关键时刻，保尔出其不意地一头扑向那个士兵，抓住了他的枪，死命地住下按……朱赫来终于得救了。

这段故事充分表现了保尔·柯察金的这个决定是果断有力的。

果断不同于冒失或轻率。果断是经过深思熟虑，充分估计客观情况，迅速做出有效的决定；在根据不足，又容许等待时，善于等待，并进行准备；在情况发生变化时，又善于根据新情况，及时做出新决定。

能一把抓住问题的要害

怎样才能找准做大事的切入之道？首先一点是，要有高瞻远瞩的目光，又要有明察秋毫的眼力。"百智之首，知人为上；百谋之尊，知时为先；预知成败，功业可立。"即做事，能一把抓住问题的要害，这是成大事的必要条件。

所谓知人，就是善于了解人，有知人之明；所谓知时，就是善于洞察世事，能够掌握作出决断的条件；所谓知成败，就是能够根据上述两个方面，

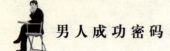

对军事，政治等各个方面的发展变化作出预测，并同时为取得最好的结果而积极准备。

《孙子兵法》里有这样一段著名的话："知己知彼，百战不殆；不知彼而知己，一胜一负；不知彼，不知己，每战必败。"这可谓是古往今来的战争的总结。

"知彼"的情形十分复杂，包括对对方的将帅、士气、作战能力、所处形势等所有的方面的综合了解。如果说"知彼"难的话，"知己"就更难，所谓"当局者迷"，人们往往很难对自己做出客观的了解和评价。如果既能客观地评价自我又能全面地了解对手，那么就会无往而不胜了。

但在"知彼"的诸多方面中，了解彼方主帅的性格、谋略、为人、心态、志向等因素恐怕是十分重要的，也是首要的。只要能吃透对手，对他的意图了然于胸，那主动权就牢牢在握了。哪怕己方不如对方，只要能把握住对方，也不至于大败，这就是所谓的"惹不起，躲得起"。

中国历史上还有很多著名的政治家，他们往往有如神算，似乎上知千年，实际上，他们也是平凡普通的，只不过善于根据社会形势、人事去分析得失成败以及各种力量的对比发展罢了。所以，高瞻远瞩就成了统治者必不可少的素质，所谓"人无远虑，必有近忧"，说的就是这个意思。因此，中国在政治预测方面的智慧是相当发达的。但具体的世事变化之后，总有一定的发展规律，把握了规律就能有正确的预测。总起来看，不外乎从社会发展、形势变迁、人事转化三个方面入手。

在《三国志》中有一篇著名的"隆中对"，是诸葛亮在隆中回答刘备有关天下大势的咨询的。在这席冠绝千古的谈话中，诸葛亮未出隆中就三分天下，而其后的形势也正是根据他的预测发展的，诸葛亮可谓是一位"国际形势预言家"了。但细看这篇"隆中对"，就可看出诸葛亮对天下大势的论断、局势的把握不是靠能掐会算给看出来的，而是完全依据于对现实形势、人事的准确全面的了解和细致周密的分析而作出的。还有很重要的一点，就是他一旦出了隆中，就尽心尽力地辅佐刘备，可谓鞠躬尽瘁，死而后已。正是靠了他的努力，刘备才得以与曹操、孙权抗衡而三分天下有其一。看来，要想做一个政治预测家，不能以隔岸观火的悠闲态度来对待世事，只有参与和投入其中，才能有比较深入的了解与正确的预测。从这个意义上讲，他就不仅是政治预言家，还是政治活动家了。

相对来讲，预知成败并具体操作要比单纯的知人和知时要困难得多了，因为它是一项"综合工程。"

司马懿的儿子司马昭，也可谓有知人之明，亦有政治家的才干。他在派大将钟会和邓艾伐取蜀国时，做了一番细致独到的分析，可谓把钟会和邓艾紧紧地捏在手心里，不论二人反与不反，都逃脱不了司马昭的控制。

当初，司马文王（司马昭）想派遣钟会征伐蜀国，下属邵悌求见文王说："臣认为钟会的才能不足以担当统帅十万大军征伐蜀国的任务，否则只怕会有不测，请您再考虑考虑别的人选。"文王笑着说："我难道还不懂得这个道理吗？蜀国给天下兴起灾难，使黎民不得安宁，我讨伐他，胜利如在指掌之中，而众人都说蜀不可以征伐，人如果犹豫胆怯，智慧和勇气就会丧失干净，智慧和勇气都没有了，即使他勉强去了，估计也打不了什么胜仗而只会大败而归。只有钟会与我们主意相同，现在派钟会伐蜀国，一定可以灭亡蜀国。灭蜀之后，即使发生了你所顾虑的事情，他又能做什么呢？凡败军之将不可以同他谈论勇气，亡国的大夫不可以与他谋划保存国家，因为他们心胆都已吓破了。倘若西蜀被攻破，残留下来的人震惊恐惧，就不足以与他们图谋了；中原的将士各自思乡心切，就不肯与他同心了，倘若作乱，只会自取灭族之祸罢了。所以你不必对这件事感到担忧，只是不要把我的这些话告诉别人了。"

等到钟会禀告邓艾有反叛的迹象，文王统兵将往西行，邵悌又说："钟会所统领的军队超过邓艾五倍，只要命令钟会逮捕邓艾就可以了，不值得你亲自领兵去。"文王说："你忘记了你前一阵子说的话吗？怎么又说可以不必我亲自去呢？虽然如此，这些话也还是不可分开。我自己应当以信义对待他人，但他人也不应当辜负我，我怎能首先对人家产生疑心呢？近些日子中护军贾充曾向我说：'是否有些怀疑钟会？'我回答说：'如果我派遣你去了，难道又可怀疑你吗？'我一到长安，事情就会自行结束了。"司马昭的军队到长安时，钟会果然像司马昭所预料的那样，已经死去了。

司马昭深知二人必反，但又派二人前去，这是用其勇。的确，如果不是邓艾出奇兵从阴平小路偷袭成都，蜀国还不知道何时才能攻破。正是由于邓艾和钟会两人的内外夹攻，蜀国才破于一旦。但二人皆有反心，必然相互牵制，所以，钟会先是逮捕了邓艾，宣布反叛，然后又被部将所杀，邓艾亦被乱兵所杀，二人取了成都，却又拱手送给了司马昭。即使钟会在蜀地反叛成功，司马昭也不怕，因为他早已断定，蜀地人心不可用，钟会成不了大事。况且司马昭听到钟会报告邓艾反叛的消息，即起大兵西去，众将不解，其实司马昭用意不在对付邓艾，而在对付钟会。可以说，司马昭实在是计出万全了。

洞若观火的政治预测历来被传统智谋视为较高的境界。因为政治预测要比军事预测复杂得多，政治预测是包括了军事因素、经济因素、政治文化和人事因素等诸种社会因素的一种综合预测，其内容包罗万象，其关系错综纠葛，若有一处考虑不到，就会产生重大的失误。因其政治预测并不像算命那么简单，能从纷繁复杂的信息中突见端倪，需要大学问也需要大智慧。能够做出成功的政治预测的人，已不是一般的政治家了，而是预言家，先知先觉者！

同样，我们做别的事，也应当如此，否则你两眼模糊，就会被假象所惑，看不清事情的本质，从而浪费许多精力。因此最成功的成事之道在于——抓住要害再动手！

厚脸皮做人，硬头皮做事

汉代的大辞赋家司马相如出川漫游，一篇《子虚上森赋》海内闻名。博雅之士无不以结识司马相如为荣。但司马相如放任不羁，又不治业，一派浪荡公子相。

这一年，司马相如外游归川，回来的路上路过临邛。临邛县令久仰司马相如之名，恭请至县衙，连日宴饮，写赋作文，好不热闹。

此事惊动了当地富豪卓王孙。卓王孙原是赵人，秦人移民时迁来临邛，以冶铁致富，家有万金，奴仆千人。听说来了个才子司马相如，也想结识一下，以附庸风雅。但他仍脱不了商人的庸俗，故而实为请司马相如，但名义上却是请县令王吉，让司马相如作陪，司马相如本看不起这班无才暴富之人，所以压根儿没准备去"陪宴"。

到了约定日期，卓王孙尽其所能，大摆宴席。县令王吉因平日依仗卓王孙钱财之事甚多，所以早早就到了，但时辰早过，司马相如却没有来，卓王孙如热锅蚂蚁一样，王吉只好亲自去请。

司马相如正在高卧独饮，驳不过王吉面子，来到卓府，卓王孙一见穿戴，心中早已怀瞧不起之意，心想自己是要脸面之人，请来的却是这样一个放荡无礼之辈。

司马相如全然不顾这些，大吃大嚼，只顾与王吉谈笑，早把卓王孙冷在一边。

忽然，司马相如听到内室传来凄婉的琴声，那琴声不俗，司马相如一下子停止了说笑，倾耳细听起来。

卓王孙原被冷在一起，讪讪地无意思，今见琴声引住了这位狂士，于是夸耀说这是寡女卓文君所奏。司马相如早已痴迷在那里，忙请求让卓文君出来相见。卓王孙经不住王吉撺掇，派人唤出卓文君。

司马相如一见卓文君，两眼直勾勾愣在那里，他万万没想到这俗不可耐的卓王孙竟有这般美丽高雅的女儿。于是要过琴来，弹了一曲《凤求凰》向卓文君表达爱意。卓文君心里明白，爱慕司马相如的相貌和才华，当夜私奔到司马相如处，以身相许。经过商量，两人一起逃回成都。

卓王孙知道后，气得暴跳如雷，又是骂女儿不守礼教，又是骂司马相如衣冠禽兽，发誓不准他们返回家门。

卓文君随司马相如回到成都后才知道，她的夫君虽然名声在外，但家中却很贫寒。万般无奈，他们只好返回临邛，硬着头皮托人向卓王孙请求一些资助，不料，卓王孙破口大骂："我不治死这个没出息的丫头就算便宜她了，还想要我接济，一个子儿不给！"

夫妇俩听说父亲的态度如此坚决，心都凉了半截儿，可是眼下身无分文，日子可怎么过呢？到底他们俩都有"才"，很快想出了一个"绝招"。

第二天，司马相如把自己仅有的车、马、琴、剑及卓文君的首饰卖了一笔钱，在距卓府不远的地方租了一间屋子，开了一个小酒铺。

司马相如穿上伙计的衣服，卷起袖子和裤脚，像酒保一样，又是擦桌椅，又是搬物件，卓文君穿着粗布衣裙，忙里忙外，招待来客。

酒店刚开张，就吸引了许多人来。这倒不是因为他们卖的酒菜价廉物美，而是前来目睹这两位远近闻名的落难夫妇。司马相如夫妇一点也不感觉难堪，内心倒很高兴，因为这正达到了他们的目的——给顽固不化的老爷子现现眼。

很快，临邛城里人人都在议论这件事，有的对这一对夫妇表示同情，有的责备卓王孙刻薄。卓王孙毕竟是一位有身份、有脸面的人物，十分顾忌流行一时的风言风语，居然一连几天都没有出门。

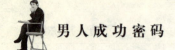

有几个朋友劝卓王孙说："令爱既然愿意嫁给他，就随她去吧，再说司马相如毕竟当过官，还是县令的朋友。尽管现在贫寒，但凭他的才华，将来一定会有出头日子，应该接济他们一些财钱，何必与他们为难呢？"

这样一来，卓王孙万般无奈，分给卓文君夫妇仆人百名，钱财百万，司马相如夫妇大喜，带上仆人和钱财，回成都生活了。

司马相如与卓文君的做法，颇有几分泼皮无赖之相。套用一句老百姓的俗说，这叫做"死猪不怕开水烫"，我已经走投无路，到了这步田地，还要那面皮做甚？要丢人现眼，索性一块儿丢了吧。

脸皮厚度，决定成就的大小

中国人最讲究"脸皮"，似乎干什么事都特别在意面子，许多含辛茹苦将儿子培育成人的父母，看到儿子能够"光宗耀祖"，即使自己吃糠咽菜心里也是美得了不得，因为儿子给他们在乡亲面前挣得了脸皮——面子。这种对脸皮的观念，其实就是指别人如何看待你，怎样对待你。说穿了，特别在意脸皮的人不是为自己活着，而是在为他人而活着。

西方人认为，皮肤厚、对别人的责难和非议无动于衷者为最佳之人。这种思想近乎厚脸皮这一观念：一种保护自己的自尊心免受别人恶言恶语伤害的盾牌。

一个人不理睬他人的风言冷语，善于运用厚脸皮来保护自己，可以塑造正面的自我形象。在试图实现任何目标过程中，我们总是对自己实现目标的能力、动机、或者如愿以偿时所得到好处的价值心存疑虑。我们常常觉得有必要首先提高自己的水平，只有当我们的能力更强之后，才能圆自己的美梦。

脸皮厚者能够把自我怀疑撇在一边，拒绝接受别人试图强加于他头上的"紧箍咒"。更重要的是，不怀疑自己的能力和价值。在他的眼里，只有自己才是尽善尽美的人，所以他们往往更容易步入成功人士的行列。

人世间有一种脸皮厚的人由于极其自信而把信心灌输于他人，对于他们来说，从来就没有什么不好意思这个概念，他们干什么事都是按照自己的意愿放手大干，并且获得成功。

当然，一位脸皮厚者不见得非要独断专行，或者咄咄逼人。他也许是卑躬屈膝，唯唯诺诺，你打他的左脸还会把右脸给你打的人。厚脸皮是一种随机应变，善于处事，且能置他人的所想所思于不顾的能力。

中国古代有一则关于韩信年轻时的佳话。韩信是一位家喻户晓、妇孺皆知的人，有一天，他在自家居住的城镇街道上行走，被几个地痞无赖拦住。这几个人要与他决一死战。韩信婉拒挑战，谁知他们硬缠着不让他离去，执意要他要么撕杀，要么就象狗一样从领头人的胯下钻过去。结果，韩信选择了钻裤裆，放弃了决战，尽管对于一般人来说，这是一种难以言表的耻辱。

关于韩信蒙受凌辱、胆小如鼠的流言不胫而走，迅速传遍全城。在大庭广众面前，他遭人耻笑，可是他一次也未向任何人提及个中原委，也没解释自己表面看来丧失骨气行为的理由。在日后的人生旅途中，他展示了自己的才华，成为中国历史上赫赫有名的战将。对于他来说，那几个目不识丁的痞子毫无威胁可言，他们压根儿就不是他的对手。他心中明白自己是个天不怕地不怕的战将，毫不在乎别人对他怎么想。韩信的厚脸皮在于表面上他是一个温顺胆小之人，这是为了使自己不杀害那两个微不足道的恶棍而给自己惹来麻烦。

虽然说韩信的脸皮已经够厚的了，但他还不算顶尖高手。在刘邦与项羽争战相持不下之时，本来可以乘机三分天下的韩信，却为了报答刘邦的"知遇之恩"，毅然率兵打败项羽，成就了刘邦的帝业，反而为自己埋下了"狡兔死，走狗烹"的下场。

而刘邦的脸皮可说是达到了极点，这正是他能够战胜势力强大的项羽、由一介布衣登上皇位的原因所在。刘邦与项羽之间的厮杀，起初，项羽拥有最精良的军队，占据各方面优势。在历时三年的征战中，项羽打了无数场战斗，只输了一场。可是，就这一场失利，使他最终将胜利送给了一个人，此人除了脸皮比他厚之外，其他各方面都不如他。

在早先多次征战胜利中，有一次项羽生擒了刘邦，王位已经落入了项羽的掌心儿，谁知他竟然让他溜掉了。由于他害怕杀刘邦落下"不义"之名，不仅没有处死这位与自己争天下的敌人，反而赐封他汉王。可以说项羽的"面子"给刘邦提供了重整兵力，东山再起，征服项羽的机会。

表面上看来，项羽的宽恕也许似乎是一种高尚的举动。可是，真正的高尚之举应该驱使项羽一旦有机会，就致刘邦于死地。假如他这样做了，他自己就会一统天下。此外，项羽遭受惟一一次失败之后，正是觉得"无颜见江

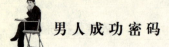

东父老"的面子，阻止了他返回故乡重整旗鼓，自刎身亡。

刘邦的三军统帅韩信形容项羽的弱点时说，他具有妇人之仁，匹夫之勇。战场上项羽毫不留情地杀人，坑杀数十万降兵，可是当他面对被自己打败的敌人的时候，却抛弃了自己的目标，竟然拉不下杀人的脸皮。

刘邦不具备项羽的造诣，但是他也未受到项羽任何自尊心的妨害。在他们发生冲突的年月里，刘邦一次又一次地败在项羽的手下，可是他从不为自己重返家乡征兵募马而感到耻辱。他的脸皮比项羽要厚得多。他可以干任何实现自己的雄心壮志所需要的事情，毫不顾忌给别人造成的损失。当项羽感到胜利在最后一场战斗中悄悄失去的时候，他下令将成为他阶下囚多年的刘邦的父亲押上来，绑在一锅烧得滚开的油锅前面。刘邦被喝令撤回自己所有的将士，否则他将眼睁睁地瞅着自己的父亲被油锅活活地煮死。刘邦扬鞭催马来到阵前，大声喊道："项将军，我们曾经是歃血为盟的把兄弟。我的父亲也是你的父亲。倘若你要煮我们的父亲，请给我留一杯肉汤。"

世上还有如此脸皮厚之人。

努力克服书呆子气

有些男人常常带一种"书呆子气"。这是一种不成熟的表现，通常称为"书生气"，这种现象主要发生在读书人身上，主要有如下特征：

（1）处世不精明，不善于适应环境，不善交际，不懂人情世故。呆板木讷，说话做事多不合时宜，令人好气又好笑。不知不觉就得罪人。

（2）性格多半内向、孤僻，不好动，不合群。兴趣少但专注，注意力常集中一点而不能灵活转移，对所感兴趣的事常沉醉痴迷，对兴趣以外的事漠不关心。终日晕头晕脑，稀里糊涂，丢三落四。健忘，常常忘记自己要做什么，或四处找手里拿着的东西。

（3）看问题偏激，易走极端。有时把简单的问题复杂化，有时又把复杂的问题简单化。处理事情要么主观武断，要么优柔寡断。喜欢沉思、幻想，有时又易冲动。有时多心多疑、神经过敏，有时反应迟钝。思想行为古板，不合潮流。

（4）缺少组织能力、管理能力、决策能力，不会见机行事，随机应变。

处理事情常出漏洞，遇上麻烦多采取退避态度。常自命清高，与世无争，又自以为是，固执己见。有夸大性自卑心理。喜欢引经据典，咬文嚼字。

（5）生活散漫拖拉随便，无条理，不善计划安排。不拘小节。不修边幅，常显得窝窝囊囊、缺少派头。但也有的恰恰相反，生活细节特别讲究、非常拘谨，严肃，不苟言笑，一本正经。

书呆子气是怎样形成的呢？有书呆子气的人几乎都是书呆子，都与读书有关系。但是，书呆子不是先天智力低下，不是神经系统发生了毛病。相反，他们的智商通常都较高，而且某些方面的知识比一般人要多，只是因为他们终日把自己的兴趣和自己的活动范围局限于书本上，不与人打交道，不问世事，远离复杂的社会生活，脱离社会实际，所以认识能力、思维能力便会形成一种刻板的固定的模式，一旦离开书本，面对复杂纷纭的大千世界就一筹莫展，给人留下一个迂腐的形象。

心理学知识告诉我们，人的心理正常发展，除了必要的书本知识外，更重要的是社会生活经验，是人与人之间的信息交流。长期独处，人的心理就得不到完善发展，就难以应付社会生活。

我们常可以在书呆子身上看到这样两种现象；有的少年老成，小小年纪就一副老先生的样子。有人认为就是成熟的表现，实际上这是心理发展不完善、有缺陷的表现。有的人老大不小，说话行事却显得很幼稚，带着童稚的天真，令人发笑，这也是心理发展不完善的表现。

不少人有书呆子气自己并不知道，只是常感到自己缺乏为人处世的经验，虽然给自己的生活带来不少困难，但并不在意。甚至有的人把书呆子气看作是清高，是读书人的修养，因而瞧不起那些精明圆滑的人，认为他们狡猾、虚伪、势利眼。有的人一身书呆子气，又不愿意承认，便利用这种消极的自我防卫心理机制，自我辩护，自我安慰，这是不利于克服书呆子气的。有的人一旦发觉周围的人都将他看作书呆子，便感到很自卑、丧气，夸大自身书呆子气的严重性和书呆子气对心理发展和个人事业前途的危害性，这就更影响自己克服书呆子气的信心，加重书呆子气。实际上，人们对书呆子的评价一般都是很宽容的，一般人都认为：书呆子往往都是老实可靠的人，他们有知识，因为一心做高深的学问，所以才不懂人情世故；书呆子多是清高雅静的道德君子，没有那种庸俗的市侩气，非市井小人可比；书呆子多半诚实、憨厚，不虚伪，不做作，不搞阴谋诡计，不背地里整人；埋头做学问，不问俗事，不争名夺利。所以如果你发觉自己是个书呆子，不要背上思想包袱、

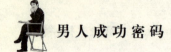
把它看成"不治之症"。当然，书呆子气毕竟是一种不正常的心理现象，如果认为书呆子气是文人的一种优良气质，应加以保留或发展，则只能强化这种不正常的心理。

书呆子气一经形成就不那么容易改变，因为它已成为人的性格的重要组成部分。但也并非完全不可改变。心理学家总结的下面的建议对改变书呆子气会有所帮助：

（1）解除消极的自我防卫机制。自我防卫机制是人为了保护心理免受创伤而形成的一种特殊心理功能，但它可起消极作用。一个人为了掩饰不符合社会价值标准、明显不合理的行为或不能达到个人追求目标时，往往在自己身上或周围环境中找一些理由来为自己辩护，把自己的行为说成是正当合理的。如把自己无能、不善为人处世说成是清高、不愿与俗人同流合污；明知自己一身书呆子气，硬说这是文人的特征，是道德高尚的表现，竭力诋毁精明人，以难得糊涂为自己开脱。这种自我防卫可以起到维护心理平衡的作用。

但从心理学的认识失调理论看，人们只有在体验着心理失谐的紧张痛苦时，才愿意改变自己的态度，达到新的心理平衡。如要想改掉书呆子气，必须充分认识到书呆子气的弊病，为克服它提供充分的理由，以造成心理和谐。所以首先应解除消极的自我防卫机制，尽量不为自己的书呆子气辩护。

（2）积极主动地进行人际交往。形成书呆子气的根本原因是埋头书本，不喜欢与人交往，缺少社会经验。又因为缺少社会经验，不能应付复杂的社会生活，便采取退缩回避的策略。不与人打交道。要打破这种恶性循环，必须强迫自己进行交际。多参加集体活动，感受集体活动的兴趣，培养活动兴趣，培养对客观事情的好奇心。通过与各种各样的人打交道，通过实践，了解人情世故，掌握处世艺术。应像规定自己每天的学习任务一样，规定自己每天的交往任务。同时，要正确估计自己的交际能力，估计过高易受挫折；估计过低，会使自己失掉交往的信心，都会影响自己的交往活动。

拒绝成为"阿斗"

俗云：人往高处走，水往低处流。人往高处走，要攀龙附凤；水往低处流，为的是百川归海。这都是要为自己寻找更好的去处。凡人，都有为自己争取更好的生存环境和生活方式的愿望，也都安于在优越的环境中生活。人争取优越的生活环境和安于在这种环境中生活，这都不是坏事，反而有益于社会的竞争和进步。但是反过来，一个人如果因为安于优越的生存环境而把自己变成了废物和低能儿，那就十足地不可取了。以创业君主和守成君主来打个比方，比较能说明这种现象。创业君主，个个都有真本事，真能耐，知道人生的艰辛，命运的风险，且历尽磨难，最后赢得社稷江山，成为高高在上的人尖子。而守成君主就不然了，他们大多都是别人送给他们的江山，爹娘老子送给他们的荣华富贵，因此他们大多只知道占有和享乐，不知道尊贵和富有来之不易。结果沉醉在纸醉金迷的享乐中，最后断送了自己的前程。他们便是因为富贵和安逸而得到祸害的，三国时的蜀汉后主刘禅是一个典型的例子。

后主刘禅是蜀汉先主刘备的骨肉，小名阿斗，以软弱无能、丢失祖业在中国历史上闻名。刘禅生于三国乱世，长于血光剑影之中，长板坡刘备为曹操追杀，阿斗弃于乱军之中。常山赵子龙血战长板坡，战袍尽被血染才救下阿斗小命一条，有着这样的父子血脉和豪悲身世，本应该蒙难励坚，矢志成才，可这阿斗偏偏不成人形，在皇帝老子刘备的慈爱中，虚长年华，愧为太子。

刘备老年，亦失才志，且蜀汉气数也日薄西山。由于刘备结义兄弟关羽、张飞相继死于非命，让刘备情冷智昏，以兄弟义气忘了社稷江山，挥举国之兵，为情役使，长途劳军奔战东吴。结果却被东吴少将军陆逊火烧七百里连营，彻底断了刘备的命脉。刘备命数罄尽，白帝城托孤，阿斗成了蜀汉后主。阿斗当了皇帝，仍然不当帝任，整日酒色游乐，国家大事则放任于太监手中。光复汉室的北伐征战仍由蜀相诸葛亮一人担戴。诸葛亮六出祁山，北伐无功，最后命竭五丈原。诸葛亮北伐无功，虽与蜀汉气数及曹魏军力有关，但阿斗昏聩无能也是一个重要原因。六出祁山中，诸葛亮曾多有小胜，蜀军士气一度振奋，这时，阿斗听信太监黄皓之言，忧恐诸葛亮将在外，权柄太盛而功大欺君，以"思念"丞相为由，十万火急催促诸葛亮返蜀。诸葛亮回到成都，弄明白是太监作怪后，气得七窍生烟。后虽复出继战，但战机和士气都稍纵即逝了。诸葛亮一死，蜀汉更是夕阳垂暮，将帅离心，帅才乏人，诸葛亮苦心物色的继任帅才姜维也回天乏术。魏将邓艾千里奇兵，越险而临，亡了西蜀王朝。一片降幡出成都。

蜀汉灭亡之后，阿斗被押解至魏都洛阳，司马昭为消解阿斗的帝王之志，整日酒舞为乐，谁想这正合了阿斗的习性。以至作为亡国之君，阿斗竟全无亡国之悲。当司马昭问及阿斗可否思蜀时，阿斗浑然回答：此地乐，不思蜀。

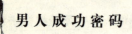

说得司马昭也乐了。这便是"乐不思蜀"成语的出处。阿斗这种人，就是典型的因天生高高在上和平空获得荣华富贵，而毫不知晓社会和人生，最后因养尊处优而变成了废物和低能儿。低能的另一种意思，便是被生活断然地淘汰和被他人任意地宰割。因此，处在君主和富贵位置上的人，更要警钟长鸣，居安知危。纸醉金迷时，养尊处优时，要独处常想：它们来之不易，守之不易。如果没有吃苦耐劳的优良品质，如果没有蒙苦受难的创业斗志，而白享非分之富，实是为祸不远了。当然，在这种时候，一个人往往没有这样的清醒。

人生其实就是战场，几乎是你死我活的。就是在文明的社会，竞争也是恼人的和不留情面的。因此，人必须强健筋骨，居安思危。享乐，要有享乐的前提和资格，这个享乐的前提和资格就是坚韧的意志和不寻常的能力。能力重于财富、权柄和名分。古希腊斯巴达人，就很懂这个道理。虽然他们天生就是贵族，高高在上，但是他们必须比谁都更能吃苦耐劳。

男孩女孩，生下来就长在军营中，赤身裸体，接受各种十分艰苦的训练。遇到战争，他们当仁不让地冲锋在前。因此，正是这种艰苦的训练和严酷的竞争，使斯马达人保有了他们的贵族光荣。也许尊贵和成功千古都是一样的，不付出艰苦的努力和代价，断然不可能，而只愿坐享其成，天下没有这样的好事。就是一时一事有这样的好事，也定然长久不了。像尊贵、权柄、财富这等事，一不留神就会弄出大祸来。从阿斗的尴尬人生中，你悟到了什么？

主动推销自我

一个人不管有天大的本事，如果不为人知，不被人发现，就像地下尚未被开采的煤，深深地埋在地下，永远也不会有出头之日，得到人们的承认。在传统的观念里，人们只知道知识的培养，却不懂得自我表现，如今在这个充满竞争的时代，如果不善于表现自我，就会被无情的竞争所淘汰，无法获得成功。

在我上大学一年级的时候，刚开学老师对同学们不十分了解，选班干部成了老师头痛的事情，他也不知道应选谁好。后来，他说："谁要认为自己有能力当班干部，就主动来找我，我会给他施展的机会。"

那时，我就想谁会去主动跟老师说，多不好意思呀！即使有这个能力，主动推销自己，也觉得脸红。可是出乎我的意料，我们班有个很不起眼的女孩，平时一向默默无闻，却毛遂自荐，当上我们班的班长。刚开始，我们大家都有点不服，像她这样一个内向、不苟言笑的女孩，能胜任吗？我们都有看热闹的味道。

事实并不像我们想像的那样，她在管理方面确实有两下子，帮助老师把班级管理得井井有条，得到老师和同学们的高度赞赏。那时我十分感慨，如果她不主动推销自己，即使她再有能力，也不会有表现的机会。

刘邦最初没有重用韩信，这使韩信十分苦闷。他工作没有干劲，而且还和一群人犯了法，依照法律，要处以砍头之刑。执刑那天，当韩信前面的十几个人都被砍了头时，他忍不住心中的悲壮情感，面对监斩的人大声呼喊："汉王不是要争夺天下吗？为什么要白白地杀掉英雄豪杰呢？"监斩的人听到韩信的话猛然一惊，觉得奇怪，便仔细打量一番韩信，发现韩信仪表堂堂，具有英雄人物的气概，于是将他释放。在交谈中，他发现韩信十分有才华，志大才高，便把他推荐给了刘邦，从此韩信受到刘邦的重用，他的军事才能也尽显发挥。

说到这里，也许有人会说："自我推销也得具备能力呀！"这个想法也正是大家十分关心的问题。其实，当自我推销的时候，也未见得就必须具备充足的能力，只要认为自己有这方面的潜力，就完全可以把自己推销出去。因为一个人的能力不是天生的，要不断地在实践中摸索、锻炼，能力才能得以很好的提高与发挥。如果不给自己一个锻炼的机会，即使有能力，也不会有施展的舞台，只能被埋没住，这是十分令人惋惜的事情。在生活中，有很多人抱怨没有机会，他们往往是坐等机会。如果没有机会，就认为自己是一个不幸的人，觉得这个世界不公平。这种想法大错特错，具备这种想法的人，都是那些消极的人，一个积极的人决不会慨叹命运的不佳，他们多数都会主动出击，为自己创造机会。只要你做一个有心人，一定能找到施展才华的机会。能力在人，尽善在天，如果有能力有才华，不施展出来，就等于是浪费，一个人的生命是有限的，如果在有生之年不发掘出来，会抱憾终生。

自我推销也是需要技巧的，正像推销产品一样，要有一个好的外装吸引人的注意力，从而顺利地把自己推销出去。所以要注意自己的仪表形象，社会心理学家曾做过这样一个实验：在对两组被试者分别加以修饰之后，使其中一组看起来风度翩翩，另一组则显得随便，并令其分别走路时违反交通规则。其结果是：第一组闯红灯时，尾随者占行人总数的14%，而第二组的追随者只占4%，这说明人的服饰、穿着具有很强的感召力。没有人会对一个

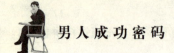

蓬头垢面衣衫不整的人感兴趣，一定会让你讨厌。服装也并不一定要时髦赶潮流，最要紧的是大方得体、干净整洁、大众化。

敢于和强手过招

人生犹如一段"长跑"，跟住某一个人，把他当成你追赶并超越的目标！

想想田径场上的长跑比赛，我们就可以悟出一些做事的道理。比赛开始，众人齐发，难分先后，但到了中途，选手们都会跟上某位对手，然后在恰当的时机突然加速超越，然后再跟住另一位对手，再在恰当的时机超越他！一直冲至终点。

长跑，尤其是马拉松比赛，是一种体力与意志的比赛，而意志力尤其胜过体力，有人就因为意志力不足，体力本来还够时就退出了比赛；也有人本来领先，但却在不知不觉中慢了下来，被后面的选手赶上。跟住某位对手就是为了避免这种情形的发生，并且利用对手来激励自己：别慢了下来！也提醒自己：别冲得太快，以免力气过早耗尽！另外也有解除孤单的作用。你如果观察马拉松比赛，便可发现这种情形：先是形成一个个小集团，然后再分散成二人或三人的小组，过了中点后，才慢慢出现领先的个人！

其实，人生不就是一段"长跑"吗？既然如此，那何不学习一下长跑选手的做法，跟住某一个人，把他当成你追赶并超越的目标！

不过，你要找的"对手"应是有一定条件的，而不能胡乱去找。

你应以周围的同事或同学为目标，当然，你要找的目标一定要在所取得的成就或能力方面都比你强。换句话说，他要"跑"在你前面，但也不能跑得太远，因为太远了你不一定追得上，就算能追上，也要花很长的时间和很多的力气，这会让你跑得很辛苦，而且挫折太多。

"对手"找到之后，你要进行综合分析，看他的本事到底在哪里？他的成就是怎么得来的？平常他做事的方法，包括对他的人际关系的建立、个人能力的提高等，都要有所了解。研究之后你可以学习他的方法，也可以通过自己的方法下功夫，相信很快就会取得成效——慢慢地你就和他并驾齐驱，然后超越他！

等超越现在的"对手"后，你可以再跟住另一个"对手"，并且再超越他！

如此不断，你一定能领先他人。即使拿不到冠军，也不至于被很多人甩下。

不过你得注意一个事实，在长跑里，跟住一个对手并不一定就可以超越他，可能你跟上了他，他发现后几大步就把你甩在后头了！做事也是如此，好不容易接近对手，他又把你抛在后面了。当你处于这种情形时一定不要灰心，因为这种事难免会碰到，碰到这种情形，如果能跟上去，当然是要跟上去，如果跟不上去，那实在是个人的条件问题，勉强跟上去，只会提早耗尽体力。那么这样不是白跟了吗？不！因为你"跟住"对手的决心和努力，已经让你在这"跟"的过程中激发出了潜能和热力，比无对手可跟的时候进步得更多、更快！而经过这一段"跟"的过程，你的意志受到了磨炼，也验证了自己的成绩和实力，这将是你一辈子受用的本钱！

当然也有可能你找到了对手，但就是一直跟不上去，甚至还被后面的人一个个超越过去，这实在令人难堪。碰到这种情形，还是要发挥比赛的精神，跑完比赛比名次更重要。人生也是如此，你努力的过程比结果更重要，只要自己真正尽力就行了。就怕半途退出，失去奋勇向前的意志，这才是人生最悲哀的一件事！

做最好的准备，做最坏的打算

中国有一句老话是"生于忧患，死于安乐"，意思是说人们在比较困苦的环境中因为容易催发奋斗的力量，反而能更好地生存，而在相对安乐的环境中，因为没有生存的压力，就容易产生懈怠心理，反而会为自己带来危难。这一句话也可以这样理解：人们如果时刻都有忧患意识，在完成事情过程中不敢有丝毫的懈怠，那么便能达到成功的目的，如果安于享受，抱着今朝有酒今朝醉的态度去生活，那么就有可能真的会招来失败了。

对于成功与失败二者之间的关系而言，成功过后也许就是失败，而失败过后也会迎来成功。所以，人们要对二者能有一个正确的态度和观念，即使成功了，也不骄傲；相反，就是失败了，也不气馁。

不管将上面的那句话做何种解释，它的本质都是一样的，那就是人要有忧患的危机感。借用现代的流行语言来说，就是要有生存的危机意识。因为，你自认为自己的命好，但是运气并不一定就好，就是运气好，也不一定就能

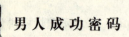

获得成功。

　　一个国家如果没有危机意识，这个国家迟早要灭亡；一个企业如果没有危机意识，迟早会垮掉关门；一个人如果没有危机意识，必会遭遇到不可预测的失败。

　　也许你会说，你命好运气又好，根本不必担心明天会如何，也不必担心有什么顺境与逆境之分，因为你自以为能够"逢凶化吉"。你如果真能够这样的话，那可真是令人难以想象，但问题的关键是，你真的能用命好运气好解决一切难题吗？

　　也许你会说未来是不可预测的，"是福不是祸，是祸躲不过"，既然如此，何妨一切都随缘，又为什么要有危机意识呢？

　　没错，未来是不可预测的，而人也不是时时走好运的，就是因为这样，我们才要有一种危机意识，在心理及实际行为上都要有所准备，好应付突如其来的变化。如果没有准备，不要谈应变，光是心理受到的打击就会让你手足无措。有危机意识，或许不能把问题彻底消灭，但却可以把损失降低，为自己留得退路。

　　伊索寓言里有一则这样的故事：有一只野猪在树干上磨它的牙齿，一只狐狸见到了，问他为什么不躺下来休息享乐，而且现在也没有看到猎人和猎狗。野猪回答道："等到猎人和猎狗出现时再来磨牙齿，一切已经来不及了。"

　　显然，这只野猪就是具有危机意识。

　　那么，一个人应该如何把危机意识落实到具体的日常生活中呢？这可以分成两个方面来谈。

　　首先，应该落实在心理上，也就是心理要随时有接受、应付突发事件的准备，这是一种心理建设。心理有所准备，在遇到挫折时便不会慌了手脚。

　　其次，要在生活中、工作上和人际关系方面有以下的认识和准备：人有旦夕祸福，如果有意外情况的发生，要想到以后的日子怎么过？要如何才能解决困难？世界上没有永久不变的事情，万一失手了怎么办？人心会变，万一最信赖的人，包括朋友、亲戚突然之间变心了，该如何办？万一自己的身体健康出了问题，又该如何办呢？

　　其实，你所想到的"万一"并不仅仅只是所列的这几方面，所有的事情你都要有"万一……怎么办"的危机意识，并且要做到未雨绸缪，预先做好充分的准备。尤其关乎前程与一家人生活的事业，更应该有危机意识，随时把"万一"握在手心里。只要心理有所准备了，你自然就不会太高枕无忧了。人最怕的就是过上安逸的日子，那样很容易让人变得毫无斗志。曾有这样一个人，整整 10 年都在过着平静无澜的生活，如今工作无进展，前进或后退都没选择，更让人痛心的是他已经不再年轻，可他又不情愿这样沦为被别人瞧不起的小角色。后来呢？他还是只能扮演一个不起眼的小角色。这正是"死于安乐"的最好例子。所以，不如从现在开始，就做最好的准备，以防担心的"万一"真的会如实地发生在我们的身边。

不知你现在所处的状况如何，是忧患呢？还是安乐呢？忧患不足以让人畏惧，倒是安乐才是人生的大敌！

磨练你的先见之明

平常我们说，在工作中要"眼观六路，耳听八方"，意即要拓展眼界，广开言路，不要仅仅局限于鼻子尖上的一时一事。这其间的全方位中，又以向"前"看最为紧要，放开眼光，立足现在，预测未来，即先见之明。

先见之明者，就是眼光为别人所不及，就是睿智为别人所不及，就是冷静为别人所不及。

先见之明所以重要，是因为没有它就会犯错误。人无远虑，必有近忧。先见之明能帮助我们避开面临的危险。它基于对现实的准确判断。一个人有先见之明，他必定少走弯路。少走弯路，自然能够较快成功。

看得远，才能走得远；走得远，才能做得远。

毫无疑问，工作中需要具有内心的准备和先见之明的能力。对自己的工作和上司的工作能了解，经常能有先见之明，任何事情若能抢其先机，先发制人，才是成功的捷径。

在早上上班时，想搭车去上班，那真是太难了。每一部车都是满的，有时到站不停，车内人挤人，有时气都喘不过来。可是如果在上班时，提前十分或二十分钟搭车，情形又不同了；乘客很少，而且有空位，在车上还可以看看报纸，只十分或二十分钟之差，即有那么大的不同。可能是大家都不愿提前出门，宁愿忍受挤车之苦。

工作有时好像这种乘车的情形，任何时候都要抢先一步，明知制人于先机，就是成功的捷径，但就是无法力行，这或许就是人性的弱点。

你要有洞察先机、先发制人的能力。因为竞争是真刀真枪的决斗，只许赢，不许输。

听古代剑术名家的故事，常有"在刀尖三寸前躲过"的描写。对方挥刀砍过来，刀尖快触到自己身体的一霎那，闪身躲开了。

可是对方也是高手，来势犹如闪电一般，要躲开不是那么容易。等到对方砍过来才考虑如何躲闪，是来不及的，必须靠条件反射作用，本能地闪开才行。不过，这些要靠长期磨练才会有灵敏的直觉，在无意识中，对方的一举一动都要明白于心，不必等到对方开始行动才要想办法应付，不然在真刀真枪的世界是站不住脚的。

经营事业也可以这么说。无论什么时候，公司都在激烈竞争的漩涡中，为了不在竞争中落后，必须将对方的想法、动向摸得一清二楚。

"遇到这种情形的时候，这个公司一定会采取这样的对策，那个经营者的想法一是这样……。"如能料事如神，才能够做到"我们公司应该用这个办法应付；他们那样我们就这样"，事先有心理准备，公司就有应变的措施。

如果待对方采取行动才来研究对策，在这个变化多端、竞争激烈的时代，是注定要落伍的。要事事抢先一步，制敌于先机。

把竞争当成真刀真枪的决斗也是必要的；真刀真枪地决斗，只许赢，不许输，输了脑袋就没有了。这个要求，虽然苛刻了一点，但是要做一个成功的经营者，就必须往这个目标努力。同时，也要在激烈的竞争中找出乐趣，好像玩蹦极的游戏，越紧张、越刺激，就越乐趣无穷。

深事深谋，浅事浅谋，大事大谋，小事小谋，远事远谋，近事近谋，都必须具备深远高明的见识与策略。计谋贵在高人一等，策略贵在远人一着。能看到人们不能看到的，思虑人们不能思虑的，推算人们不能推算的，这才是远谋大略。

先知觉后知，先觉觉后觉。要想成功，就必须有先知先觉，有先见之明，这样才能使人永远追随在鞍前马后。什么事都能先人一手，先人一着，就能取胜。等他人赶到了，你又向前推进一步，与他拉开了距离，如此一来，你就永远处于领先地位，站在时代前头，引领时代潮流。

你想永远领先，就必须处处争先，永远争先。先人一手，先人一着，而又不停止在这一手，这一着上，即使他人奋起直追，却仍然保持着那段距离，你总是处于领先的地位。这样，不管面对什么工作，也都可以胸有成竹、游刃有余了。

男人要善于战胜无聊

人生是值得玩味与回忆的。如果我们有机会将我们曾有过的经历细细地梳理一番，我们可能会像哥伦布发现新大陆一般，产生一种震颤与惊诧：男人的一生，竟有大部分时间是在无聊中度过的，这是一件看起来非常可怕的事情。

众多的男人一生中的黄金时光，可能交给了牌局和酒桌，我们姑且称之为简单的无聊。月上柳梢头，人约黄昏后，几个趣味相投的牌友或酒友早早便凑成一桌，牌便一圈接一圈地玩下去，酒便一瓶接一瓶的空起来，宝贵的时光一寸接一寸地流走了，生命也在一点点地随着袅袅的烟雾消失。当人们最终知道必须放下手中的这张牌和那酒杯时，却已经晚了，他遗憾地发现，上帝留给他的机会已经不多了。

但是，有时，人需要这种无聊，因为浅薄，因为庸俗，因为要逃避世间的孤独和烦恼，只能制造这种无聊，并不断地适应这种无聊，直到淡化了做人的价值。

还有一种贵族式的无聊，这种无聊必须以金钱和财富做陪嫁。于是，一些有钱的男人便在五光十色的舞厅里缠绵，在灯光昏暗的包厢里缱绻，等这些游戏都做腻了，便去花天酒地，或者整天泡在高尔夫球场和温泉里，兴致好的时候再去洗洗桑拿和牛奶浴。这种无聊看起来挺高贵，但这毕竟是一种无聊，只不过被文人们无聊地给它取了个动听的名字：休闲。其实男人心里明白，如果他们真的有事做，如果他们还要寻找阿基米德式的支点，他们就不会有时间休闲了，也就不会变着法子无聊了。

无聊，或许是生活的一种需要，但它绝对是生命中的一种痛苦。

男人在掌握度的前提下无聊无可厚非，因为生命中至少有三分之一的时间极可能是为无聊准备的，但最可怕的是男人终其一生都无聊。

沉湎于色相是一种无聊。有的男人倾其一生，用尽所有的聪明才智去讨女人的欢心。他们不是将围着裙子转看做是生活乐趣，就是将争风吃醋看做成功的标志，直到他们玩够了女人也被女人玩够了，直到无聊使他们做鬼也风流，成为人们茶余饭后的谈资。

狂热地追逐金钱是一种无聊。这种男人的贪欲是有目共睹的，他们拒绝

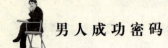

友情也拒绝亲情，拒绝善良同时也拒绝人世间一切美好的东西，只是心甘情愿地做金钱的奴隶，直到他们守着最后一枚金币，随着最后一丝荧火熄灭，直到他们变成一具不堪重负的行尸走肉。

终日玩弄权术是一种无聊。表面上看起来像绅士总是戴着面具的男人，他们的无聊是以身心憔悴为代价的。为了所谓的权力，他们明争暗斗、居心叵测、故弄玄虚，当面一套背后一套，甚至铤而走险、狐假虎威。然而，权力是没有顶峰的，不能获得更大的满足和快乐，便只有更加疯狂的挣扎和掠夺，直到他们变成一具会说话的被权力遥控的机器。

无聊的男人很悲哀。所不同的是，好男人无聊，只是借用无聊排遣内心深处的那缕愁云；而有些男人的无聊，却是依靠无聊发泄自己的不满与兽欲。他们的无聊对自己是灾难，对世界是堆垃圾。

男人无法摆脱无聊，但是他可以修正自己对于无聊的态度。男人如果把无聊当做一首歌，这歌一定很流行；男人如果将无聊当做一柄利刃，这无疑是伤害男人自己的利刃；男人如果将无聊看做一口井，这口井只能是淹没男人自己的井。

男人无法拒绝无聊，但是男人可以选择无聊的方式。痛苦的时候，移情别恋，歇斯底里是一种解脱；去森林里、大海边对着苍天大吼几声，与小花小树喁喁低语也是一种解脱；忧愁的时候，寻花问柳，一掷千金是一种消遣；去公园里散散步，找友人聊聊天，或者静静地躲进小书屋挥毫泼墨也是一种消遣……我们为什么不可以选择那些看似无聊，实则高雅，而且韵味十足的为世界和自己所共同拥有的生活方式呢？

记住，一个优秀的男人，不是把无聊写在脸上，而是把无聊埋在心底。也许所有的男人都会感到无聊，但是不是所有的男人的一生都无聊。